天然气水合物模拟开采技术丛书（第Ⅰ辑）
丛书主编 / 周守为 李清平
卷八

海洋天然气水合物钻探取样及在线分析技术

TECHNOLOGIES OF MARINE NATURAL GAS HYDRATE SAMPLING AND ON-LINE ANALYSIS

吕 鑫 李清平 沈 实 宋永臣 闫传梁 梁会永 著

中国石油大学出版社
CHINA UNIVERSITY OF PETROLEUM PRESS
山东 · 青岛

图书在版编目(CIP)数据

海洋天然气水合物钻探取样及在线分析技术/吕鑫等著. --青岛:中国石油大学出版社,2023.12
(天然气水合物模拟开采技术丛书. 第Ⅰ辑 ;卷八)
ISBN 978-7-5636-7075-8

Ⅰ. ①海… Ⅱ. ①吕… Ⅲ. ①天然气水合物—采样
Ⅳ. ①P618.13

中国国家版本馆 CIP 数据核字(2023)第 223311 号

书　　名: 海洋天然气水合物钻探取样及在线分析技术
HAIYANG TIANRANQI SHUIHEWU ZUANTAN QUYANG JI ZAIXIAN FENXI JISHU
著　　者: 吕　鑫　李清平　沈　实　宋永臣　闫传梁　梁会永

策划统筹: 李　锋(电话　0532-86983571)
责任编辑: 穆丽娜(电话　0532-86981531)
责任校对: 秦晓霞(电话　0532-86983567)
封面设计: 悟本设计

出 版 者: 中国石油大学出版社
(地址:山东省青岛市黄岛区长江西路 66 号　邮编:266580)
网　　址: http://cbs.upc.edu.cn
电子邮箱: shiyoujiaoyu@126.com
排 版 者: 青岛汇英栋梁文化传媒有限公司
印 刷 者: 山东临沂新华印刷物流集团有限责任公司
发 行 者: 中国石油大学出版社(电话　0532-86983440)
开　　本: 787 mm×1 092 mm　1/16
印　　张: 16.75
字　　数: 383 千字
版 印 次: 2023 年 12 月第 1 版　2023 年 12 月第 1 次印刷
书　　号: ISBN 978-7-5636-7075-8
印　　数: 1—1 000 册
定　　价: 118.00 元

序言

天然气水合物是甲烷等烃类气体和水在高压、低温条件下形成的类冰状笼形化合物，俗称“可燃冰”，专家预测其远景资源量约为传统化石能源含碳量的两倍，是继页岩气、致密气、煤层气等之后最具潜力的接续能源，主要分布在陆地永久冻土带和水深超过300 m的海洋深水区。

天然气水合物巨大的资源潜力吸引着世界各国纷纷投入研究。进入21世纪以来，美国、加拿大、日本、印度、韩国、中国等先后制订了天然气水合物中长期研究计划，勘查、试验开采及风险评价、环境监测等研究工作不断深入，全球开展了10次试采，初步形成了由北极冻土、墨西哥湾、日本海和中国南海组成的“一陆三海”格局，但安全、经济的天然气水合物开发技术尚未得到根本突破，成为当今世界科技创新的前沿领域。

我国海域天然气水合物资源前景广阔，约占总资源量的82%。1990年，中国科学院兰州冰川冻土研究所首次在室内合成了气体水合物。2000年以来，在国家“863”计划、国家“973”计划、国家重点研发计划等的支持下，我国先后启动了海域天然气水合物资源勘查、开采模拟和风险评价等基础研究、应用研究和前沿技术探索，并初步建立了相应的理论研究和实验方法。2017年、2020年我国先后成功实施了两轮海域天然气水合物试采，实现了从探索性试采向试验性试采的跨越，为海洋天然气水合物规模开发基础理论和核心技术的研究奠定了坚实的基础。

周守为院士带领的研究团队创作的“天然气水合物模拟开采技术丛书(第Ⅰ辑)”以南海北部海域天然气水合物目标勘探和开采模拟技术为核心，以资源勘查—钻探取样—储层刻画—多尺度开采模拟等为主线，以国家“863”计划项目课题“天然气水合物模拟开采技术研究”、国家重点研发计划“海洋天然气水合物试采技术和工艺”等项目研究成果和认识为依托，系统介绍了自主研发的天然气水合物基础物性测试分析系统、基于核磁和CT的水合物储层结构可视化测试装置、多尺度天然气水合物开采模拟系统和水合物储层力学特性测试装置，奠定了实验研究的基础；详细介绍了自主设计的南海北部海域天然气水合物资源勘探-随钻测井-钻探取样-在线检测系统，包括以宽频地震处理为主的南海北部天然气水合物目标勘探技术、2 000 m水深的保温保压水合物取样装置和在线样品检测分析系统，以及在水深1 720 m自主获取代表性层段高纯度天然气水合物样品的工程实践，为开采方法研究和试采工程实施提供了可靠的数据支撑；针对南海北部已获取的水合物样品及潜在目标区埋深浅、弱胶结、非成岩等特征，提出并阐释了海域天然气水合物开采工艺适应性评价方法，以及规模开发面临的挑战。

本套丛书集中反映了作者团队在天然气水合物开采理论与实践方面做出的出色工作，其中的许多观点和认识颇具新意，所研制的天然气水合物基础试验设备为深入研究天然气水合物储层特性、进行开采方法模拟分析及适应性和风险评价提供了国际先进的研发平台，所研制的钻探取样、试采机具已在南海北部天然气水合物钻探取样、试采工程实施中经过检验，所总结的研究认识及所提出的研究思路和方法不仅为我国南海北部天然气水合物的目标勘探和试采技术研究提供了范例，还对客观认识天然气水合物的研究现状，科学制定规范化的开发研究路径，稳步推动海域天然气水合物、浅层气等的联合开发具有参考价值。

我向读者推荐本套丛书，希望对从事海洋天然气水合物研究的人员有所启发，同时，也期望作者团队在此方面继续进行更深入的研究，今后有更多、更好的成果问世。

中国工程院院士 曾恒一

2023年11月

丛书前言

天然气水合物俗称“可燃冰”，是甲烷等烃类气体和水在高压、低温条件下形成的类冰状笼形化合物，主要分布在陆地永久冻土带和水深超过 300 m 的海洋深水区，是目前尚未开发的、资源潜力巨大的天然气绿色能源的重要接续。

自 2000 年以来，我国相继启动了国家“863”计划、国家“973”计划及国家重点研发计划等海域天然气水合物资源勘探开发基础前瞻科技攻关项目。国家《能源发展战略行动计划(2014—2020 年)》提出要“加大天然气水合物勘探开发技术攻关力度，培育具有自主知识产权的核心技术，积极推进试采工程”，《能源技术革命创新行动计划(2016—2030 年)》提出要“突破天然气水合物勘探开发基础理论和关键技术，开展先导钻探和试采试验”，《第十四个五年规划和 2035 年远景目标纲要》提出要“开展南海等地区天然气水合物试采”。

进入 21 世纪以来，美国、加拿大、日本、印度、韩国、中国等先后制订了天然气水合物中长期研究计划，勘查、试验开采及风险评价、环境监测等研究工作不断深入，由北极冻土、墨西哥湾、日本海和中国南海组成的“一陆三海”格局初步形成。我国于 2017 年、2020 年先后进行了两轮海域天然气水合物试采，迈出了“万里长征”的第一步，但天然气水合物安全开发开采技术尚未得到根本性突破，距离规模开发还有很长的路要走。

初步勘查和研究表明，我国海域天然气水合物资源前景广阔，且多与油气同盆共生，国家自然资源部估测其远景资源量约为 800×10^{8} t 油当量，其中南海海域天然气水合物远景资源量约占我国总资源量的 78%。但我国目前已发现的天然气水合物储层大多赋存在深水陆坡区，埋深浅、弱胶结、非成岩，压力窗口窄，安全、高效开发的挑战巨大，亟待自主研发南海北部天然气水合物目标勘探、储层刻画技术，针对水合物储层特点的基础物性、多尺度开采模拟、风险评价等基础研究手段和方法，以及配套的试采技术和装备。因此，理论创新和颠覆性技术突破仍是影响全球海域天然气水合物规模开发和产业发展的重要因素，应用基础研究、前沿创新技术研发仍是稳步推动我国海洋天然气水合物早日实现开发利用的必由之路。

"十一五"到"十三五"期间，由中国海洋石油集团有限公司牵头组织，联合国内外 10 余所高等院校和科研院所，在国家"863"计划项目课题"天然气水合物模拟开采技术研究"、国家重点研发计划"海洋天然气水合物试采技术和工艺"等重大科研项目支持下，历经近 20 年的攻关研究，研制了微观-介观-宏观系列实验装置，形成了一批技术成果，有力地促进了我国海洋天然气水合物勘探开采基础研究、应用基础研究的发展，所研发的"海洋天然气水合物和油气一体化勘探开发机理和关键工程技术"入选中国科学协会"2019 重大科学问题和工程技术难题"。

在此基础上，通过深度梳理和提升形成了"天然气水合物模拟开采技术丛书（第Ⅰ辑）"，它是天然气水合物相关项目所取得精华成果的体现。该丛书共八卷，以南海北部海域天然气水合物勘探和开采模拟技术为核心，以资源勘查—钻探取样—储层刻画—多尺度开采模拟等为主线，较为全面、系统地阐述了南海北部天然气水合物目标勘探、钻探取样、开采模拟技术研究领域的重要理论基础，多尺度、系列化实验装备研制，试采技术工艺优选和配套机具研发，以及试采工程实践等。丛书各卷分工为：卷一《海洋天然气水合物开采技术研究进展》由李清平、周守为、庞维新等撰写，卷二《海洋天然气水合物目标勘探技术》由李元平、施和生、朱振宇、张钱江撰写，卷三《海洋天然气水合物基础物性研究》由孙长宇、李清平、庞维新等撰写，卷四《天然气水合物开采实验研究》由李小森、周守为等撰写，卷五《天然气水合物开采数值模拟分析技术》由李淑霞、郝永卯、庞维新等撰写，卷六《海洋天然气水合物固态流化开发概念研究》由周守为、李清平、赵金洲、魏纳等撰写，卷七《天然气水合物开采安全评价技术》由宋永臣、李洋辉等撰写，卷八《海洋天然气水合物钻探取样及在线分析技术》由吕鑫、李清平等撰写。丛书由李清平教授、孙长宇教授、李淑霞教授、李小森教授、宋永臣教授、魏纳教授、吕鑫高级工程师、李元平高级工程师、王秀娟教授、李丽霞高级工程师等统稿，周守为院士、李清平教授定稿。此外，参与丛书撰写的还有陈伟、张俊斌、韦红术、许亮斌、金灏、魏剑飞、罗俊斌、谢仁军、朱振宇、陈光进、周云健、付强、孙涛、葛阳、刘健、田睁、黄婷、朱海山、郑利军、朱军龙、樊奇、刘瑜、杨磊等。本套丛书的撰写得到了中国海洋石油集团有限公司、中海油研究总院有限责任公司、中海石油(中国)有限公司深圳分公司和海南分公司、中国石油大学(北京)、中国石油大学(华东)、西南石油大学、大连理工大学、中国科学院广州能源研究所、中国科学院海洋研究所、中国海洋大学、怀柔实验室、中国科学院深海科学与工程研究所、东方电气集团控股宏华集团有限公司等的大力支持。中国海洋石油集团有限公司曾恒一院士、谢玉洪院士,西南石油大学罗平亚院士,中国石油大学(北京)李根生院士,中国工程院谢克昌院士等为丛书提出了许多宝贵的撰写和修改意见,在此表示衷心的感谢!丛书的出版无疑是项目组全体研究人员、联合研究团队科研人员、海上现场实施人员多年辛勤劳动和共同努力的结晶,在此特表示热烈的祝贺和诚挚的感谢。

本套丛书理论与实践紧密结合,内容的创新性、实用性显著,对海洋天然气水合物的开发利用、深海天然气水合物和深部油气一体化开发技术的深入研发等具有一定的指导和借鉴意义。因此,希望丛书的出版为科技界、教育界、企业界广大科研人员等提供有意义、有价值的参考,为从事海洋能源开发工程实践的科技工作者提供技术决策支持。

海洋天然气水合物目标勘探和开采技术属于深海能源科技创新的前沿和新兴战略科技领域,具有跨学科、跨领域等特点,可供参考比对的理论研究、实验方法、共性技术和现场工程实践经验有限,丛书仅对项目阶段的研究成果、研究认识和一定范围内的应用验证进行了梳理和总结,不当或疏漏之处在所难免,恳请读者和专家批评指正。

中国工程院院士 周守为

2023 年 11 月

前言

天然气水合物被认为是未来最理想的替代能源之一，我国于2007年在南海北部首次取得天然气水合物样品，证实了我国南海北部蕴藏着丰富的天然气水合物资源。2013年又在珠江口盆地东部海域钻获高纯度样品。虽然这两次取样成果显著，但由于国内没有海上天然气水合物取样设备，而国外又对水合物取样设备进行了技术封锁，所以采样所用的钻探船和取样设备都是租用国外公司的，费用高昂。

天然气水合物所含气体主要为甲烷，它是一种重要的温室气体，会对全球气候变化造成影响。同时，天然气水合物的分解会引发海底天然气的快速释放和沉积层液化，产生大面积海底滑坡等自然灾害，因此对海洋工程具有毁灭性的破坏。

无论是独立自主地勘探开发海洋天然气水合物资源，还是研究它可能造成的环境影响和海洋工程风险，都需要获得天然气水合物样品。现在的地球物理技术通过各种手段可以推测天然气水合物赋存情况，但最终只有采用钻探取样技术真正获得天然气水合物，才能证实这些推测。因此，研究具有自主知识产权的能获取含有天然气水合物岩样的钻探取芯技术非常必要。

由于天然气水合物的特殊性，所以采用常规取芯技术很难实现取样，需要采取快速提取、保持海底温度和压力状态以及快速转移等特殊技术。此外，还需要对钻遇水合物层可能出现的风险进行评估。

本书在介绍保温保压绳索式取芯技术、与绳索取样工具相配的取芯钻头及其与全面钻进钻头转换机构以及配套的带压转移装置的基础上，系统介绍了天然气水合物钻探取芯工程样机及取芯工艺和在线分析方法；基于风险评价理论，建立了水合物层钻探取样风险评价方法，并介绍了水合物层钻探风险评价软件。

本书共9章，其中第1章、第2章、第3章和第9章由吕鑫和沈实撰写，前言、第4章、第5章和第6章由李清平、梁会永撰写，第7章和第8章由闫传梁和宋永臣撰写。本书的出版得到了中海石油(中国)有限公司深圳分公司李元平高级工程师、中海油服物探事业部勘察服务中心周杨锐高级工程师、周松望高级工程师，大连理工大学赵佳飞教授、杨磊副教授、陈兵兵副教授，大连理工大学宁波研究院逯星宇工程师，以及中海油研究总院有限责任公司何玉发高级工程师、葛阳工程师、樊奇工程师的支持和帮助，在此表示衷心的感谢！

由于编写水平有限，书中难免有不足之处，敬请广大读者批评指正。

目 录

第1章
绪　论

1.1　国外天然气水合物研究历程

天然气水合物又称“可燃冰”，被认为是最理想的替代能源之一，各国竞相研究。

苏联、美国等国家一直高度重视“可燃冰”的研究和地质调查工作。苏联在20世纪70年代分别在白令海和西伯利亚永冻层发现了具有工业开采价值的矿藏和矿点。进入20世纪90年代，美国在大西洋的布莱克海进行了深海钻探，发现并确认了一处面积约为3 000 km^2 的天然气水合物储藏区，其储量估计达到180亿吨油当量。

印度的科学研究钻探船“JOIDES Resolution”号在2006年5月3日从孟买出发，开始在印度洋多个站点进行钻探、取芯和测井工作，主要勘探印度沿海深海天然气水合物资源。调查区域包括康坎西海岸、克里希纳—戈达瓦里盆地、默哈讷迪盆地及安达曼群岛周边地区。该项目是印度国家天然气水合物开发计划的重要组成部分，获得了美国能源部的部分资金支持及先进的海上研究设备。近年来，印度进一步加大了天然气水合物的勘探力度，并计划加速开发这些资源，预计未来在该领域能够实现自给自足。

1.2　国内天然气水合物研究历程

我国早在20世纪80年代末即开始关注天然气水合物的研究，并将其视为一种重要的潜在能源。自1999年起，我国正式启动了对南海天然气水合物资源的调查和评估工作，并逐步形成了从基础研究到技术开发的全面布局。

2004年3月，广州海洋地质调查局与德国基尔大学海洋科学研究所签署了合作协议，对南海的天然气水合物开展联合研究。中德两国科学家在南海进行了一系列的科学考察，并于2006年6月2日开始了一次为期42 d的深海考察任务。考察中，科学家们通过取样和测井作业，确认了我国南海区域确实存在天然气水合物。这一发现为我国后续的天然气水合物勘探和开发奠定了基础。

在此后的十余年中，我国在南海地区的天然气水合物研究持续推进。

2007 年 5 月 1 日凌晨，我国在南海北部钻取“可燃冰”首次取样成功，证实了南海北部蕴藏有丰富的天然气水合物资源，标志着我国天然气水合物调查研究水平一举步入世界先进行列。我国成为继美国、日本、印度之后第 4 个通过国家级研发计划采集到水合物实物样品的国家。初步预测，我国南海北部陆坡天然气水合物远景资源量可达上百亿吨油当量。本钻探航次由中国地质调查局统一组织，广州海洋地质调查局利用辉固公司钻井船与取样技术完成。天然气水合物样品在第一、第四个站位获得。第一个站位获取的样品取自海底以下 183～201 m，水深 1 245 m，水合物丰度约为 20%，含水合物沉积层厚度 18 m，气体中甲烷含量为 99.7%；第四个站位取自海底以下 191～225 m，水深 1 230 m，水合物丰度为 20%～43%，含水合物沉积层厚度达 34 m，气体中甲烷含量为 99.8%。

2013 年 6—9 月，我国海洋地质科技人员在广东沿海珠江口盆地东部海域首次钻获高纯度天然气水合物样品，并通过钻探获得可观的控制储量。此次发现的天然气水合物样品具有埋藏浅、厚度大、类型多、纯度高 4 个主要特点，控制储量 $1\ 000\times10^{8}\sim1\ 500\times10^{8}\ m^{3}$，相当于特大型常规天然气矿规模。

2017 年，我国在南海神狐海域成功实现了全球首次海域天然气水合物的试开采，开创了这一领域的新纪元。随后，2020 年我国在南海再次进行天然气水合物的试采作业，开采效率和技术水平进一步提升。

我国在天然气水合物的资源调查、技术研发以及环境评估方面已经取得了显著的成就，计划在 2035 年实现规模化开采。2022 年，国家将天然气水合物开发列为“十四五”规划中的重要任务，推动这一新兴清洁能源的商业化利用。

1.3 天然气水合物物理性质研究

虽然水合物取样、生成、保存都很困难，对水合物力学性质的研究也比较少，但是根据固体物理学的理论，水合物主晶格的结构决定了晶体的物理性质，水合物的结构与冰类似，可以推测水合物有很多性质与冰相同。

J. L. Cox 和 J. G. Dvorkin 分别对比了冰与水合物的部分物理性质，见表 1-1-1 和表 1-1-2。从表中可以发现，水合物的弹性模量、剪切模量以及泊松比等与冰的相应指标很接近。

表 1-1-1　冰和纯水合物的物理性质 (据 J. L. Cox., 1983)

性　质	冰	水合物	
		Ⅰ	Ⅱ
晶格直径(0 ℃)/(10^{-10} m)	4.52	11.97	17.14
体积热膨胀系数/K^{-1}	1.5×10^{-4}	1.5×10^{-4}	1.7×10^{-4}

续表

性 质	冰	水合物	
		Ⅰ	Ⅱ
等温杨氏模量(−5 ℃)/GPa	9.5	8.4	8.2
泊松比	0.33	0.33	0.33
绝热体积压缩系数(0 ℃)/(10^{-11} Pa^{-1})	12	14	14
纵波速度/(km·s^{-1})	4.0	3.8	3.8
晶格能量(0 K)/(kJ·mol^{-1})	−47.3	略低于冰	略低于冰
密度(0 ℃)/(g·cm^{-3})	0.912	0.910(CH_4)	0.883(C_3H_8)
		0.951(C_2H_6)	0.892(i-C_4H_{10})

表 1-1-2 冰和纯水合物物理性质(据 J. G. Dvorkin,2000)

性 质	冰	水合物	
		Ⅰ	Ⅱ
纵波速度/(m·s^{-1})	3 845	3 650	3 690
横波速度/(m·s^{-1})	1 957	1 895	1 892
纵、横波速度比	1.96	1.93	1.95
剪切模量/GPa	3.5	3.2	3.2
泊松比	0.325	0.317	0.320
等压杨氏模量/GPa	9.3	8.5	8.3
等温杨氏模量/GPa	9.0	7.9	8.1
等压体积模量/GPa	8.9	7.7	7.8
等温体积模量/GPa	8.6	7.2	7.5

1998 年,日本与加拿大在西北麦肯齐三角洲合作进行了水合物钻探,对取得的水合物岩芯进行了三轴实验研究,测定了水合物沉积物的纵波速度和抗剪强度。

Winters 等对水合物沉积物原状样和室内制备样的力学性质进行了实验研究,对水合物沉积物的应力-应变关系和强度等力学指标进行了研究与分析;通过声波测量、三轴剪切实验,研究了在沉积物的孔隙中充填水合物和冰时声波特性的不同,同时研究了不同条件下形成水合物的声波特性的区别,以及孔隙总量对水合物强度的影响。分析表明,实验室内合成的甲烷水合物与沉积物颗粒之间存在胶结现象,而自然界中的部分水合物沉积物却存在非胶结现象,因此在原状与室内合成水合物沉积物样中水合物对沉积物物理和力学性质的影响是不同的。当使用合成样品的实验结果建立理论模型来预测实际水合物沉积物的物理力学性质时,必须考虑到这一点。

Hyodo 等对一系列天然气水合物砂样进行了室内三轴实验研究,并比较了砂样孔隙中不同水合物饱和度对实验砂样力学性质的影响,绘制了甲烷水合物砂样的力学性质与温度、有效围压和甲烷水合物饱和度的关系图,分析了水合物分解过程中砂样体积应变的变化与有效围压和临界孔隙比的关系。研究表明,在水合物形成过程中,温度和压力对沉积物砂样强度的影响微乎其微，决定水合物砂样力学性质的主要因素是有效围压和甲烷水合物的饱和度。此外，在甲烷水合物分解时，只要不施加剪应力，不管有效应力是否减小，其体积应变都有剪胀的趋势；而施加剪应力时，剪切变形的发展和变化随着临界孔隙比的变化而变化，同时水合物的饱和度也是影响其体积变化的主要因素。

Masui 等对 4 个取自日本 Nankai 海槽的原状水合物岩芯（原状样）和室内合成的水合物 Toyoura 砂样（合成样）进行了三轴实验研究。研究表明，随着水合物饱和度的增大，水合物沉积物的强度增大；原状样与合成样的强度相差不大，但两者的应力-应变关系存在很大不同；原状样的切线弹性模量的平均值比合成样低约 200 MPa；合成样的泊松比在 0.05～0.22 之间，原状样的泊松比一般介于 0.1～0.2 之间，两者的泊松比与水合物饱和度之间都没有明显的相关性；初始孔隙比和沉积物颗粒级别的不同是造成原状样和合成样变形特性不同的主要因素。

K. Miyazak 等研究了围压对水合物沉积物岩石力学性质的影响，采用 Toyoura 砂（平均颗粒直径为 230×10^{-6} m）合成水合物岩样，按照 Masui 等的实验方法，在温度 278 K、孔隙水压 8 MPa 下采用 0.1%/min 的应变速率进行实验，实验时采用不同的围压（8.5 MPa，9 MPa，10 MPa，11 MPa）。研究表明，与其他地质材料一样，随着围压的增大，水合物沉积物岩样的塑性增大，强度也增大；内聚力以及莫尔-库仑破坏准则可以描述成与水合物饱和度相关的函数。这些研究成果不但为了解水合物的变形机制提供了帮助，也为本构方程的构建或数值模拟奠定了基础。

美国地质调查局（USGS）利用水合物沉积物测试实验装置 GHASTLI 对取自地下 900 m 处的 4 个砂岩样品进行了声学和力学测试，并研究了水合物分解前、分解中以及分解后沉积岩样的力学性能。

佐治亚理工学院在实验室内通过一系列三轴实验测试了砂子、黏土和石英粉 3 种不同多孔介质在水合物存在下的体积弹性模量、应力-应变曲线、泊松比和抗剪强度等力学参数，根据莫尔-库仑破坏准则对比了水合物饱和度为 50%的石英粉和不含水合物的石英粉在内聚力和摩擦角上的不同。从实验结果来看，若多孔介质中含有水合物，其体积弹性模量、杨氏模量会变大，而泊松比也有变大的趋势，有点类似于膨胀土。这是因为水合物在多孔介质中存在胶结作用，它增强了多孔介质的内聚力和内摩擦角。

Clayton 等对一系列室内合成的甲烷水合物砂样进行了共振柱实验，研究了围压在 0.25～2.00 MPa 范围内时甲烷水合物含量对沉积物的剪切模量、体积模量的影响，通过和未与水合物胶结的沉积物砂样以及水合物分离后的沉积物砂样进行对比，发现实验过程中形成的具有胶结作用的水合物能够较大程度地影响砂样的剪切模量，但对体积模量的影响有限。

中国科学院的张旭辉等利用研制的天然气水合物沉积物合成及力学性质一体化实验设备进行了研究，以粉细砂土作为骨架，分别对冰沉积物以及四氢呋喃、二氧化碳和甲烷 3 种水合物沉积物进行了室内合成和三轴剪切实验，分析和比较了这 4 种沉积物样品的应力-应变关系和强度特性，初步探究了冰和不同气体水合物在沉积物强度中所起的作用。实验结果表明:4 种沉积物均表现为塑性破坏;围压越大,水合物沉积物强度越高;不同气体水合物沉积物的强度不同。

魏巍等依据南海中沙天然气水合物远景区沉积物样品的分析资料,从物理力学特征各方面对该区域海底沉积物进行了综合工程地质特征研究,在有侧限和两面排水条件下进行了压缩实验研究,通过各级垂直荷重下土的变形(孔隙体积逐渐变小)来测定海底沉积物的压缩系数和压缩模量,通过室内直剪和静三轴实验获得海底沉积物的抗剪强度特征值。

李萍等从物理性质和力学特征方面对南、黄海海底沉积物进行了综合工程地质特征研究,发现南海海底沉积物抗剪强度很小,并总结了沉积物结构、剪切特征、含水量和液塑性随深度变化的规律。

Myung W. Lee 对 BGT 理论进行了研究及完善,并重新命名为 BGTL 理论。Lee 通过研究指出,经典的 BGT 理论仅适用于含游离气的沉积物的波速计算,而 BGTL 理论则适用于含饱和水的沉积物的速度预测。Lee 的研究是以 BGTL 理论为核心展开的,根据实验结果建模,并计算出适用于不同沉积条件的 Biot 系数。

Winters 等利用自主设计的 GHASTLI 装置研究了孔隙中的饱和水、游离气、水合物、冰以及沉积物粒度等对沉积物声速的影响等。

Priest 等利用自主设计的天然气水合物振动圆柱体,对含有水合物的松散沉积物进行了声学性质与饱和度关系的研究。

赵群等利用一组微弱胶结高孔隙度的人工砂岩样品进行了水合物岩石物理特性研究,实验发现声波对孔隙流体的性质较敏感,随着温度的降低,颗粒的胶结性能降低,原有沉积物的速度、弹性模量和频率升高。

青岛海洋地质研究所水合物地球物理模拟实验室将超声技术与时域反射技术集成一体,实时测量了水合物形成和分解过程中沉积物的声学参数和水合物饱和度的变化,并取得了饱和度与声学关系的初步成果。

王东等在低温实验室内合成了甲烷水合物,并进行了纵波传播速度及其衰减的测量,研究了不同温度和压力条件对纯甲烷水合物样品纵波传播速度的影响。他们在 0～15 ℃温度范围内测量了冰、四氢呋喃水合物、甲烷水合物样品及它们与砂的混合物样品的纵波速度和声波穿透的幅度。

叶建良等根据天然气水合物的物理力学性质、成藏环境以及钻井特点进行了分析研究,认为天然气水合物地层可能存在的储层损害包括温度敏感、应力敏感、井壁坍塌、井眼缩径、蠕变以及井漏井喷。

地层中的水合物起到了骨架支撑或者胶结作用,在钻井过程中,当打开井眼后,水合物的分解会使井壁失稳,引起井径扩大,降低井口装置的承载能力,引发井口沉降、套管被压扁等问题,严重的情形下会导致井壁岩层失稳垮塌,影响到立柱甚至整个钻井平台的安全。另外,天然气水合物还会改变钻井液的造壁性能。钻井是非绝热过程,水合物地层又是多孔介质体,因此钻井液和水合物地层必然会发生传质和传热作用,表现为钻井液向井壁周围地层中渗透以及天然气水合物分解，分解产生的大量气体进入钻井液中，当钻井液中气体含量很高时，整个环空压力就会降低，从而导致更加严重的水合物分解，加剧井喷和井壁的不稳定性，使得事故发生的风险大增。

井壁坍塌是由于井壁岩石所受应力超出其本身的实际强度，使岩石产生剪切破坏而造成的。钻井液的侵蚀作用会降低井壁围岩的强度，使之更易发生坍塌。

Hovland 和 Gudmestad 总结了具有工业价值的开采可能遇到的大量潜在的危害。在开采过程中，天然气水合物储层遭到破坏，压力和温度条件的微小变化有可能导致天然气水合物的分解，造成气体或水进入井眼，从而导致工期延迟或井眼报废。据悉，2010 年 4 月 20 日在墨西哥湾发生的海上钻井平台“深水地平线”爆炸沉没事故也是由于天然气在海底条件下产生了大量水合物，堵塞阀门腔体，致使密封失效而造成的。

1.4 天然气水合物钻探取样工具及钻探取样面临的挑战

天然气水合物的研发首先是一个地学问题，重点解决成藏和位置的问题。Mallik 诸井以及美国阿拉斯加、墨西哥湾和日本 Nankai 海槽钻井的成功首先归功于深入的区域地质研究。地质问题解决之后，技术就是决定性因素，而且大部分地质问题的解决也离不开技术。经过 40 多年的勘查实践，以取样技术和开采技术为代表的技术系统已成为世界天然气水合物研发的前沿技术。

国外钻井船使用的保压取样器（图 1-1-1～图 1-1-4）主要在国际海洋钻探计划（DSDP）、国际大洋钻探计划（ODP）中使用。国内外常用取样器技术性能见表 1-1-3 和表 1-1-4。

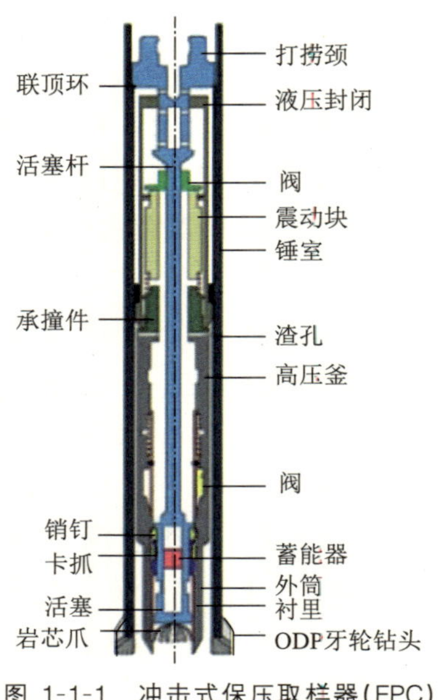

图 1-1-1　冲击式保压取样器(FPC)

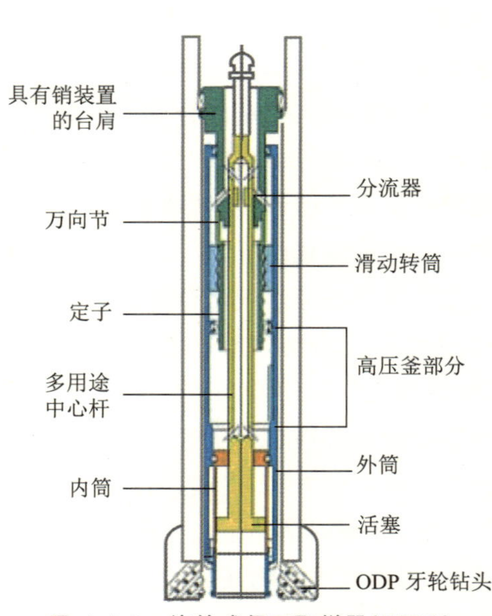

图 1-1-2　旋转式保压取样器(FRPC)

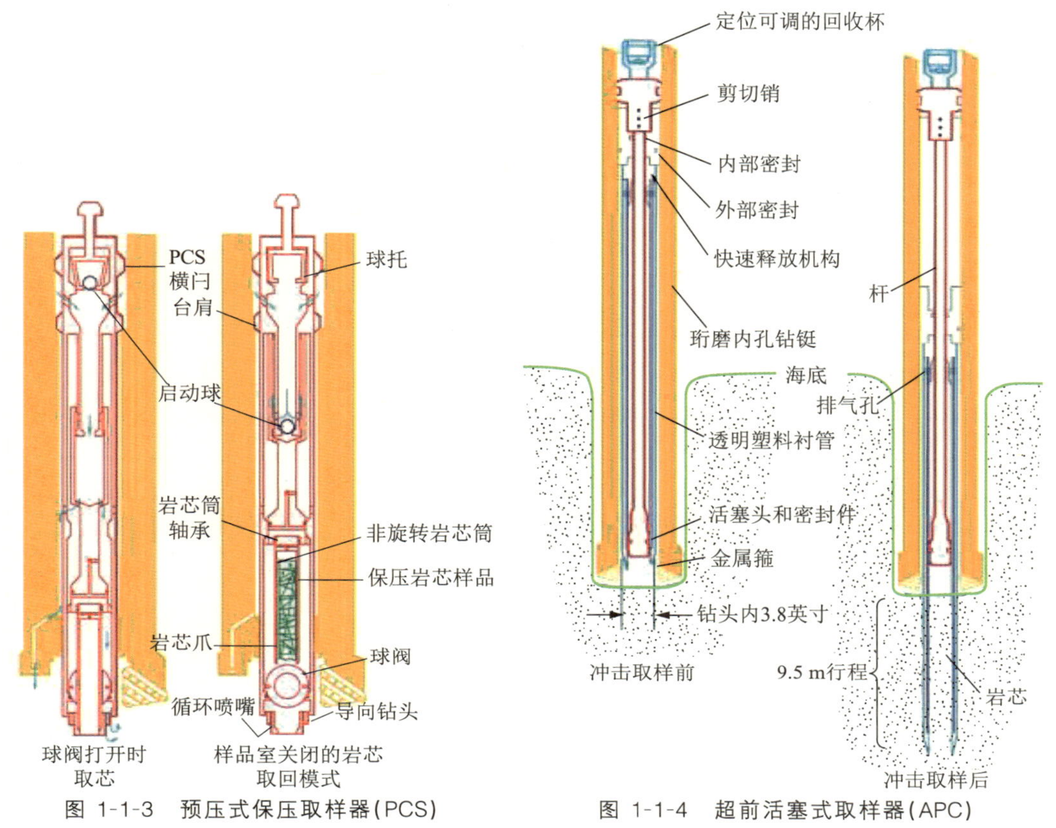

图 1-1-3 预压式保压取样器(PCS)

图 1-1-4 超前活塞式取样器(APC)

表 1-1-3 国外主要保压取样器的主要技术性能

功 能	ODP-PCS 取样器	DSDP-PCD 取样器	日本 PTCS 取样器	HRC-HYACE 取样器	FPC-FUGRO 取芯器
岩芯参数	长度 86 mm，直径 42 mm	长度约 6 m，直径 58 mm	长度 3 m，直径 66 mm	长度约 1 m，直径 50 mm	长度约 1 m，直径 58 mm
钻井方式	旋转、推压	旋转、推压	旋转、推压	旋 转	推压、冲击
适用岩性	软—硬岩		砂 质	软—黏性，硬黏土	软—黏性，硬黏土
保压能力	69 MPa，4∶1 安全系数	35 MPa	24 MPa 4∶1 安全系数	25 MPa	25 MPa
样品转移	无	未 知	有	未 知	未 知
配备传感器	无		可配压力、温度传感器	可配压力、温度传感器	可配压力、温度传感器
使用情况	在 ODP 多个航次中使用	在 ODP Leg42，Leg62，Leg76 等航次中使用	在马更些三角洲、日本 Nankai 海槽钻井中使用	在 ODP Leg194 等航次中使用	在 ODP Leg194 等航次中使用

表 1-1-4 国内外海底取样器主要类型及功能对比

取样器名称	出产国家	工作水深/m	取芯规格		主要功能				
			岩芯长度/m	岩芯直径/mm	保压/MPa	保温	计算机控制	声波监测	自动调平
深海多钻头结壳取样钻机	中国	4 000	0.5	70	无	无	有	无	有
压差海底取样器	美国	—	30	—	有	无	无	无	有
压力补偿取样器	美国	—	—	—	有	无	无	无	无
保压取样器(PCB)	美国	6 100	≤5.8	57.8	34	无	无	无	无
预压式保压取样器(PCS)	美国	>6 000	0.86～0.99	42～43.2	69	无	无	无	无
超前活塞式取样器(APC)	美国	6 500	9.5	62	无	无	无	无	无
遥控海底取样系统	日本	6 000	20～100	—	无	无	有	无	—
BMS 取样器	—	6 000	20	—	无	无	无	无	20°倾斜
深海锤击式取样器	—	—	—	—	无	无	有	无	无
超声波/声波取样器	—	—	—	—	无	无	无	有	无
重力活塞取样器	国内外有	各种水深	一般<60 m	≤150	无	无	无	无	无
冲击式保压取样器(FPC)	荷兰	2 500	1	58	25	无	无	无	无
旋转式保压取样器(FRPC)	荷兰	2 500	1	50	25	无	无	无	无
国内研制取样器	中国	2 500	1	32～58	30	有	有	无	无

海底水合物取样的保压取样器应用较多的为荷兰辉固公司的 FPC 和 FRPC,其取样长度均为 1 m,岩芯直径为 50～58 mm,最大工作压力为 25 MPa。2007 年和 2013 年在我国南海进行海底天然气水合物取样作业中,根据 FPC 和 FRPC 的应用情况可知,保压成功率较低。

海洋天然气水合物钻探取芯面临如下技术挑战:

(1) 高压环境下的稳定性。在深海环境下,水合物沉积物往往存在于极高的压力和低温条件下,因此取样设备必须能够在维持高压的同时保持样品的完整性。传统的取样器设备在提升至海面时,往往会因为压力降低而致使水合物分解,这会使样品的真实性难以保证。

(2) 取芯长度和直径的限制。目前的保压取样器通常只能采集较短的岩芯(如 1 m 左右),且直径有限(50～58 mm)。这种限制使得岩芯的代表性不强,无法全面反映水合物储层的特性,尤其是对不同深度层次的连续采样存在困难。

(3) 保压存储与分析。即便成功采集到保压岩芯,如何在后续的运输和实验过程中维持岩芯的原始压力条件仍是一个挑战。存储设备需要具备有效的保压系统，以防止样品分解。此外，实验设备需要能够在维持高压的同时对样品进行物理和化学特性分析。

因此，通过调研国外天然气水合物取样工具及海洋石油 708 深水工程勘探船（简称海洋石油 708 船），综合国内外各种保压、非保压取样器的结构，根据实际情况制定了整套样机采用绳索保温保压取芯方式。

第 2 章
浅层水合物专用绳索取芯工程样机及钻头设计

2.1 浅层水合物专用绳索取芯工程样机方案

2.1.1 浅层水合物专用绳索取芯工程样机设计难点及解决方案

浅层水合物专用绳索取芯工程样机设计难点及解决方案见表 2-1-1。

表 2-1-1 浅层水合物专用绳索取芯工程样机设计难点及解决方案

序 号	设计难点	解决方案	设计原则
1	快速提取	绳索打捞	采用分块设计的方式，保证各系统在突破关键技术后既能相互配合，又不缺少独立性，方便组装调试和改进完善
2	保持温度	真空被动保温	
3	保持压力	球阀、板阀密封＋压力补偿	
4	钻进模式转换	特殊的锁定、释放机构及钻头塞	
5	快速转移	带压快速转移	
6	监控温压	保温保压筒内设温压传感器实时记录温压	
7	空间受限	提高材料性能，增大岩芯直径	

2.1.2 浅层水合物专用绳索取芯工程样机设计方案及技术参数

通过调研国外天然气水合物取样工具及海洋石油 708 船，根据 708 船的实际情况确定整套样机采用绳索保温保压取芯方式，整套工具主要包括绳索打捞回收系统、锁定释放系统、保温保压系统、压力补偿系统、阀门密封、控制及温压监测系统、取样系统，设计方案如图 2-1-1 所示。

绳索取芯工程样机工作原理如下：用绳索将内部工具组合送入底部钻具组合内，锁定释放系统到位后开始取芯，取芯结束后打捞内部工具组合，岩芯管差动进入保温保压系统，阀门关闭实现保温保压筒密封，上提过程中压力补偿系统及时补压，完成天然气水合物的保温保压取芯。设计的绳索取芯工程样机技术参数见表 2-1-2，与国外保压取样设备参数的对比见表 1-1-2。

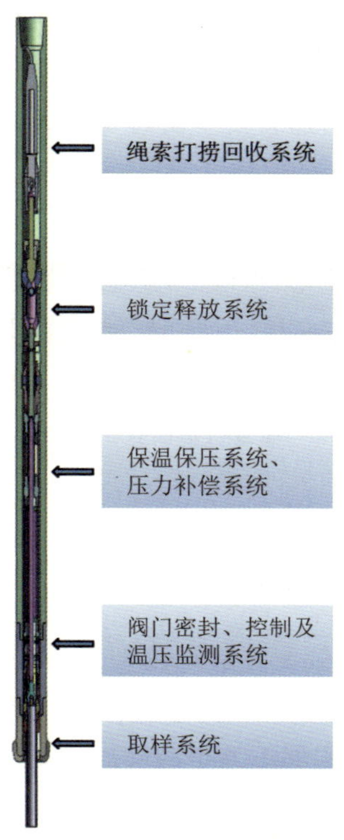

图 2-1-1　浅层水合物取样工具设计方案

表 2-1-2　绳索取芯工程样机技术参数

技术参数	数　值
长度/m	5.5
外径/mm	97
岩芯直径/mm	32～58
取芯长度/m	1
额定工作压力/MPa	30
适合水深/m	2 500
钻头外径/mm	240
外筒外径/mm	209

2.2　浅层水合物专用绳索取芯工程样机设计

2.2.1　绳索打捞回收系统设计

绳索取样工具配套的打捞工具上部连接 ϕ16 mm 绞车钢丝绳，其下部在下放和上提绳索取样工具内工具串时抓紧绳索取样工具的打捞矛头，起到上提、下放绳索取样工具的作用。为配合 708 船钻杆尺寸，在“十一五”期间研制的原型机基础上，大幅度缩小工具外径(最大外径 97 mm)。由于尺寸限制，对其打捞爪结构进行了彻底改变。为防止上提工具过程中意外碰撞造成提前解锁，加装安全防碰保护装置。绳索打捞回收系统结构如图 2-2-1 所示。

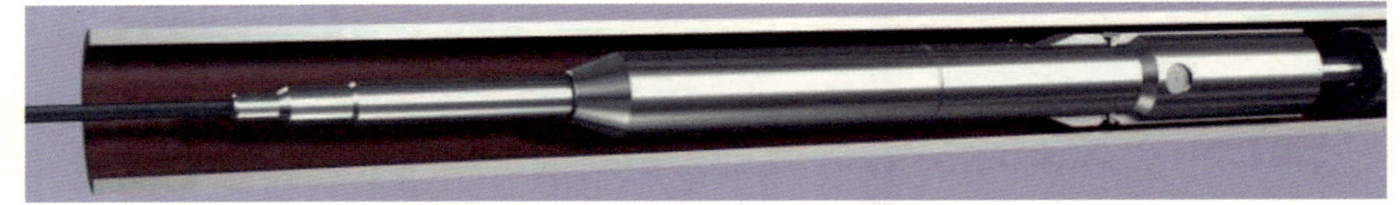

图 2-2-1 绳索打捞回收系统结构示意图

2.2.2 锁定释放系统设计

打捞矛头与绳索打捞回收系统配合实现内部工具串的上提、下放。纵向锁定机构的弹卡在内部工具串(外径 97 mm)下入到位后弹出，并卡入外筒(外径 209 mm，通径 104 mm，扣型 6⅝ in FH)槽中，实现工具串与外筒的纵向锁定。

为实现内部工具串在打捞过程中差动，释放机构可采用机械加压和液压两种方式，靠机械加压或液压剪断释放销钉，使拉杆带着取芯管与保温保压筒差动后进入保温保压筒，实现岩芯保温保压。机械加压方式需要地层有一定的承载力，靠钻杆传递的钻压作用于释放机构，剪断释放销钉，实现差动，其优点是简单可靠，缺点是需要地层有承载力。液压方式需要内外筒密封，人为地造成局部压力升高，剪断释放销钉，实现差动，其优点是不受地层限制，缺点是内筒局部外径需要增大以实现内外筒密封，可能导致下钻过程不顺利。经过 3 次配合钻探船试验，由于需要从进入泥线就开始取样，而成岩地层承载力可能不足以剪断释放销钉，所以最后选择液压释放的方式。锁定释放系统如图 2-2-2 所示。

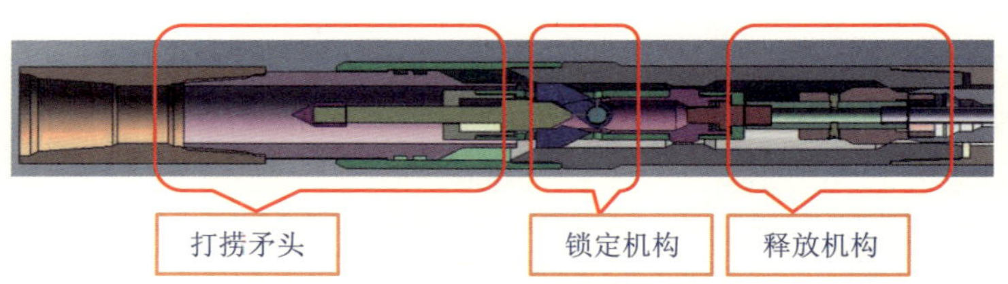

图 2-2-2 锁定释放系统示意图

为了实现打捞工具的安全性，特对锁定释放系统的关键部件进行强度分析与校核。

1) 锁定释放系统关键部件的力学计算与动态模拟

利用相关软件对纵向锁定机构中的锁块及其相应的关键部件进行分析。取样工具锁定机构的工作机理为曲柄滑块机构运动(图 2-2-3～图 2-2-5)，只是驱动力并非作用在曲柄上，而是作用于上部牵引机构，其速度、加速度、位移应可控制。基于软件 Pro/E 设置了伺服电动机驱动，可以针对不同的速度、加速度、位移得到对监测点的测量曲线。该取芯锁定机构中曲柄长 $a=125$ mm，连杆长 $b=75$ mm。在 Pro/E 软件中，模拟该机构解锁过程中设置参数为：牵引上行速度 2 mm/s，解锁时间 6 s，不会发生机构干涉情况。

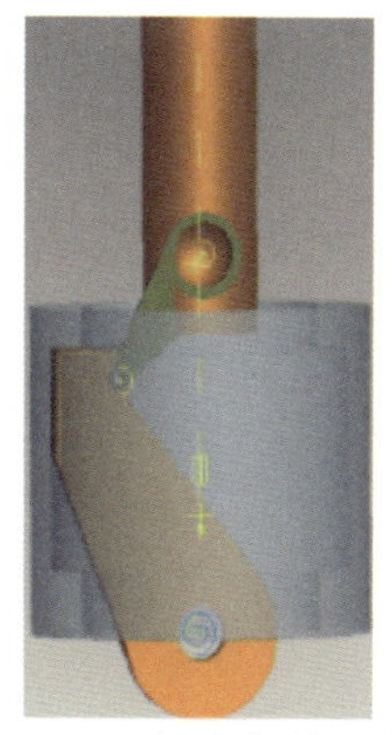
图 2-2-3　锁定机构立体图

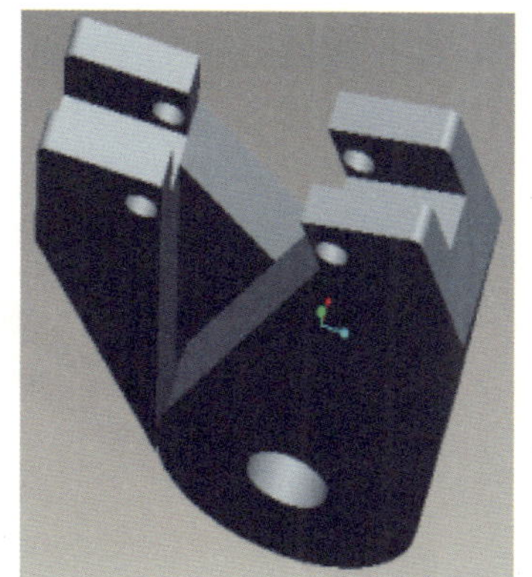
图 2-2-4　锁定机构

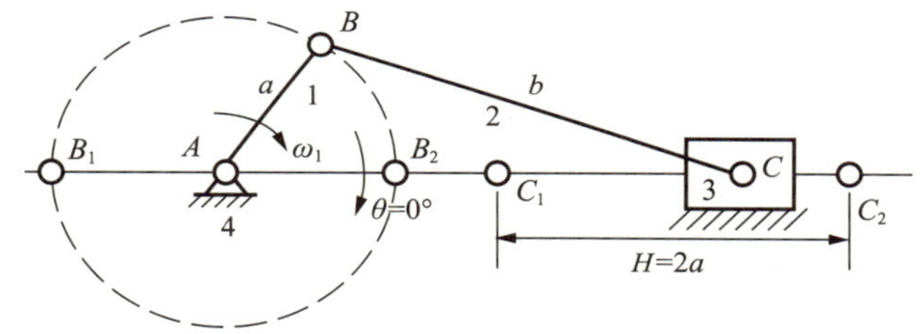

ω_1—曲柄角速度；θ—曲柄转角；H—滑块行程。

图 2-2-5　锁定机构曲柄滑块结构原理

2）基于 Pro/E 软件对锁定机构进行动态仿真模拟

Pro/E 是美国参数技术公司(PTC)开发的大型 CAD/CAM/CAE 集成软件，是目前国际专业技术人员使用最为广泛的、先进的、具有多种功能的动态设计仿真软件。该软件在工业产品造型设计、模具加工设计、加工制造、有限元分析、机械二维和三维动态造型仿真设计、结构分析、优化设计、电路设计以及关系数据库管理等方面有着广泛的应用，是目前最优秀的三维实体建模软件之一。

取芯锁定机构采用阶梯式装配模式(图 2-2-6)进行组装，该模式层次分明。

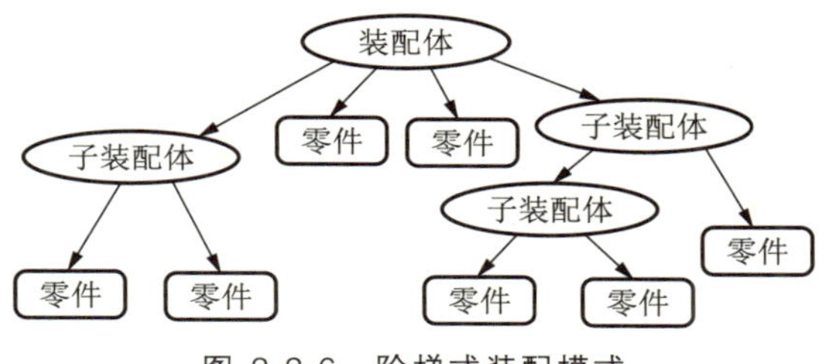

图 2-2-6　阶梯式装配模式

在 Pro/E 建模组装中，创建了 15 个子装配体、67 个零件，在项目研究过程中完成了整体装配图（图 2-2-7）、零件图、运动仿真、图形输出等任务。

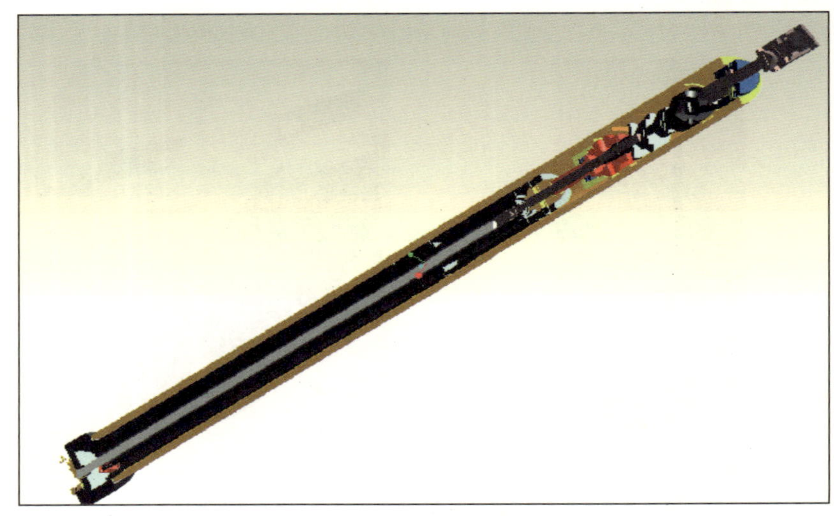

图 2-2-7　锁定机构整体装配图

3）基于 Pro/E Mechanica 软件模块对锁定机构进行应力分布及优化设计研究

Mechanica 是 Pro/E 一个比较独立的模块，是专门的工程分析模块，其主要功能是有限元分析、静力学分析、动力学分析、震动分析、势力分析、疲劳分析等，它对机构的分析可以帮助工程师找到设计中的应力集中点以便更新设计，避免许多设计中的缺陷。取芯锁定机构材料为中碳合金钢，取工作温度为室温，针对解锁工况与钻进过程工况对锁紧的力学模型进行分析，得到应变、位移、应力云图（图 2-2-8）。通过分析可以得到如下结论：

（1）在上部位移约束的情况下，两种工况运行状态虽然不同，但最大应力位置相同，均发生在上部开孔位置内侧面处，此处为应力集中峰值区。

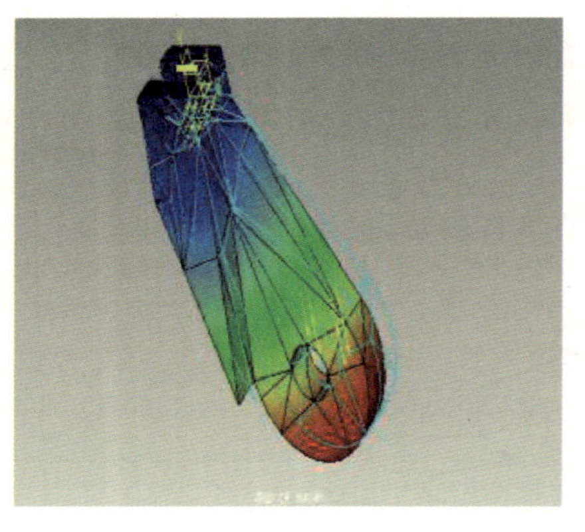

（a）

（b）

图 2-2-8　锁定机构应变、位移、应力云图

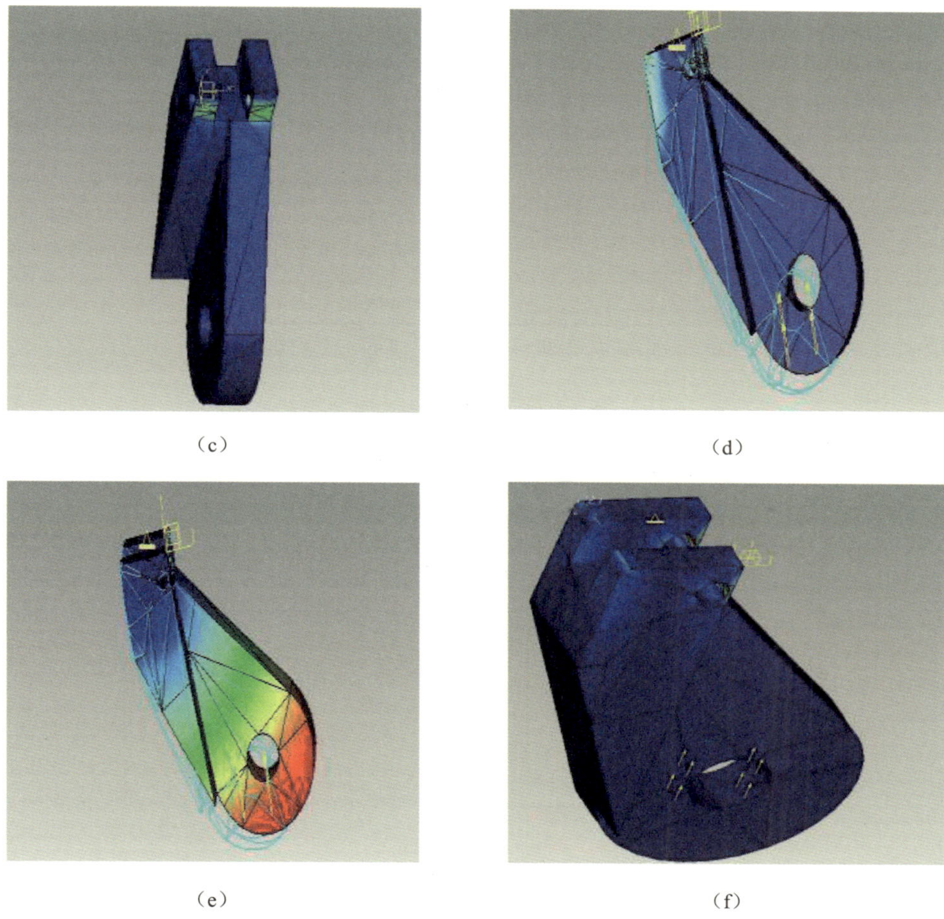

(c)　(d)

(e)　(f)

图 2-2-8(续)　锁定机构应变、位移、应力云图

(2) 变形区出现在锁定机构底部，可以认为是悬臂梁自由端点最大变形的情况，可在变形位移图中看出。

在此过程中，进行了部分结构优化设计，分析了结构的最大应力位置与上部开孔孔径、开孔距离及低孔距约束面的距离之间的灵敏度情况，如图 2-2-9～图 2-2-11 所示。

由图可以得到如下结论：

(1) 最大应力随着孔径、孔距的增大而增大，随着低孔距约束面的距离增大而减小，设计时应该合理优化设计。

(2) 参数的灵敏度范围为：孔径，5 mm＜10 mm＜12 mm；孔距，10 mm＜16 mm＜20 mm。在机构参数变形过程中动态显示参数互不干涉。

4) 锁定释放系统的零件、组件建模及动态仿真

(1) 关键取样器零件包括纵向锁体、取芯钻头、取芯绳索和锁定机构，如图 2-2-12～图 2-2-15 所示。

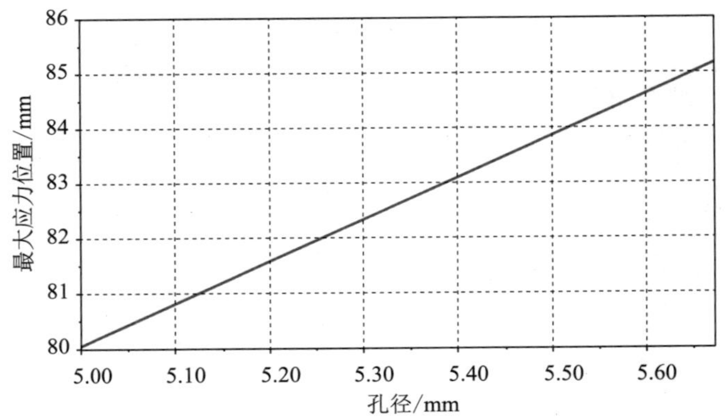

图 2-2-9 最大应力位置与上部开孔孔径的关系

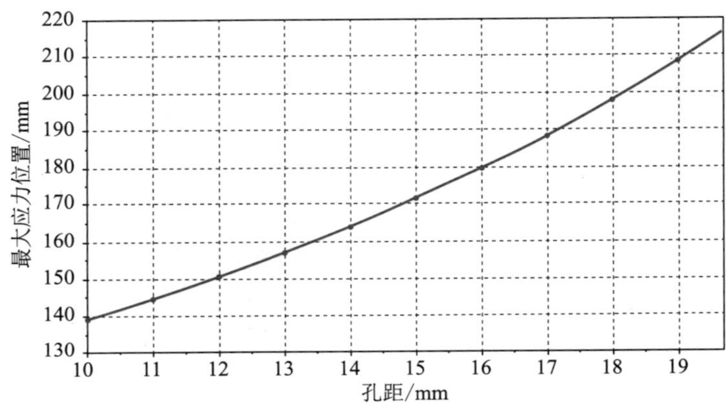

图 2-2-10 最大应力位置与上部开孔距离之间的关系

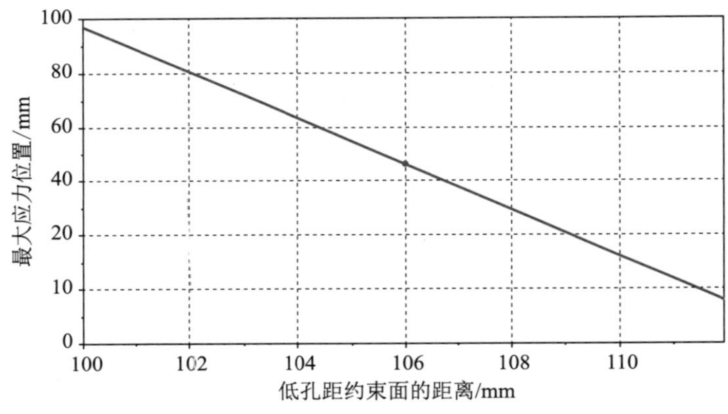

图 2-2-11 最大应力位置与低孔距约束面的距离之间的关系

（2）绘制取样工具各子组件分解图及相关组件图。由于取样工具长径比很大，所以将其按取样工具功能及相对 CAD 二维位置分成若干子组件并组成整体图，如图 2-2-16 所示。

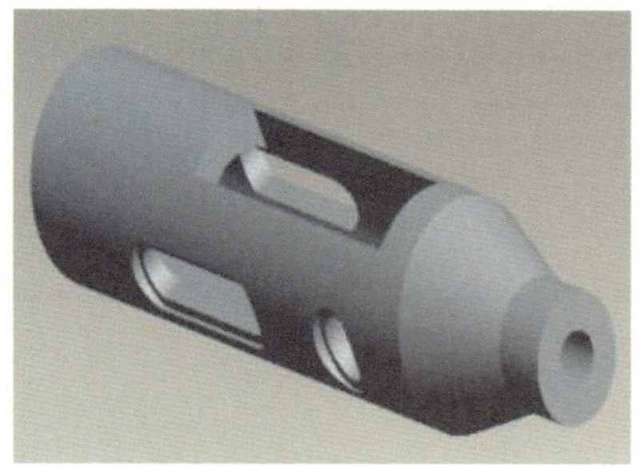

图 2-2-12　纵向锁体

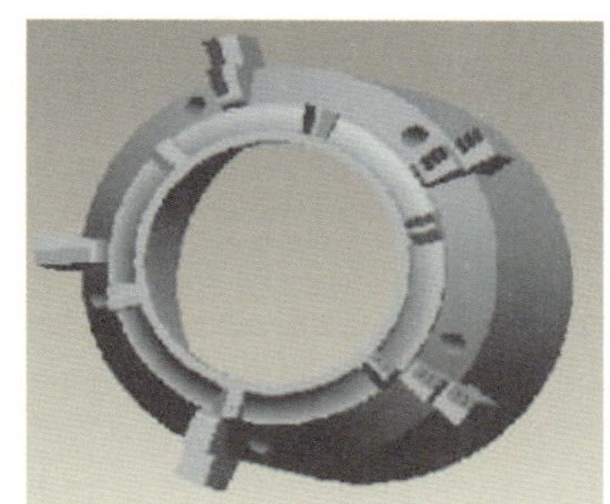

图 2-2-13　取芯钻头

图 2-2-14　取芯绳索

图 2-2-15　锁定机构

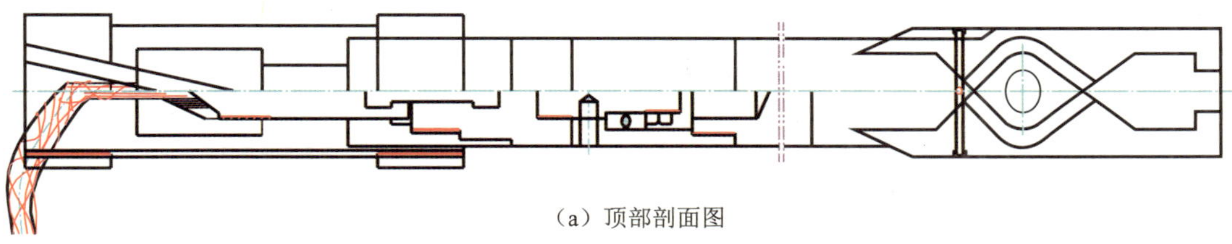

（a）顶部剖面图

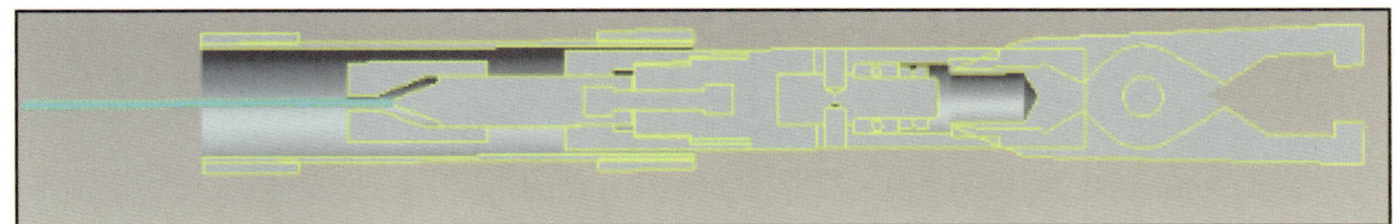

（b）中间透明视图

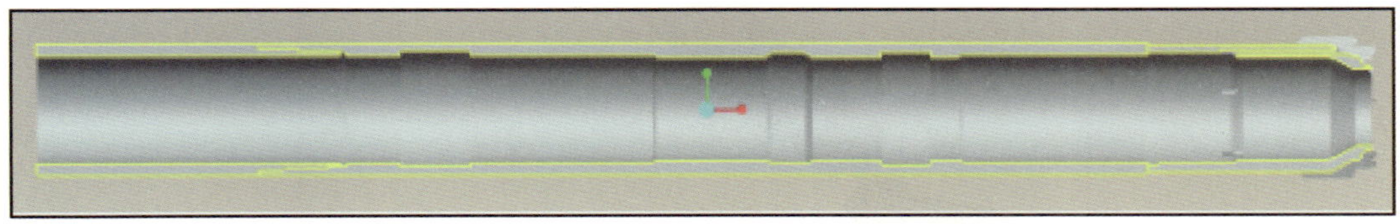

（c）底部外观视图

图 2-2-16　取样工具整体图

（3）对取样工具锁定机构（图 2-2-17）牵引上行时的最大应力、应变进行有限元分析。

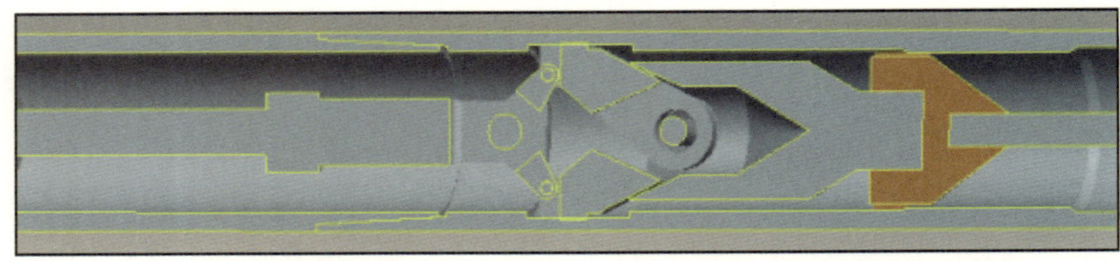

图 2-2-17　取样器锁定机构三维剖面图

因锁定机构为对称结构，故取机构的 1/2 进行分析。在准静态下，在牵引装置上顶面设边界条件为位移等于 0；在下端开孔圆端面施加向下的集中面载荷，并假设载荷均匀分布。在 ANSYS 中进行应力、应变分析，模型材料设为 35CrMo，网格划分（图 2-2-18）采取自由网格划分，划分精度取为最高系数 1，划分网格单元采用 Solid95 单元，该单元是 Solid45 的高次形式，能够用于不规则形状，而且不会在精度上有任何损失。该元素具有位移协调形状，具有空间的任何方向，并具有塑性、膨胀、应力强化、大变形、大应变能力，形成云图，如图 2-2-19、图 2-2-20 所示。

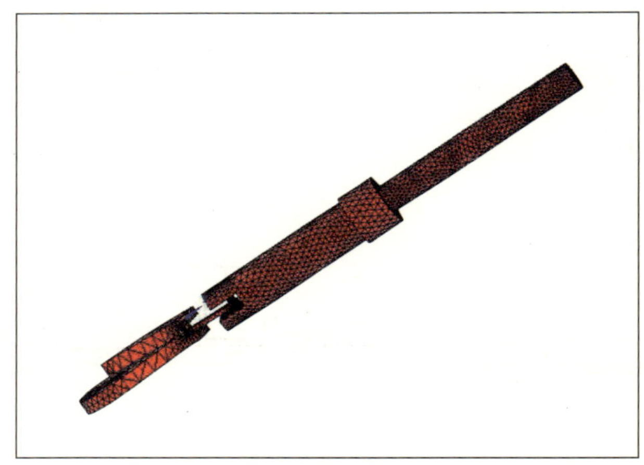

图 2-2-18　锁定机构有限元网格划分结果

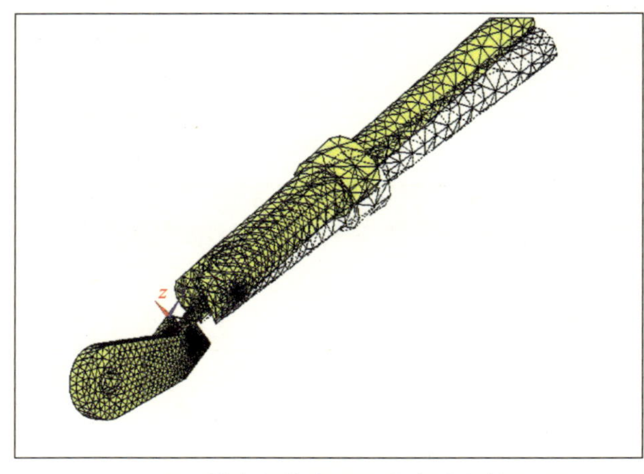

图 2-2-19　锁定机构有限元应变分析结果云图

由应力分析结果云图可以看出，在静态下，按上述边界条件得出应力主要集中在连杆上，且从小端向大端依次递减；最大应力为 522.333 MPa，小于 35CrMo 的屈服极限 835 MPa，能够实现安全解锁，不会出现塑性变形。

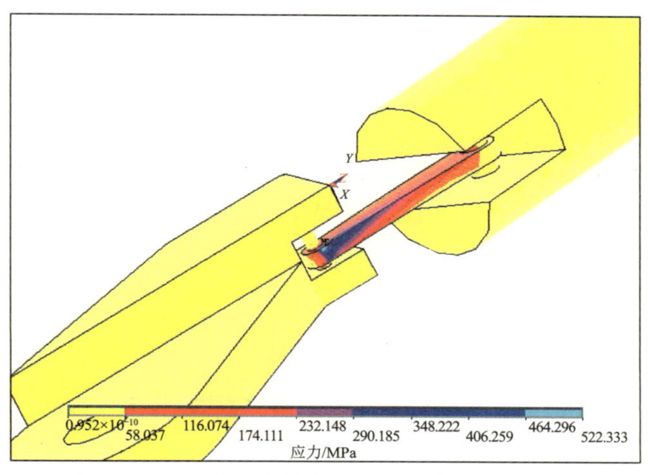

图 2-2-20　锁定机构有限元应力分析结果云图

2.2.3　保温保压系统及压力补偿系统设计

压力补偿系统在保温保压筒（外径 97 mm，密封压力 30 MPa）外侧（图 2-2-21），利用空气可压缩原理，一侧腔体充高压气体（1～8 MPa），当保温保压筒在井底取芯时，井底液体进入另一侧腔，压缩高压气体；工具上提过程中，液体压力可能会由于泄漏而有部分损失，这时高压气体会推动活塞给保压腔体补充一定的压力；保压腔上部在岩芯管（岩芯直径 32～58 mm）上提到位后密封，下部关闭球阀实现密封；取芯结束后，为实现带压转移岩芯管，可以解除岩芯管的限位，从上部拉出进入带压转移装置。

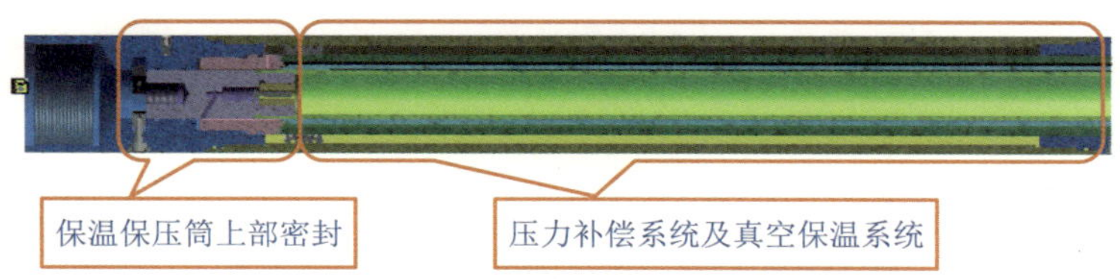

图 2-2-21　保温保压系统及压力补偿系统

保温保压筒采用真空被动保温方式（图 2-2-22）。把保温保压筒做成双层，两层之间抽成真空状态，真空夹层厚度为 2 mm，真空度达到 0.08 MPa 时切断传导；保温保压筒外采用等离子喷涂热障涂层，涂层厚度为 0.5 mm。保温保压筒密封状态下可以避免热对流；太阳光隔热涂料将保温保压筒外部辐射的热能反射回去，以防止外面的热能辐射到筒内。经严格对照检测结果显示，热障涂层能反射太阳光线一半以上的红外线，对太阳光的热量反射、阻隔效果非常明显，一般情况下，被涂物质与原物质相比，表面温度可降低10～20 ℃。传热的3条途径即对流、传导、辐射都隔离了，因此保温保压筒能保持温度尽量不变。

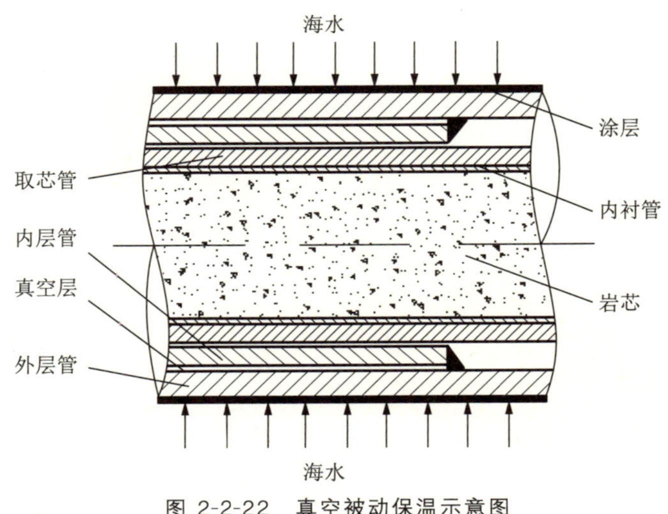

图 2-2-22　真空被动保温示意图

2.2.4　阀门密封、控制及温压监测系统设计

为了实时记录保温保压筒内的温度、压力，在其外侧安装了2组温度、压力传感器（图2-2-23），记录温压数据并传递到控制系统中。由于传感器要穿过真空层，所以加工难度非常大。保温保压筒下部设有穿过真空层的霍尔到位传感器，当取芯管上提全部进入保温保压筒后，触发霍尔元件，信号传递给球阀的控制系统，使球阀关闭，实现保温保压筒的密封。

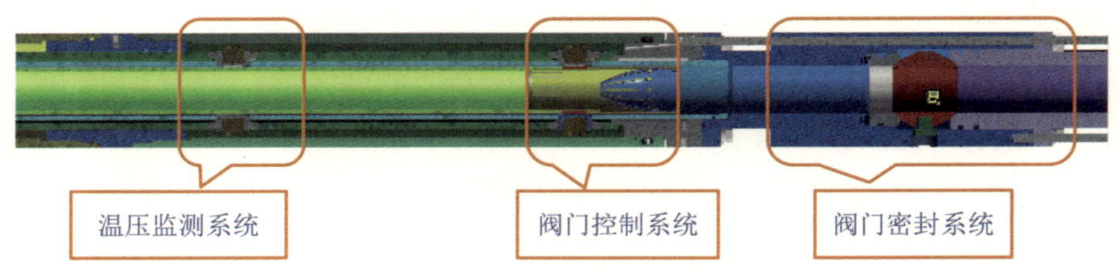

图 2-2-23　阀门密封、控制及温压监测系统

为方便拆卸，高压球阀上、下采用法兰连接，在控制机构的作用下由液压驱动机构关闭。由于外径尺寸限制，在球阀保证耐压30 MPa的情况下，目前球阀的外径为97 mm时，通径为40 mm，能保证岩芯直径为30 mm，实现保温保压系统的密封。

根据国际上的天然气水合物保压取样工具，取得的岩芯长度普遍为1 m，因此该套取样工具保温保压筒的长度设计为1.0～1.2 m。

2.2.5　阀门控制、温压记录及取样系统设计

球阀的控制腔内有控制电路板、供电电池组(图 2-2-24)和油路阀门等，具有记录温度、压力传感器数据和控制球阀关闭的功能。控制腔下部是推动球阀关闭的液压驱动腔。阀门的电控系统能够接收霍尔到位传感器信号，自动发出控制油路阀门的信号，并自动记录温压监测系统接收到的数据，记录时间间隔为 0.5～1 s，后期通过红外数据接收的方式导出数据。

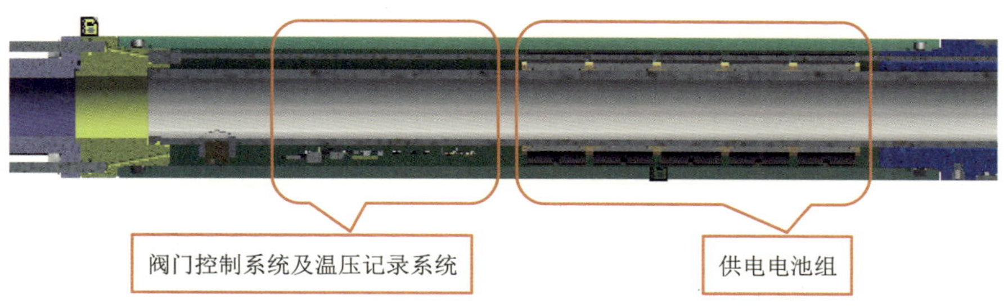

图 2-2-24　阀门控制及温压记录系统

阀门的液压驱动系统采用高压氮气(3.5～4.0 MPa)推动活塞，使活塞另一侧液压油通过油路阀门，驱动球阀机械机构关闭球阀。周向锁定装置(图 2-2-25)可实现工具串随外筒旋转，采用花键方式实现取样工具与外筒的周向锁定。周向锁定装置下部与可伸出钻头的取芯管(外径 92 mm)连接(图 2-2-26)，取芯管伸出取芯钻头(中心孔径 94 mm)取海底沉积物或未成岩地层，可避免钻头水眼形成的射流的影响，更好地保证岩芯的原始性。

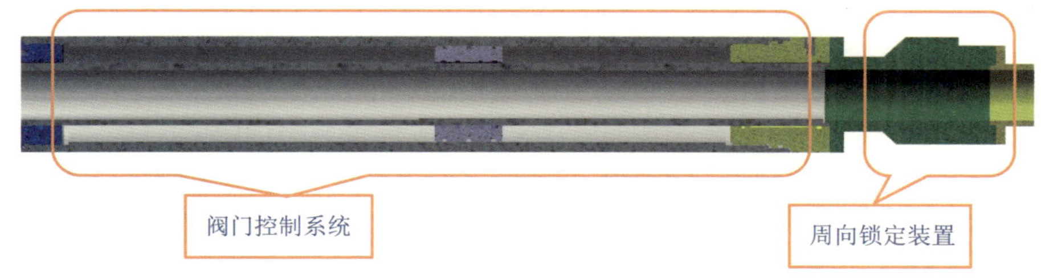

图 2-2-25　阀门控制系统及锁定系统

图 2-2-26　可伸出钻头的取芯管

2.2.6　板阀保压系统设计

由于保温保压筒尺寸受钻杆内通径限制，而球阀保压系统由于机构原因取样直径不

易增大，因此为增大取样直径，对板阀保压系统也进行了研究。为增大密封保压成功率，并取得较大直径的岩芯，对球阀、板阀保压系统两种结构进行了比较，见表 2-2-1。

表 2-2-1　球阀与板阀保压系统比较

优缺点	球阀保压系统	板阀保压系统
优　点	可机电液一体化控制，自动化程度高，密封保压效果好	弹簧驱动关闭，结构简单，通径较大，压力越大，密封效果越好
缺　点	结构复杂，受工具尺寸限制，通径小	由于线或面密封，密封保压效果有待提高

目前设计的板阀有两种结构，即直板式和弯月式，外径均为 97 mm，其中直板式密封板阀通径为 50 mm，如图 2-2-27 所示；弯月式密封板阀通径为 60 mm，可增大岩样直径，如图 2-2-28 所示。

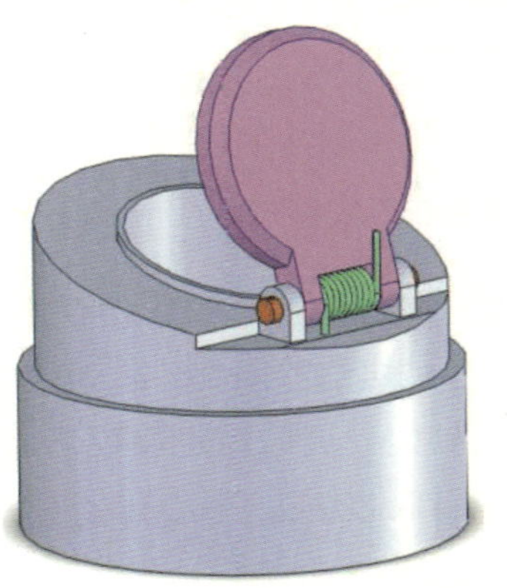

图 2-2-27　直板式密封板阀

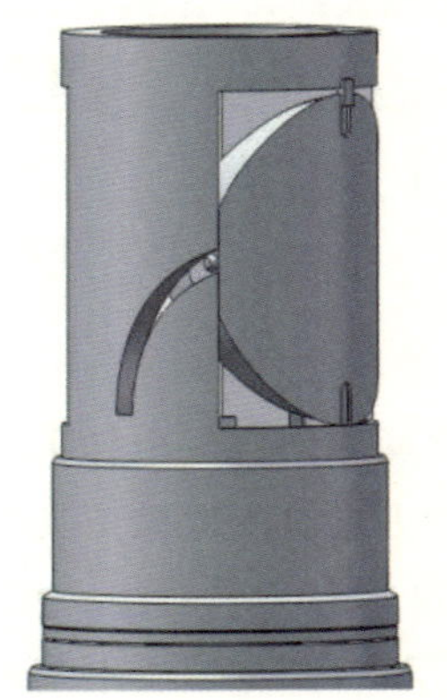

图 2-2-28　弯月式密封板阀

2.2.7　全面钻进工具设计

钻头塞（外径 92 mm）与取芯钻头配合形成全面钻进工具（图 2-2-29），由锁定系统（外径 97 mm）和连接筒（外径 92 mm）组成的转换工具与取样工具采用相同的底部钻具组合和取芯钻头，可实现不提钻转换。

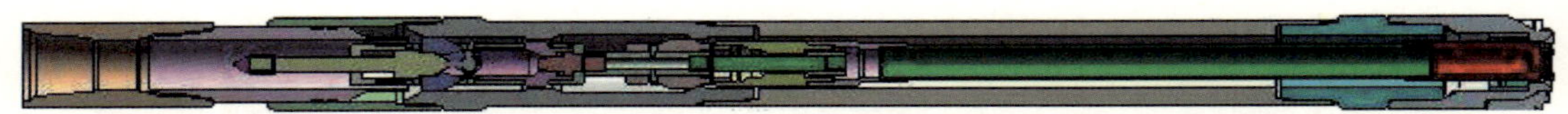

图 2-2-29　全面钻进工具

2.3　取芯钻头设计

目前国际上普遍采用的水合物取芯作业为不提钻取芯，即在完成一个井眼的钻进作业前钻具不提出井眼，因此取芯钻头既要配合伸出取芯管的需要，又要满足旋转取芯的需要，还要配合钻头塞实现全面钻进，因此设计中要求全面考虑。为了适应不同地层的需要，在设计取芯钻头时考虑了地层的软硬，先后设计了刮刀式取芯钻头（外径 240 mm，中心孔径 94 mm，水眼 ϕ18 mm×5 个）和钻头塞（外径 92 mm）及 PDC 钻头，如图 2-3-1 所示。刮刀钻头设计较为简单，在此不再叙述，下面对 PDC 钻头的设计作一简单介绍。

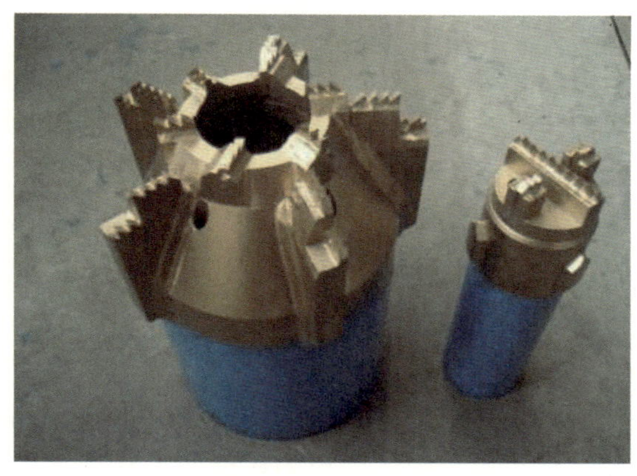

图 2-3-1　取芯钻头和钻头塞

2.3.1　PDC 取芯钻头设计

在水合物成岩性地层取芯时，由于岩性比较硬，钻进困难，用先前的硬质合金取芯钻头难以达到取芯要求，因而要研究适合钻硬岩地层的取样工具。PDC 取芯钻头适用范围广，钻速快，因此研制 PDC 取芯钻头非常必要，有利于提高取芯速度和岩芯收获率。

2.3.1.1　PDC 取芯钻头切削齿受力影响因素分析

PDC 取芯钻头是一种切削型钻头。各切削齿在钻压和旋转扭矩的联合作用下连续吃入并剪切刃前岩石。根据钻头与岩石的相互作用原理，切削齿在破碎岩石的同时也受到岩石的反作用力。岩石对切削齿的反作用力主要由岩石破碎阻力（F_R，由岩石强度决定）和切削齿与岩石面上的摩擦阻力（F_{f1}，F_{f2}）构成。但无论切削齿的受力情况如何，都可分解为正压力 F_n、切向力 F_c 和侧向力 F_l 3 个分力，如图 2-3-2 所示。

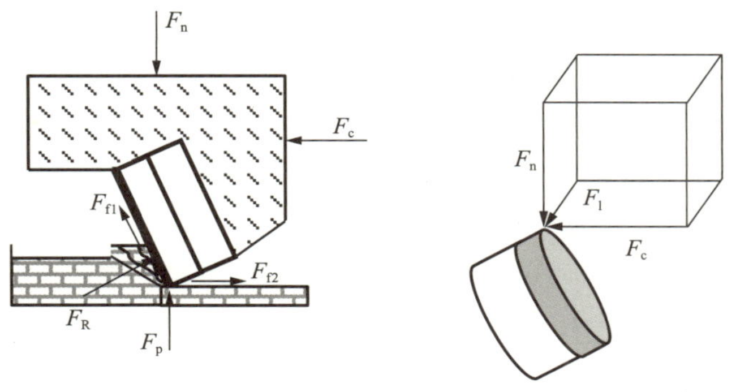

F_p—地层向上的反作用力。

图 2-3-2　PDC 取芯钻头切削齿受力图解

通过对 PDC 取芯钻头切削齿的切削破岩过程进行分析，可将影响 PDC 切削齿受力的因素归纳为以下几种：

（1）切削参数。描述井底切削状态的参数有切削面积、切削体积和接触弧长，可能对切削齿受力有影响的参数是切削面积和接触弧长。理论上，切削面积越大，接触弧长越大，切削齿受力就越大。但切削齿受力与切削面积和接触弧长是否存在一定的函数关系及存在怎样的关系，需要通过受力实验来确定。

（2）切削断面形状。为了能够完全覆盖井底和实现各切削齿的均匀磨损，PDC 取芯钻头上的各切削齿任一井眼剖面上的切削断面常常有部分或完全重叠的现象，称为切削齿的重叠切削作用。

重叠切削作用使得各切削齿的切削断面形状极不规则，且形状各异。切削断面形状的差别直接影响切削齿的切削面积和接触弧长，从而影响切削齿的受力。

（3）切削齿的工作角。切削齿的工作角包括前倾角和侧倾角。实践证明，切削齿的工作角对 PDC 取芯钻头的破岩效率有着较大的影响。由此可以推断出，切削齿工作角的大小将影响切削齿的受力。

（4）岩石性质。岩石性质是影响切削齿受力的重要因素之一。岩石越硬，破碎岩石所需要的作用力就越大。但已有研究都未将岩石性质作为一个变量引入切削齿的受力模型中，从而限制了切削齿受力模型在钻头设计和性能分析等工作中的应用。

（5）切削齿的磨损面积。在保持切削深度不变的情况下，切削齿受力随着其磨损面积的增大而增大，这一点已从磨损后的钻头需要更大的钻压才能保持一定的钻进速度的现场经验中得到证实。

综上所述，PDC 取芯钻头切削齿的受力与切削参数、切削断面形状、切削齿的工作角、岩石性质以及切削齿的磨损面积等因素有关。要想获得一个较为准确的切削齿受力计算模型，就必须认真研究相关因素对切削齿的影响规律，而研究各个因素对切削齿影响规律的最好方法是在实验室内进行模拟切削实验。

2.3.1.2 PDC 取芯钻头切削齿受力实验

采用单齿模拟切削实验的方法研究相关因素对 PDC 取芯钻头切削齿受力的影响规律。

1）实验装置

单齿模拟切削实验在一台改装后的 CW6130 车床上进行。实验装置由车床、岩样卡盘、三轴测力计、定位及锁紧装置、水力冷却系统、数据采集系统和 PDC 切削齿等部分组成。

岩样卡盘用于固定实验岩样。岩样尺寸为 ϕ220 mm×150 mm。为了能够有效地控制切削深度，在岩样的半径方向预先加工一条深 100 mm 的切槽。

PDC 切削齿固定在 QB-07 型三轴测力计上，三轴测力计固定在定位装置上。定位装置有 X 和 Y 两个方向的自由度，可以根据设计的切削半径和切削深度对 PDC 切削齿进行定位。用锁紧装置锁定切削齿的位置。

水力冷却系统用于供给冷却液，对 PDC 切削齿进行冷却和润滑。数据采集系统用于接收、处理并显示三轴测力计输出的测量信号。

将直径为 13.4 mm 的标准复合片固定在钢质刀柄上，构成 PDC 切削齿，如图

2-3-3 所示。

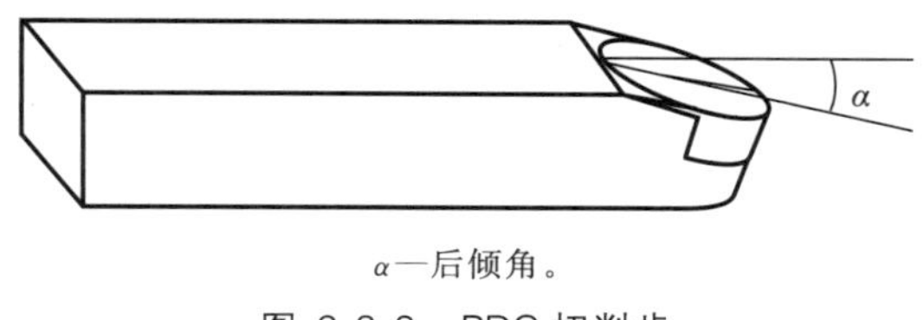

α—后倾角。

图 2-3-3　PDC 切削齿

2）实验程序

（1）安装岩样和 PDC 切削齿，找平，对中；

（2）调试和标定三轴测力计的测量信号；

（3）根据设计切削半径和切削深度对 PDC 切削齿进行定位，然后锁定；

（4）根据实验设计，调整车床转速；

（5）启动水力冷却系统；

（6）启动车床，驱动岩样卡盘旋转，PDC 切削齿切削岩样，三轴测力计实时测量切削齿在 3 个方向的力，数据采集系统实时采集三轴测力计的输出信号；

（7）根据三轴测力计标定曲线对测量信号进行处理，计算 PDC 切削齿的正压力、切向力和侧向力。

3）实验方案

（1）变切削参数实验。

分别以切削深度 $\delta=0.5$ mm，1.0 mm，1.5 mm，2.0 mm，2.5 mm，3.0 mm，按照平面切削和同轨切削两种方式（图 2-3-4）切削岩样，利用简单的几何关系求出不同切削深度对应的切削面积和接触弧长等切削参数，得到不同切削参数下切削齿受力数据。

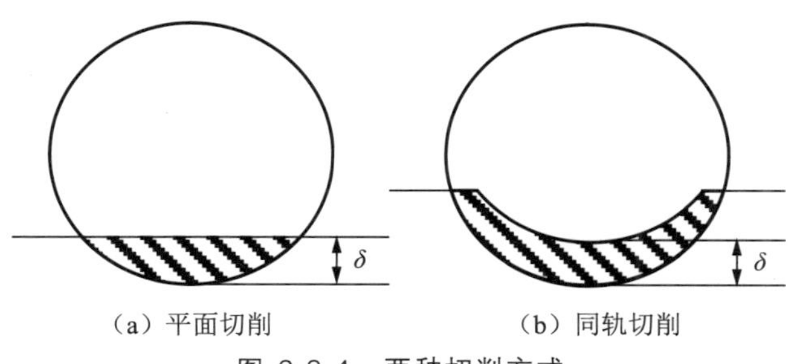

（a）平面切削　　（b）同轨切削

图 2-3-4　两种切削方式

（2）模拟相邻齿重叠切削实验。

PDC 取芯钻头上相邻切削齿重叠切削作用的影响具体表现为所研究切削齿的切削岩石的断面形状不同。为考察切削断面形状对切削齿受力的影响，设计了曲边三角形、残月形和曲边梯形 3 种断面形状（图 2-3-5），用以表征相邻齿的重叠切削作用。通过相邻齿重叠切削实验可以获得不同切削断面形状下切削齿受力数据，利用几何关系可计算出各种形状断面面积和接触弧长。

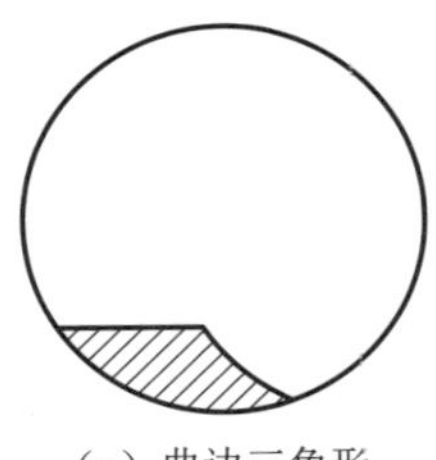
（a）曲边三角形

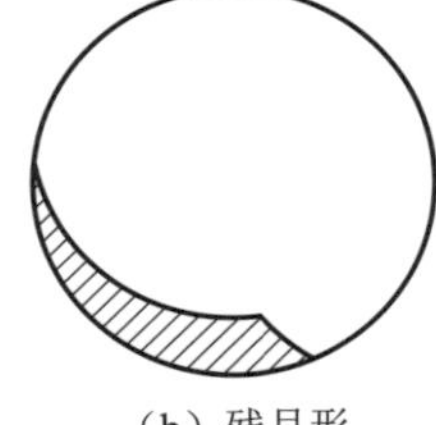
（b）残月形

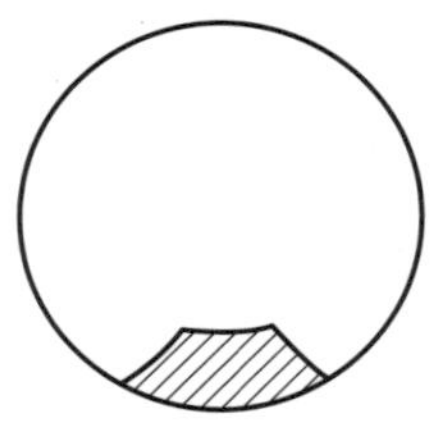
（c）曲边梯形

图 2-3-5　相邻齿重叠切削断面形状

（3）变后倾角实验。

分别以 5°,10°,15°,20°,25°后倾角切削岩样，取得不同后倾角下切削齿受力数据。

（4）岩性影响规律实验。

实验岩样包括水泥、红砂岩、泥岩、粉砂岩、黄砂岩、大理岩和灰岩等，它们的物理机械性能见表 2-3-1。

表 2-3-1　岩样的物理机械性能

性　能	水　泥	红砂岩	泥　岩	粉砂岩	黄砂岩	大理岩	灰　岩
密度/(g·cm^{-3})	2.03	2.38	2.24	2.47	2.52	2.59	2.72
抗压强度/MPa	22.43	55.75	20.51	87.19	89.80	122.03	249.93
压入硬度/MPa	723.8	775.9	543.9	1 417.1	1 574.7	1 539.6	2 552.8
可钻性级值 K_d	4.00	4.39	5.00	5.58	6.13	6.41	6.81

4）实验结果分析

为研究分析切削齿受力与切削面积、接触弧长的关系，在相对均质的水泥试样（以消除岩性和不均质性的影响）上进行不同切削深度、不同后倾角和不同断面形状的切削实验，取得了不同切削面积和接触弧长下的切削齿受力数据，见表 2-3-2。

表 2-3-2　不同切削深度、后倾角、断面形状的部分实验结果(水泥试样)

切削深度/mm	后倾角/(°)	断面形状	切削面积/mm^2	接触弧长/mm	切向力/N	正压力/N	侧向力/N
1.0	5	平　面	4.786	7.441	179.0	251.7	−2.5
		曲边三角形	3.600	6.738	117.1	184.4	−2.0
1.5	10	同　轨	15.042	13.348	533.8	600.0	−11.39
		残月形	6.720	7.176	178.5	233.3	−1.0
2.0	15	曲边梯形	15.379	11.062	447.8	509.9	0.4
		残月形	16.004	11.077	441.5	553.6	−6.2

由表 2-3-2 可以看出，在实验条件下，切削齿的侧向力 F_l 与正压力 F_n、切向力 F_c 相比小得多，可以忽略不计。也就是说，在实验采用的切削方式下，可认为切削齿的侧向力为零。图 2-3-6 所示为不同后倾角下切削齿单位切削面积上的切向力 F_c/A_c 和正压力

F_n/A_c 与接触弧长 S_c 的关系。显然，单位切削面积上的切向力和正压力都与接触弧长成正比例关系。也就是说，在切削面积相同的情况下，切削齿的受力随接触弧长的增大呈线性增大。切削齿的受力与接触弧长的关系可表示为：

$$\begin{cases} F_c \propto S_c \\ F_n \propto S_c \end{cases} \tag{2-3-1}$$

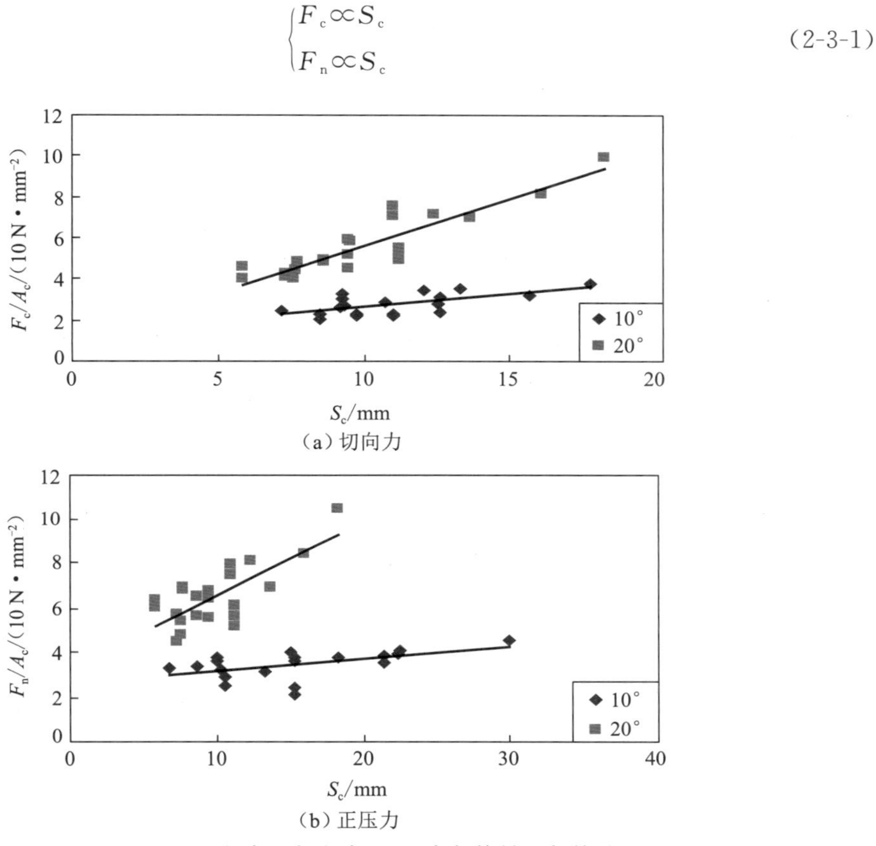

(a) 切向力

(b) 正压力

图 2-3-6　不同后倾角下切向力、正压力与接触弧长的关系

图 2-3-7 所示为不同后倾角下切削齿单位接触弧长上的切向力 F_c/S_c 和正压力 F_n/S_c 与切削面积 A_c 的关系。

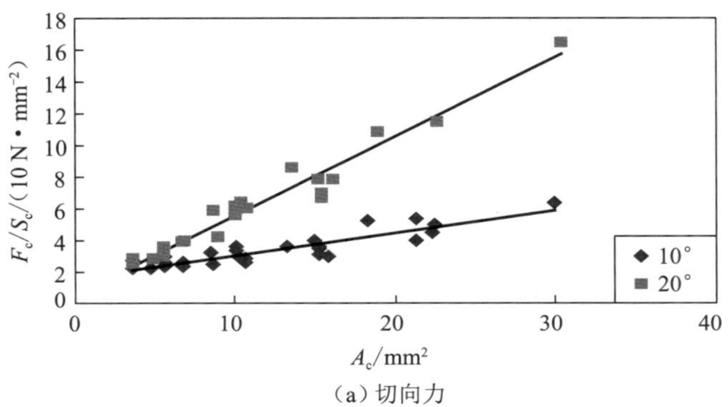

(a) 切向力

图 2-3-7　不同后倾角下切向力、正压力与切削面积的关系

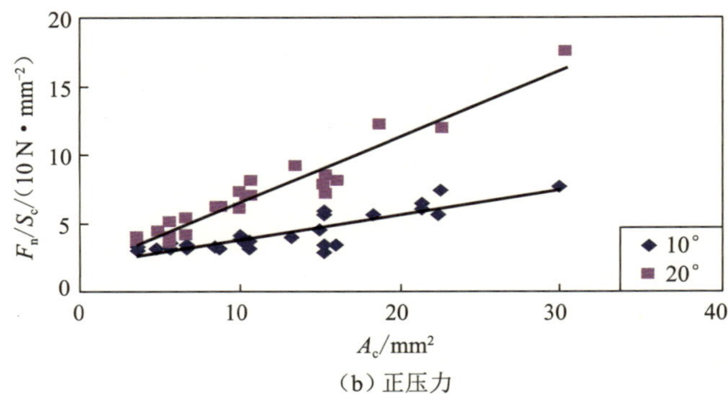

(b) 正压力

图 2-3-7(续) 不同后倾角下切向力、正压力与切削面积的关系

由图 2-3-7 可知，单位接触弧长上的切向力和正压力都与切削面积成正比例关系。也就是说，在接触弧长相同的情况下，切削齿的受力随切削面积的增大呈线性增大。切削齿的受力与切削面积的关系可表示为：

$$\begin{cases} F_c \propto A_c \\ F_n \propto A_c \end{cases} \tag{2-3-2}$$

由以上分析可知，PDC 切削齿的受力(切向力和正压力)可以表示为切削面积与接触弧长的函数。对切削齿受力和切削面积与接触弧长之积的关系进行回归分析，结果如图 2-3-8 所示。

由图 2-3-8 可以看出，切削齿受力和切削面积与接触弧长之积呈线性关系，而且相关性非常好。给定显著性水平为 0.01，由相关系数检验表查得 $R_{0.01,60}=0.325$，显然 $R \gg R_{0.01,60}$，二者高度显著。因此，可得到切削齿受力与切削面积、接触弧长的关系模型：

$$F_c = a_1 A_c S_c + b_1 \tag{2-3-3}$$

$$F_n = a_2 A_c S_c + b_2 \tag{2-3-4}$$

式中 a_1, a_2, b_1, b_2——系数，与切削齿后倾角和岩性等因素有关。

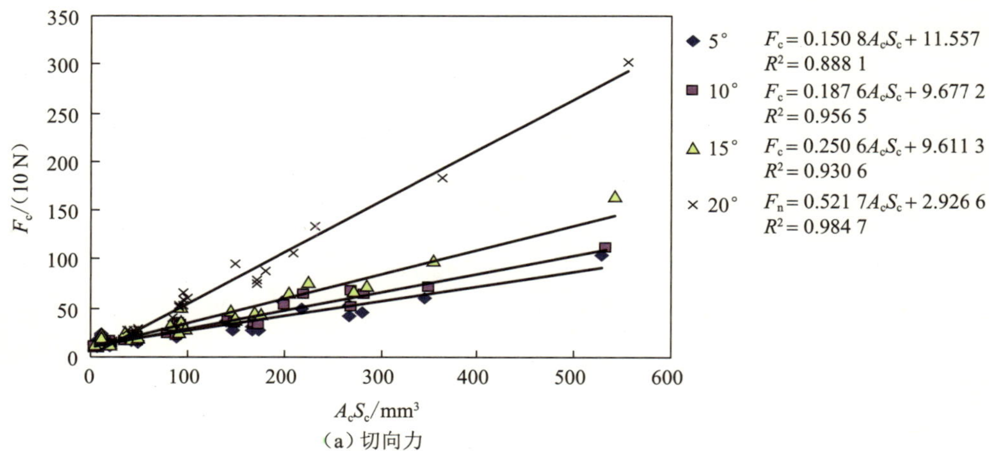

(a) 切向力

图 2-3-8 不同后倾角下切向力、正压力和切削面积与接触弧长之积的关系

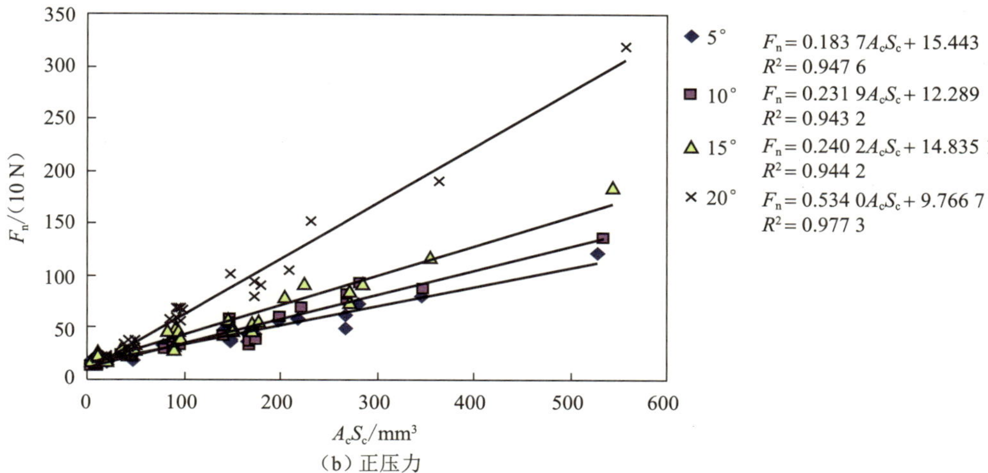

(b) 正压力

图 2-3-8(续)　不同后倾角下切向力、正压力和切削面积与接触弧长之积的关系

通过上述分析,可以得出以下结论:

(1) 切向力、正压力和切削面积、接触弧长成正比;

(2) 切向力、正压力和切削面积与接触弧长之积呈高度显著的线性关系;

(3) 切削断面形状的变化具体表现为切削面积和接触弧长的变化,断面形状本身对切削齿受力没有明显的影响;

(4) 切削齿后倾角影响切削齿的受力大小,但不影响切削齿受力随切削面积和接触弧长变化的一般规律。

2.3.1.3　切削齿后倾角对其受力的影响

为研究分析切削齿后倾角对其受力的影响规律,对切削面积和接触弧长基本相同而后倾角不同时的切削齿受力数据进行回归分析,结果如图 2-3-9 所示。

由图 2-3-9 可以得出以下结论:

(1) 当其他条件一定时,切向力和正压力都随着切削齿后倾角的增大而增大;

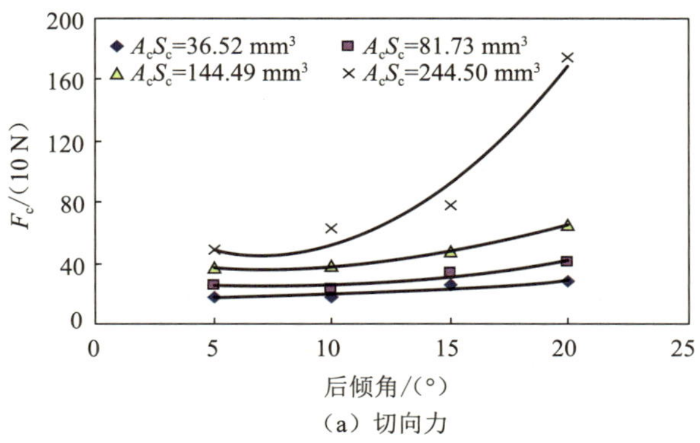

(a) 切向力

图 2-3-9　后倾角对切向力、正压力的影响

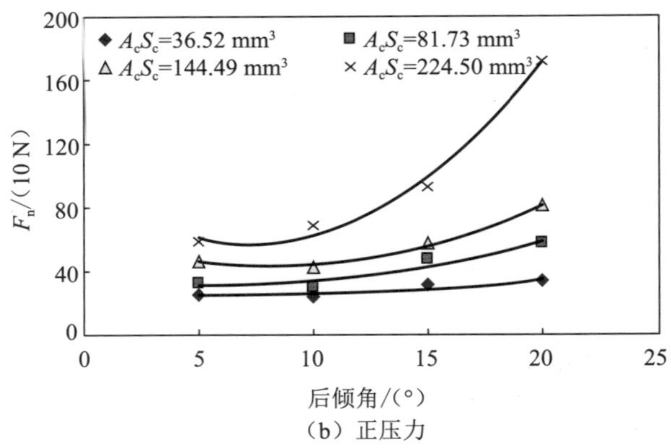

(b) 正压力

图 2-3-9(续) 后倾角对切向力、正压力的影响

(2) 切削齿后倾角为 10°左右时,切削齿受力最小;

(3) 切削齿受力越大,后倾角影响程度越大。

由此可以得到以下推论:

(1) 切削齿后倾角为 10°左右时,容易吃入地层,切削破岩效率最高;

(2) 在同样的钻速条件下,后倾角越大,钻头扭矩越大,所需钻压越大,切削齿越容易磨损或损坏。

2.3.1.4 切削齿受力与岩石可钻性级值的关系

切削齿受力与岩石性质密切相关。理论上,岩石强度越高,抗钻阻力越大,在钻速相同的条件下切削齿受力越大。为研究切削齿受力与岩石性质的关系,用 PDC 切削齿分别在红砂岩、泥岩、粉砂岩、黄砂岩、大理岩、灰岩岩样上进行切削实验,取得不同性质岩石的切削齿受力实验数据。

利用式(2-3-3)和式(2-3-4)对各种岩性的切削齿受力实验数据进行回归分析,结果如图 2-3-10～图 2-3-14 所示。

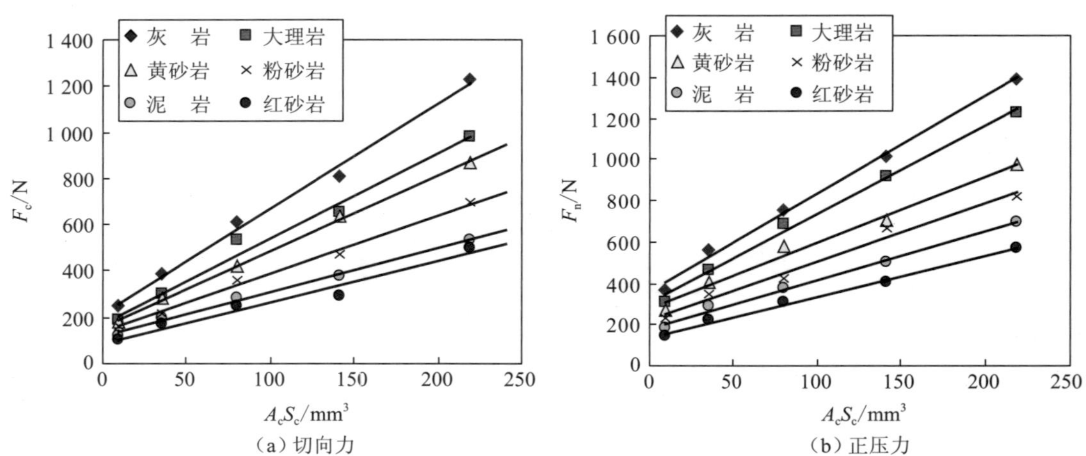

图 2-3-10 后倾角为 5°时切削齿受力随岩性和切削参数的变化

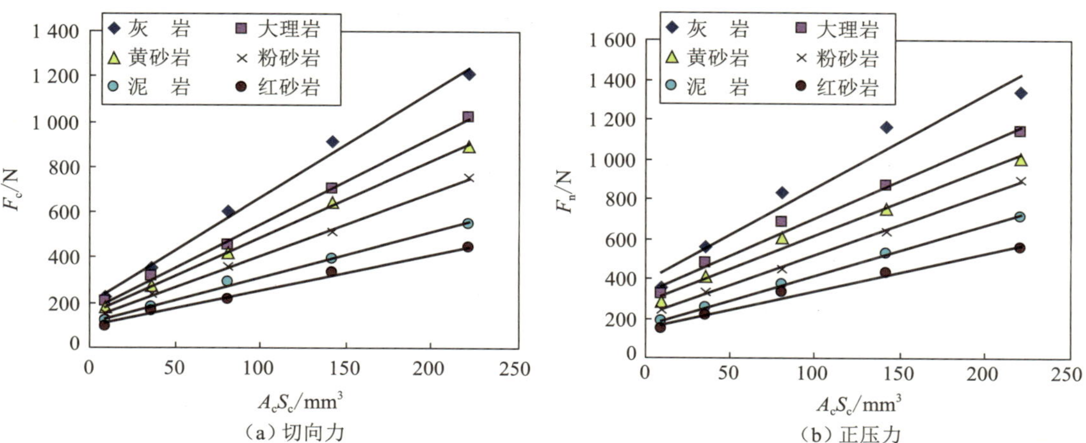

图 2-3-11　后倾角为 10°时切削齿受力随岩性和切削参数的变化

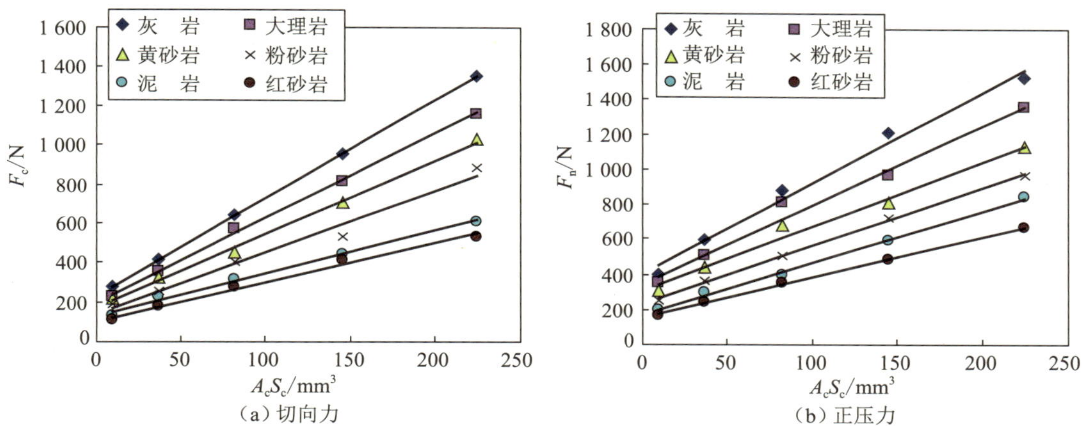

图 2-3-12　后倾角为 15°时切削齿受力随岩性和切削参数的变化

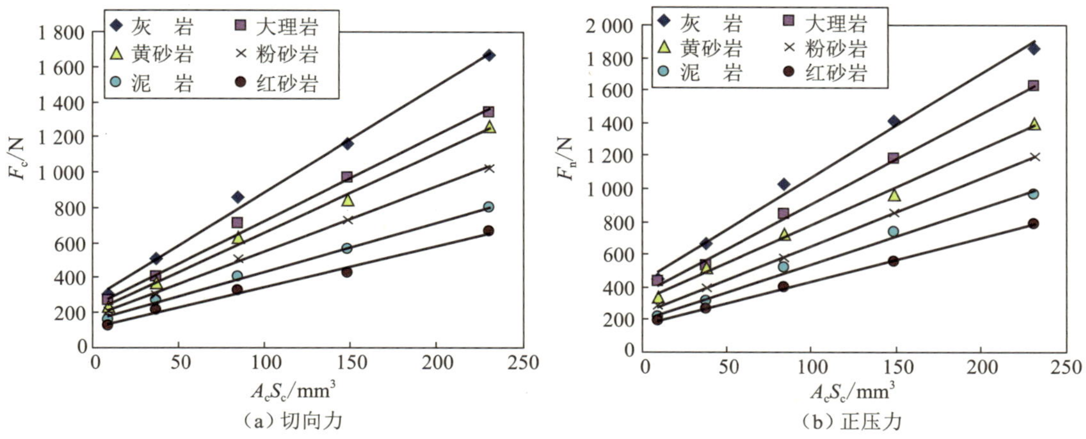

图 2-3-13　后倾角为 20°时切削齿受力随岩性和切削参数的变化

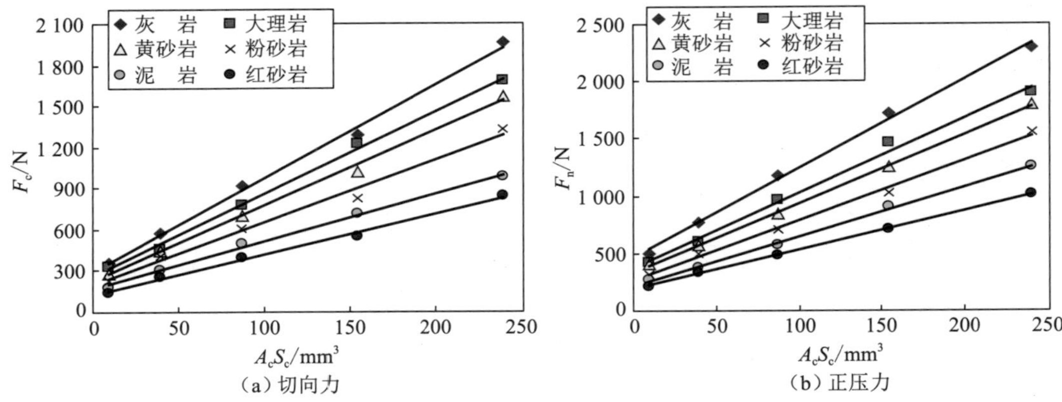

(a) 切向力　　(b) 正压力

图 2-3-14　后倾角为 25°时切削齿受力随岩性和切削参数的变化

由表 2-3-1 可推断，岩石按抗钻阻力由小到大依次为红砂岩、泥岩、粉砂岩、黄砂岩、大理岩和灰岩。由图 2-3-10～图 2-3-14 可以明显看出，当切削参数相同时，切削齿的切向力和正压力都随着岩石抗钻阻力的增大而增大，且变化规律完全一致。为建立切削齿受力与岩石性质的关系，选用岩石可钻性级值 K_d 作为衡量岩石性质的指标，对各种岩性的回归方程系数 a_1，b_1，a_2 和 b_2 与岩石可钻性级值 K_d 的关系进行回归分析，分析结果如图 2-3-15、图 2-3-16 所示。

由图 2-3-15、图 2-3-16 可以看出，各种岩石的切向力和正压力方程的斜率和截距都随着岩石可钻性级值的增大而增大，且相关性很好。回归方程系数与岩石可钻性级值的关系（表 2-3-3）可表示为：

$$\begin{cases} a_1 = a_{11} K_d^2 \\ b_1 = b_{11} K_d^2 \end{cases} \tag{2-3-5}$$

$$\begin{cases} a_2 = a_{22} K_d^2 \\ b_2 = b_{22} K_d^2 \end{cases} \tag{2-3-6}$$

式中　a_{11}，b_{11}，a_{22}，b_{22}——经验系数，见表 2-3-4。

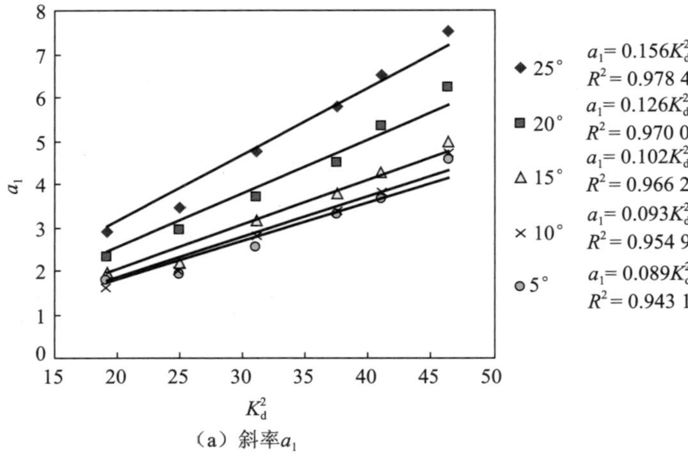

(a) 斜率a_1

图 2-3-15　切向力方程的斜率、截距与岩石可钻性级值的关系

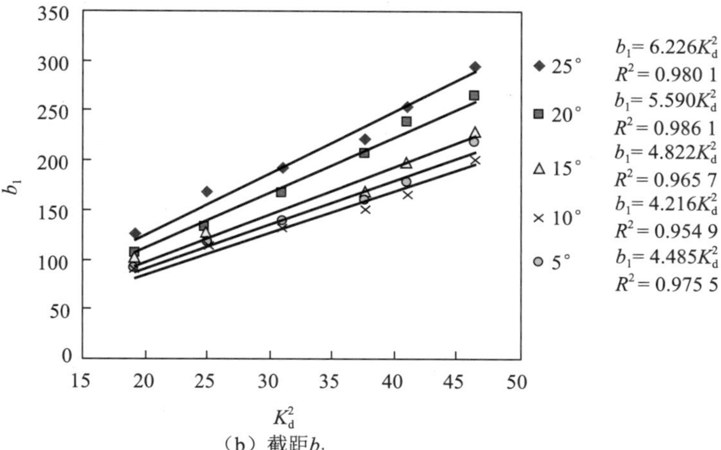

（b）截距b_1

图 2-3-15(续)　切向力方程的斜率、截距与岩石可钻性级值的关系

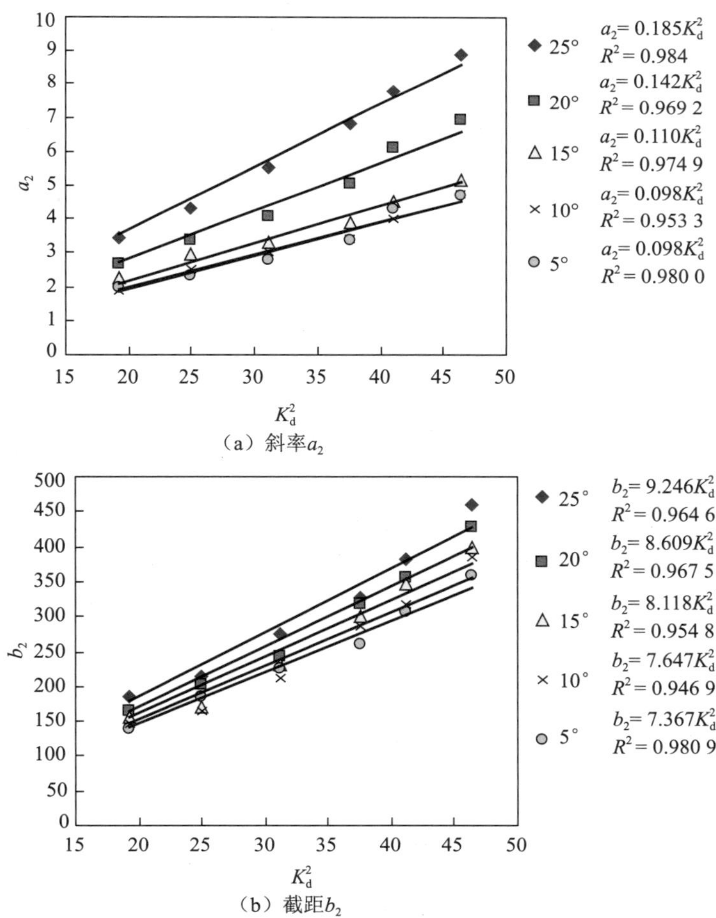

（a）斜率a_2

（b）截距b_2

图 2-3-16　正压力方程的斜率、截距与岩石可钻性级值的关系

表 2-3-3　回归方程系数和相关系数

切削齿后倾角/(°)				5	10	15	20	25
回归方程系数和相关系数	灰　岩 K_d=6.81	切向力	a_1	4.516 2	4.699 0	4.989 2	6.200 7	7.527 1
			b_1	217.69	199.89	230.44	269.15	293.81
			R_1	0.991 2	0.985 7	0.991 8	0.997 3	0.998 3
		正压力	a_2	4.734 3	4.759 0	5.195 5	6.935 8	8.908 2
			b_2	358.01	384.44	399.63	426.88	459.92
			R_2	0.993 3	0.978 4	0.982 0	0.996 7	0.998 6
	大理岩 K_d=6.41	切向力	a_1	3.647 9	3.829 5	4.285 3	5.340 8	6.533 3
			b_1	177.50	166.64	197.58	238.61	252.64
			R_1	0.992 6	0.984 5	0.993 6	0.996 1	0.998 5
		正压力	a_2	4.278 1	4.003 0	4.518 5	6.089 4	7.802 0
			b_2	305.78	317.49	346.47	354.87	380.39
			R_2	0.990 1	0.989 3	0.988 0	0.998 9	0.996 7
	黄砂岩 K_d=6.13	切向力	a_1	3.272 6	3.382 5	3.744 2	4.507 6	5.773 4
			b_1	160.3	150.06	170.85	206.00	221.31
			R_1	0.994 7	0.994 5	0.998 3	0.997 0	0.998 9
		正压力	a_2	3.384 3	3.443 0	3.892 6	5.052 2	6.802 5
			b_2	259.51	286.11	300.70	318.69	327.60
			R_2	0.992 9	0.978 4	0.986 9	0.997 8	0.996 6
	粉砂岩 K_d=5.58	切向力	a_1	2.515 8	2.799 4	3.162 8	3.703 0	4.720 4
			b_1	137.34	130.25	142.76	166.73	193.06
			R_1	0.987 3	0.982 6	0.996 6	0.998 8	0.994 4
		正压力	a_2	2.799 5	3.045 8	3.307 8	4.086 5	5.517 5
			b_2	224.41	211.59	232.74	242.95	273.43
			R_2	0.991 6	0.987 4	0.990 5	0.995 6	0.987 6
回归方程系数和相关系数	泥　岩 K_d=5.00	切向力	a_1	1.909 6	2.015 1	2.158 6	2.914 0	3.440 3
			b_1	117.22	112.35	128.17	131.25	167.39
			R_1	0.992 6	0.998 0	0.997 9	0.998 2	0.997 2
		正压力	a_2	2.313 8	2.498 4	2.955	3.400 4	4.311
			b_2	183.86	165.05	171.18	201.52	214.38
			R_2	0.992 7	0.997 7	0.992 6	0.989 1	0.995 1
	红砂岩 K_d=4.39	切向力	a_1	1.773 3	1.611 5	1.966 1	2.299 5	2.907 0
			b_1	90.36	93.54	102.49	104.46	125.28
			R_1	0.983 5	0.988 2	0.991 4	0.995 6	0.997 4
		正压力	a_2	1.981 6	1.896 8	2.264 0	2.665 3	3.410 6
			b_2	138.23	147.68	156.33	164.51	185.26
			R_2	0.980 3	0.983 6	0.997 0	0.999 1	0.998 3

表 2-3-4　不同后倾角的 a_{11},b_{11},a_{22},b_{22} 值

后倾角/(°)	5	10	15	20	25
a_{11}	0.089	0.093	0.102	0.126	0.156
b_{11}	4.485	4.216	4.822	5.590	6.226
a_{22}	0.098	0.098	0.110	0.142	0.185
b_{22}	7.367	7.647	8.118	8.609	9.244

给定显著性水平 0.01,则可得到 $R_{0.01,6}$。实际相关系数远远高于临界相关系数 $R_{0.01,6}$,这说明式(2-3-5)和式(2-3-6)是高度显著的。

由表 2-3-4 可以看出,除了 5°后倾角的情况外,系数 a_{11},b_{11},a_{22} 和 b_{22} 都随后倾角的增大而增大。这说明两者之间存在一定的关系。

对系数 a_{11},b_{11},a_{22},b_{22} 和后倾角 α 进行回归分析(图 2-3-17),得到如下经验公式:

$$\begin{cases} a_{11}=0.000\,2\alpha^2-0.002\,4\alpha+0.096\,6 \\ b_{11}=0.005\,6\alpha^2-0.071\,9\alpha+4.597\,0 \end{cases} \tag{2-3-7}$$

$$\begin{cases} a_{22}=0.000\,3\alpha^2-0.004\,4\alpha+0.114\,2 \\ b_{22}=0.002\,1\alpha^2+0.031\,7\alpha+7.147\,2 \end{cases} \tag{2-3-8}$$

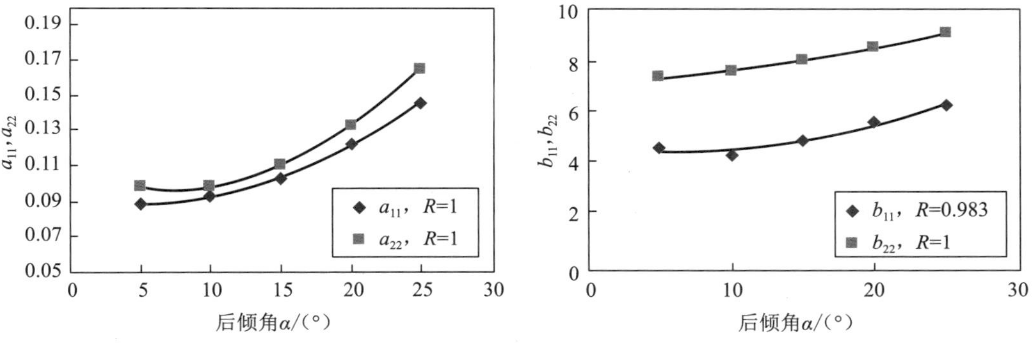

图 2-3-17　系数 a_{11},b_{11},a_{22},b_{22} 与后倾角的关系

2.3.1.5　切削齿受力模型

联立式(2-3-1)～式(2-3-8)可得:

$$\begin{cases} F_c=a_1A_cS_c+b_1 \\ a_1=(0.000\,2\alpha^2-0.002\,4\alpha+0.096\,6)K_d^2 \\ b_1=(0.005\,6\alpha^2-0.071\,9\alpha+4.597\,0)K_d^2 \end{cases} \tag{2-3-9}$$

$$\begin{cases} F_n=a_2A_cS_c+b_2 \\ a_2=(0.000\,3\alpha^2-0.004\,4\alpha+0.114\,2)K_d^2 \\ b_2=(0.002\,1\alpha^2+0.031\,7\alpha+7.174\,2)K_d^2 \end{cases} \tag{2-3-10}$$

式(2-3-9)和式(2-3-10)即切削齿的受力模型。

为检验切削齿受力模型与实验数据的吻合程度，对切削齿受力的实测值与计算值进行对比，表 2-3-5 列出部分对比结果。

表 2-3-5　切削齿受力实测值与计算值的对比

岩　性	后倾角/(°)	切削面积/mm^2	接触弧长/mm	切向力/N			正压力/N		
				实测值	计算值	误差/%	实测值	计算值	误差/%
红砂岩	10	13.282	10.732	336.37	339.91	1.1	427.12	414.91	−2.9
K_d=4.39	20	13.564	11.001	430.46	473.89	10.1	552.42	569.35	3.1
泥　岩	10	13.282	10.732	398.85	440.93	10.6	524.90	538.23	2.5
K_d=5.00	20	13.564	11.001	569.46	614.70	7.9	736.62	738.56	0.3
粉砂岩	10	13.282	10.732	512.81	549.16	7.1	631.10	670.34	6.
Kd=5.58	20	13.564	11.001	702.52	765.62	9.0	853.30	919.85	7.8
黄砂岩	10	13.282	10.732	641.26	662.75	3.4	802.32	809.00	0.8
K_d=6.13	20	13.564	11.001	843.56	923.99	9.5	1 169.30	1 110.12	−5.0
大理岩	10	13.282	10.732	706.32	724.68	2.6	864.98	884.59	2.3
K_d=6.41	20	13.564	11.001	1 086.06	1 010.33	−7.0	1 308.88	1 213.85	−7.3
灰　岩	10	13.282	10.732	914.54	817.94	−10.6	1 157.95	998.43	−13.8
K_d=6.81	20	13.564	11.001	1 213.33	1 140.36	−6.0	1 526.89	1 370.07	−10.3

从表中可以看出，受力实测值与计算值的相对误差小于 10%，数据波动符合相对均质岩样的一般规律。由此可见，切削齿受力模型与实验数据的吻合程度比较好。

为进一步验证切削齿受力模型的正确性，又对粉砂质泥岩岩芯进行了切削齿受力实验。实际最大测量结果与模型计算结果列于表 2-3-6 中。从图中可以看出，实测结果和计算结果具有良好的一致性。

表 2-3-6　粉砂质泥岩的切削齿受力实测结果与模型计算结果的对比

可钻性级值 K_d=4.62，切削齿后倾角 15°								
切削深度/mm	切削面积/mm^2	接触弧长/mm	切向力/N			正压力/N		
			实测值	计算值	误差/%	实测值	计算值	误差/%
1	4.857	7.560	172.58	184.76	7	235.62	259.94	10
2	13.398	10.842	406.35	429.41	6	545.46	517.56	5
3	23.970	13.480	854.83	830.29	3	906.27	939.70	4

上述模型是通过室内 PDC 切削齿模拟切削实验获得的。在 PDC 取芯钻头的实际钻进过程中，钻头类型、切削齿性能（自锐性）和磨损、钻头剖面形状、钻头的振动和涡动、地层的不均质性和围压作用、钻井液性能因素等都可能对切削齿的受力造成一定的影响。因此，具体到某一种钻头类型和具体钻井条件，可引入一个修正系数对切削齿受力进行修正。该修正系数可以通过对某一类型钻头在具体钻井条件下的实际使用资料进行统计分

析得出。

2.3.2　PDC 取芯钻头结构及布齿优化设计

多年的钻井实践表明，钻头结构设计直接影响钻头的性能。在性质相近的地层中使用不同结构的钻头时，使用效果有很大差别；相同设计的钻头钻进不同性质的地层时也有截然不同的表现。因此，国内外钻头设计者越来越重视 PDC 钻头设计技术的发展。国外各大钻头公司（如 Hughes-Christensen，Reed，Smith，Hycalog，DBS）一直致力于 PDC 钻头设计理论与方法的研究和计算机设计软件的开发。现代 PDC 钻头设计已基本实现了模型化，钻头性能有了显著的提高。

但是，在 PDC 取芯钻头的优化设计理论与方法方面则研究得较少，钻头结构设计仍然停留在“模仿—试验—改进”的经验设计阶段。

以 PDC 取芯钻头的受力及磨损模型的研究为基础，对 PDC 取芯钻头的冠部剖面形状设计、布齿设计、侧向力平衡设计等问题进行深入研究，探索取芯钻头结构及布齿优化设计的数学模型及设计计算方法，形成切实可行的 PDC 取芯钻头优化设计技术。

1）冠部剖面形状设计

PDC 取芯钻头的钻井实践证明，其冠部剖面形状对破岩效率、切削齿磨损以及钻头工作的稳定性有着明显的影响。因此，冠部剖面形状设计是 PDC 取芯钻头设计的关键技术之一。

在 PDC 取芯钻头发展的初期，冠部剖面形状设计与传统的天然金刚石钻头完全相同。经过多年的反复试验与改进，形成了多种冠部剖面形状。目前，国内外常用的冠部剖面形状有单锥直线形、单锥曲线形、双圆弧形、圆弧-短抛物线形、双锥形及圆弧形。

2）冠部剖面形状设计程序

根据冠部剖面形状设计模型，编制 PDC 取芯钻头冠部剖面形状设计程序，设计流程如图 2-3-18 所示。设计时，用户只需根据所钻地层特性输入有关设计参数，程序将自动完成钻头冠部剖面形状设计，绘制冠部剖面形状图，并按一定数量要求输出冠部剖面坐标点。

3）布齿优化设计

PDC 取芯钻头布齿设计的一般步骤为：

（1）根据所钻地层性质，设定最小钻速期望值，确定切削齿尺寸；

（2）预设切削齿的后倾角及侧转角；

（3）径向布齿设计，确定切削齿的数量及各切削齿径向坐标和高度坐标；

（4）周向布齿设计，确定刀翼（或螺旋线）的数量、各刀翼（或螺旋线）上的切削齿分布及各切削齿的周向角度；

（5）设计各切削齿实际后倾角和侧转角；

（6）形成初步布齿设计方案。

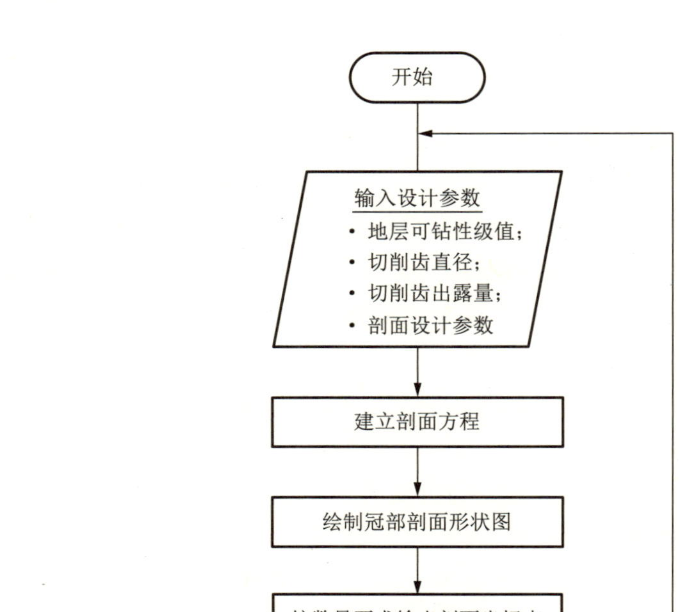

图 2-3-18 PDC 取芯钻头冠部剖面设计程序流程图

初步布齿设计方案能够满足覆盖井底和钻速要求，但不能达到各切削齿均匀磨损的目的，原因是在按照均匀磨损原则确定各切削齿的径向坐标时，各切削齿的周向角、后倾角及侧转角尚没有完全确定，只能根据预设的周向角、后倾角及侧转角计算各切削齿的切削参数（切削面积、切削体积、接触弧长），而周向角、后倾角及侧转角的设计值不可能与其预设值完全相同。

布齿设计优化就是在初步布齿设计的基础上，按照一定的优化方法对切削齿径向位置进行调整，以达到各切削齿的磨损比或切削体积基本相等的目标。

4）布齿设计理论

早期的 PDC 取芯钻头设计受传统金刚石钻头设计理论的影响很大。切削齿的布置采用了与表镶金刚石钻头类似的布齿方法，将 PDC 切削齿按一定的规则镶嵌在钻头冠部表面上，即所谓的散布式布齿。这种布齿结构因切削齿出露高度低且水力清洗效果差而常使 PDC 取芯钻头不能有效地剪切破碎岩石并产生“泥包”。

刮刀钻头在软地层中的高效剪切破岩作用和良好的水力清洗效果使 PDC 取芯钻头设计者开始关注刀翼式布齿结构的设计，该设计在软到中硬的均质地层中取得了令人满意的钻进效果。从 20 世纪 70 年代末到 80 年代末，刀翼式布齿结构逐渐发展成 PDC 取芯钻头的主要设计模式。在此期间，国外许多研究者还广泛开展了切削齿尺寸、布置方式及布齿密度、工作角等对 PDC 取芯钻头性能的影响规律研究，提出了切削齿尺寸应随地层硬度增大而减小、最佳后倾角为 20°、按等体积或等功率原则布置切削齿、增大切削齿密度以提高寿命等设计理论和方法。PDC 取芯钻头设计向科学化和计算机化发展，钻头性能有了大幅度的提高。

自 20 世纪 90 年代中期以来，提高 PDC 取芯钻头在软硬交错地层、硬地层、研磨性地层中钻井效率的研究越来越受到业内人士的重视。设计者基于传统经验和对 PDC 取芯钻头磨损规律的认识，提出了金刚石总体积最大化的设计理论，即通过减小切削齿尺寸、增加切削齿数量和刀翼数量、加长钻头冠部以布置更多切削齿等方法来改善 PDC 取芯钻头的钻进效果。还有一种观点认为，增大切削齿的后倾角，可以提高切削齿的耐磨能力和抗冲击性，因此在布齿设计中常常采用 25°和 30°等较大的后倾角。现场试验表明，这些设计上的改进都没有达到预期的效果。钻头寿命没有得到明显的提高，钻进速度却明显降低，不但在硬地层中钻进速度低，在软地层中钻进速度也很低。造成这种不良局面的主要原因是：小尺寸、高密度布齿和大后倾角设计降低了切削齿吃入地层的能力，切削齿不是以有效的剪切方式破碎岩石，而是近似研磨岩石，由于破岩效率低，单位时间内的进尺少，摩擦路程却很长，从而导致钻速低，而钻头寿命则提高不大。

事实上，PDC 取芯钻头的布齿设计对钻进速度和钻头寿命的影响通常是相互矛盾的。要追求较高的钻头寿命，必然要增大切削齿密度，导致钻进速度降低。反之，降低布齿密度可提高钻进速度，虽然会对钻头寿命造成一定的负面影响，但可显著提高钻井效率并降低钻进成本。

综上所述，可以得出以下结论：

(1) 刀翼式布齿结构因切削齿出露大，水力清洗效果好，破岩效率高。

(2) 增加刀翼数量、钻头冠部长度和布齿密度来提高钻头寿命的做法将导致钻进效率降低。

(3) 增大切削齿后倾角并不能明显改善切削齿的耐久性，反而会降低切削齿的吃入性能。

(4) PDC 取芯钻头的布齿设计应以提高钻进速度为主，以提高钻头寿命为辅。首先要保证可以获得较高的钻进速度，然后考虑如何提高钻头的工作寿命，以提高其钻井效率。

5) 切削齿尺寸选择

国内外生产厂家提供了多种尺寸的 PDC 切削齿供钻头设计者选用。目前应用比较多的切削齿主要有 ϕ19 mm、ϕ13 mm 和 ϕ8 mm 3 种规格。

实践表明，ϕ19 mm 切削齿适合于软到中软地层，ϕ13 mm 切削齿适合于中到中硬地层，ϕ8 mm 切削齿设计用于较硬地层，ϕ13 mm-ϕ9 mm 和 ϕ13 mm-ϕ11 mm-ϕ9 mm 两种混合布齿结构在硬灰岩和硬砂岩中能取得比较好的钻进效果。

为帮助钻头设计者合理地选择 PDC 切削齿，根据经验建立了地层可钻性级值与切削齿尺寸的经验关系，见表 2-3-7。

表 2-3-7　PDC 切削齿尺寸与地层可钻性级值的经验关系

地层分类	软	中	中　硬
可钻性级值	$K_d \leqslant 3.5$	$3.5 < K_d \leqslant 5$	$5 < K_d < 7$
切削齿尺寸/mm	$\phi 19$	$\phi 13$	$\phi 8 \sim \phi 13$

6）径向布齿设计

径向布齿设计是将所有的切削齿布置在钻头剖面线上，确定各切削齿的径向坐标 R_c、高度坐标、切削齿数量 N 和井底切削覆盖图。

径向布齿设计一般应满足以下两方面的要求：

(1) 在设计钻速水平下，保证井底切削覆盖良好；

(2) 使各切削齿的磨损相对均匀，提高切削齿的利用率。

7）井底切削覆盖设计

对 PDC 取芯钻头磨损的分析发现，在钻头内侧附近切削齿一般都没有明显的磨损。因此，在 PDC 取芯钻头设计中，在内侧部位一般设计较少的切削齿，布齿密度最低，由内向外，布齿密度越来越大。也就是说，只要钻头内侧附近切削齿的切痕在设计钻速下能够覆盖井底，则其他部位(冠顶、外锥等)的切削齿肯定能满足完全覆盖井底的要求。因此，井底切削覆盖设计事实上是钻头内侧部位切削齿的布齿设计。

在 PDC 取芯钻头设计中，一般在钻头内侧首先布置 3～4 个切削齿(按径向半径由小到大的次序依次编号为 1，2，3，…)。在设计钻速下，切削齿的布置应能满足覆盖井底的要求。当切削齿尺寸和每转吃入深度一定时，布齿间距越小，最小井底覆盖系数越大，布齿密度越高，所需切削齿数量越多。设计时，可根据所钻地层的性质，综合考虑钻进速度和钻头寿命，合理设置内侧齿的布齿密度，控制切削齿的数量。

8）均匀磨损设计

均匀磨损设计的目的是通过合理地布置切削齿，使钻头各部位切削齿的磨损相对均匀，避免因个别切削齿磨损严重而导致钻头失效，使钻头寿命达到最高。

PDC 取芯钻头布齿设计的目的之一是通过合理的布齿设计使各切削齿磨损均匀。如果某个切削齿的磨损速度较快，较大的磨损面面积将使该切削齿承受较大的正压力和切向力，引起较大的钻进扭矩和不平衡力。过大的正压力和切向力还可能导致切削齿的热加速磨损和折断，对钻头性能造成致命的影响。如果各切削齿都能保持相同的磨损速度，就不会出现因某个切削齿的先期损坏而影响整个钻头性能的情况，昂贵的 PDC 复合片就可以得到充分的利用，从而获得较高的钻头寿命。

为达到各切削齿均匀磨损的设计目的，在此引入磨损比的概念。磨损比定义为钻头上任一切削齿的体积磨损速度 $\mathrm{d}V_w/\mathrm{d}t$ 与参考齿的体积磨损速度 $(\mathrm{d}V_w/\mathrm{d}t)_r$ 之比，记为 WR，即

$$WR=\frac{\mathrm{d}V_{\mathrm{w}}/\mathrm{d}t}{(\mathrm{d}V_{\mathrm{w}}/\mathrm{d}t)_{\mathrm{r}}} \tag{2-3-11}$$

$$WR=\frac{F_{\mathrm{n}}R_{\mathrm{c}}}{(F_{\mathrm{n}}R_{\mathrm{c}})_{\mathrm{r}}} \tag{2-3-12}$$

式中，R_{c} 为切削齿半径，下标 r 代表参考齿。根据对 PDC 取芯钻头切削齿的磨损分布规律研究，钻头内侧切削齿一般磨损较轻，而冠顶和外锥上的切削齿往往磨损较严重。因此，通常选择钻头内侧切削齿(如 3# 或 4# 齿)作为参考齿。

磨损比反映了各切削齿的相对磨损速度的大小，并且将切削齿受力、径向位置坐标与磨损速度有机地结合在一起。只要使每个切削齿的磨损比相等，就可以实现钻头上各切削齿的均匀磨损。由此可得 PDC 取芯钻头的等磨损设计模型：

$$(WR)_i=1\quad(i=1,2,\cdots,N) \tag{2-3-13}$$

或

$$(F_{\mathrm{n}}R_{\mathrm{c}})_i=(F_{\mathrm{n}}R_{\mathrm{c}})_{\mathrm{r}}\quad(i=1,2,\cdots,N) \tag{2-3-14}$$

若假设 PDC 切削齿的正压力与切削面积成正比，则：

$$(A_{\mathrm{c}}R_{\mathrm{c}})_i=(A_{\mathrm{c}}R_{\mathrm{c}})_{\mathrm{r}}\quad(i=4,5,\cdots,N) \tag{2-3-15}$$

式(2-3-15)是等磨损布齿公式的一种简化形式。

9) 周向布齿设计

周向布齿设计是将一定数量的切削齿按一定方式分布在钻头冠部表面上。PDC 取芯钻头的布齿方式有刀翼式布齿和螺旋线布齿两种。因此，周向布齿设计的内容包括确定刀翼或螺旋线数量、各刀翼(或螺旋线)上切削齿分布、刀翼(或螺旋线)分布和各切削齿周向角等内容。

周向布齿设计一般应遵循以下原则：

① 刀翼(或螺旋线)数量应能满足布齿要求；

② 切削齿以一定的间距均匀地分布在各刀翼(或螺旋线)上，相邻切削齿在安装时互不干涉；

③ 刀翼设计和切削齿的分布有利于提高钻头的稳定性；

④ 切削齿和刀翼的布置有利于提高水力清洗和冷却效果。

(1) 刀翼布齿设计及各切削齿周向角计算。

刀翼数量由切削齿数量决定。根据“相邻切削齿在安装时互不干涉”和“有利于提高水力清洗和冷却效果”的原则，同一刀翼上相邻切削齿的间距(图 2-3-19)必须满足：

$$\Delta l<\sqrt{[R_{\mathrm{c}}(k+1)-R_{\mathrm{c}}(k)]^2+[H_{\mathrm{c}}(k+1)-H_{\mathrm{c}}(k)]^2}-d_{\mathrm{c}}<r_{\mathrm{c}} \tag{2-3-16}$$

式中　Δl——同一刀翼上相邻切削齿的最小间距；

H_{c}——切削齿高度。

设 N 个切削齿的序号集合(由径向布齿决定)为 A_0，即

$$A_0=\{1,2,\cdots,N\} \tag{2-3-17}$$

若将 N 个切削齿按式(2-3-17)分布在各个刀翼上，并设所需刀翼数量为 M，第 j 个

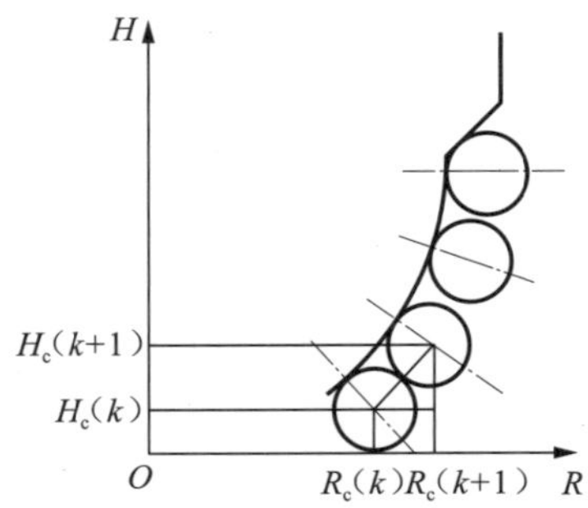

图 2-3-19　刀翼上切削齿的布置

刀翼上的切削齿数量为 K_j，则可获得 M 个刀翼的切削齿的序号集合，即

$$A_j=\{a_{j1},a_{j2},\cdots,a_{jK_j}\} \tag{2-3-18}$$

所需刀翼数量 M 必然满足以下条件：

$$N=\sum_{j=1}^{M}K_j \tag{2-3-19}$$

根据上述公式，利用计算机进行迭代计算，可以确定出刀翼数量 M 和切削齿在各刀翼上的布置方案。

刀翼的分布要考虑钻头的稳定性和水力清洗、冷却效果。可参考表 2-3-8 推荐的方案对刀翼位置进行初步设计。

表 2-3-8　不同数量刀翼的周向布置方案(推荐)

刀翼序号	不同数量刀翼的周向位置角 φ/(°)					
	4	5	6	7	8	9
1	0	0	0	0	0	0
2	180	144	180	154	180	120
3	90	216	60	307	90	240
4	270	72	240	103	270	40
5		288	120	205	135	160
6			300	308	315	280
7				52	45	80
8					225	200
9						320

各切削齿的周向位置角取决于切削齿所在刀翼的周向位置，如图 2-3-20 所示。

设第 j 个刀翼上布置有 K_j 个切削齿。对直线形刀翼，某刀翼上各切削齿的周向位置角即该刀翼的周向位置角 θ，即

$$\theta(a_{jk})=\varphi_j\quad(k=1,2,\cdots,K_j) \tag{2-3-20}$$

(2) 螺旋线布齿设计及各切削齿周向位置角 θ_c 计算。

螺旋线布齿设计方法与刀翼布齿设计方法基本相同。

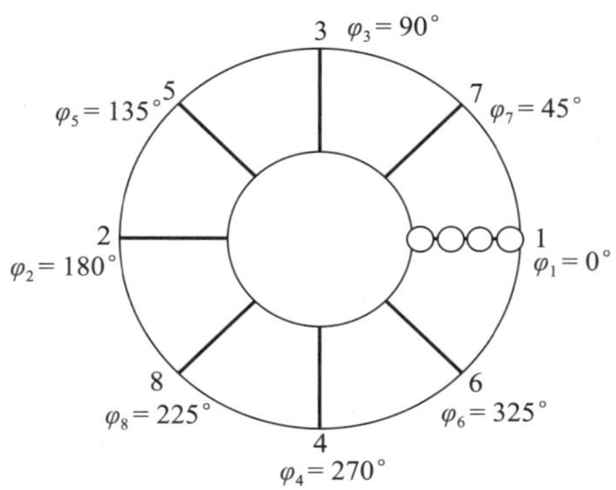

图 2-3-20　刀翼及切削齿周向位置角示意图

10）切削齿工作角设计

切削齿工作角是指后倾角和侧转角。

（1）后倾角设计。

切削齿的后倾角是 PDC 取芯钻头的一个重要设计参数，对钻头性能有很大影响。

Hibbs 于 1978 年研究提出，PDC 钻头切削齿的合理后倾角为 10°～20°。Hoover 和 Middleton 在 1981 年报道了他们的台架实验结果，结论是切削齿后倾角为 20°的钻头在砂岩中的钻进性能最好，而在硬的花岗岩中，后倾角为 25°的切削齿的碎裂和磨损程度明显小于后倾角为 20°的切削齿。Hough 于 1986 年研究发现，在页岩中，切削齿后倾角为 15°，20°或 25°的 PDC 取芯钻头的钻进速度没有明显的差别，优于后倾角为 7°的钻头。根据这些研究成果，在早期 PDC 取芯钻头设计中形成了一种共识，即软地层的 PDC 取芯钻头应采用 10°～20°后倾角，而硬地层的取芯钻头采用 20°～25°后倾角为宜，并以 20°作为 PDC 切削齿的标准后倾角。

近年来，随着冲击碎裂和热加速磨损理论的发展，人们开始怀疑早期设计经验的合理性。H. Karasawa 和 X. Li 等用后倾角为 10°，15°，20°，25°，30°和 40°的切削齿切削花岗岩，发现切削齿的受力随着后倾角的增大而增大，而且切削角较小的切削齿反而不容易碎裂。Sinor 等用后倾角分别为 10°，20°，30°和 40°的 ϕ216 mm PDC 取芯钻头在灰岩和页岩中进行了台架实验，结果表明，在相同的钻压和扭矩下，后倾角越小的钻头，其钻进速度越快；在相同的钻速水平（如 12 m/h）下，钻压和扭矩随着后倾角的增大而增大。

笔者研究团队在水泥试样中进行了后倾角为 5°，10°，15°，20°和 25°的切削齿的受力实验，得出的结论为：后倾角为 10°左右时，切削齿的受力最小，旋转扭矩也最小；随着切削角的增大，纵向力、切削力和扭矩都呈增大的趋势。

现场经验表明，钻压和扭矩越大，PDC 切削齿越容易磨损和碎裂。这是因为在大钻压和大扭矩下，切削齿要承受较大的压力和切削力，较大的压力容易引起热加速磨损和较大的纵向冲击载荷，而较大的切削力容易引发较大的扭转振动，结果造成 PDC 切削齿的热加速磨损和冲击碎裂。

因此，综合考虑钻头钻井效率、稳定性和钻头寿命，PDC 取芯钻头应采用较小的切削角(10°左右)设计。

(2) 侧转角设计。

切削齿侧转角的主要作用是提高切削齿的排屑能力，防止钻头泥包。研究和现场经验表明，随着水力清洗效果的提高，切削齿的侧转角对 PDC 取芯钻头的性能没有明显的积极作用。因此，在现代 PDC 取芯钻头设计中，对直线刀翼结构的钻头，其切削齿侧转角一般取零；对螺旋形布齿结构的钻头，切削齿侧转角随切削齿在螺旋线的位置而变化，一般由内向外逐渐增大。

11) 侧向力平衡设计

1989 年，Brett 首先提出了 PDC 钻头涡动理论。大量的室内研究和现场试验证明，抗涡动设计是减轻 PDC 切削齿冲击损坏的一种有效的方法。由上述分析可知，造成 PDC 取芯钻头涡动的主要原因是钻头的侧向不平衡力。钻头侧向力的大小和方向取决于钻头的布齿结构。因此，通过进一步调整布齿结构，可以有效地控制钻头侧向力的大小和方向，达到防止或减轻钻头涡动的目的。目前，国外 PDC 取芯钻头产品的侧向不平衡力一般控制在钻压的 10%以内，钻头设计的侧向不平衡力最好达到钻压的 1%～2%。但关于侧向力平衡设计方法却没有公开的报道。

侧向力平衡设计的依据是钻头侧向力的大小和方向，因此侧向力平衡设计的第一步是对给定的钻头设计进行侧向力分析。笔者研究团队研究建立了切削齿受力模型和钻头受力分析模型，并编制了 PDC 取芯钻头受力分析程序。利用该程序，很容易计算出给定钻头设计的侧向力大小和方向。若某钻头设计的侧向力比较大(如大于钻压的 10%)，就需要重新调整布齿结构。因此，侧向力平衡设计的第二步是根据侧向力的大小和方向对原设计的布齿结构进行调整。通过调整原布齿结构来改变侧向力的途径有两种：一是调整切削齿的周向布置角，二是调整各切削齿的径向位置坐标。调整各切削齿的周向位置角比较简单，容易操作；而调整各切削齿的径向位置坐标则非常复杂，因为需要同时兼顾井底的覆盖、各切削齿的均匀磨损以及相邻切削齿的间距等，相当于重新进行布齿设计。因此，一般情况下，应优先考虑调整各切削齿的周向位置角。切削齿周向位置角的调整有宏观调整和微观调整两种方法。所谓宏观调整，是指保持相邻刀翼(或螺旋线)的夹角不变，调换刀翼(或螺旋线)的排列次序。所谓微观调整，是指保持各刀翼(或螺旋线)的排列次序不变，在一定范围内调整各刀翼(或螺旋线)的周向位置角。

2.3.3 PDC 取芯钻头水力参数优化设计

钻头水力学的研究内容可分为两大方面：一是钻头水力参数研究，二是钻头井底流场研究。钻头水力参数研究主要是寻求一种水力参数优化设计方法，优选排量、喷嘴直径和泵压，以获得最优的井底水力参数，如最大钻头水马力、最大射流冲击力等，从而提高射流辅助破岩和井底清洗的效果。钻头井底流场研究主要是研究井底液流(漫流)的流动规律

(速度场和压力场)和产生各种不同井底流场的水力结构条件(如喷嘴尺寸、安放位置、倾斜角度以及钻头流道形状和布置等),然后根据水力能量对井底和钻头的清洗和冷却作用机理,找出与某种钻头的机械结构相匹配的、能使岩屑尽快离开井底和切削齿并可有效冷却各个切削齿的良好的井底流场及相应的水力结构形式。

对取芯钻头而言,钻头水力参数优选及井底流场研究除了解决及时清除岩屑和有效冷却切削齿的问题外,还要考虑尽可能减轻液流对岩芯的冲蚀问题,以获得较高的取芯收获率。从国内外相关文献资料的调研情况来看,对全面钻进钻头的水力参数优选及井底流场研究得比较多,但对取芯钻头水力学的研究则很少。

根据水力因素对取芯钻进的影响,对 PDC 取芯钻头的水力参数设计方法及井底流场模拟分析方法进行了初步的探索,为提高 PDC 取芯钻头的水力作用效果,改进和完善 PDC 取芯钻头水力结构开辟了新的途径。在机泵条件一定的情况下,水力参数优化设计的主要任务是确定钻井液的排量和选择喷嘴直径。对全面钻进钻头来讲,水力参数设计的主要目的是提高射流对井底的冲击能力,进而提高钻进速度。常用的水力参数优化设计方法有两种:一是以获得最大钻头水功率为目标的设计方法,二是以获得最大射流冲击力为目标的设计方法。对取芯钻头而言,水力参数优化设计应以保护岩芯、提高岩芯收获率为主要目的,其次才考虑提高取芯钻进效率的问题。因此,综合考虑水力作用对钻进速度和岩芯冲蚀的影响,取芯钻头水力参数优化设计应以保持井底干净所需要的钻头水功率(又称水马力)为标准,无须继续增大钻头水功率,这样可以将射流对岩芯的冲蚀作用降至最低水平,这也就是所谓的经济水马力工作方式。

1) 净化井底所需钻头水功率

净化井底,就是将岩屑冲离井底。净化井底所需钻头水功率与岩屑量有关。当井眼尺寸一定时,钻进速度越快,岩屑量越大,需要的钻头水功率就越大;当钻进速度一定时,井眼尺寸越大,岩屑量越大,需要的钻头水马力也就越大。如果以比水功率(净化单位直径井眼所需的水功率)作为指标,就可以不考虑井眼尺寸的影响。这样,只需要建立净化井底所需比水功率与机械钻速的相关关系,就可以根据钻进速度确定净化井底所需比水功率。

1975 年,AMOCO 研究中心发表了机械钻速与比水功率的关系曲线。一定的钻速,意味着单位时间内钻出的岩屑总量一定,而该数量的岩屑需要一定的水功率才能完全清除,低于这个水功率值,井底净化就不完善。若钻进时的实际水功率落在净化不完善区,则实际钻速就比净化完善时的钻速低;若实际水功率落在净化完善区,则钻进速度就不会受井底净化的影响。对机械钻速与比水功率关系曲线进行回归分析,可得到井底净化完善时所需的比水功率与机械钻速的经验关系:

$$P_s = 9.72 \times 10^{-2} v_p^{0.31} \tag{2-3-21}$$

式中　P_s——净化井底所需比水功率,kW/cm^2;

v_p——机械钻速,m/h。

2）水力参数优化设计

按经济水马力工作方式优化设计水力参数的方法及步骤如下：

（1）根据地区经验或邻井数据，预测机械钻速 v_p；

（2）利用式（2-3-21）计算净化井底所需的比水功率 P_s；

（3）根据井眼尺寸计算井底水功率 P_j；

（4）根据最小环空携岩速度（0.5～0.7 m/s）和最大环空尺寸确定钻进最小排量 Q_a；

（5）根据已确定的水功率 P_j、排量 Q 和实际使用的钻井液密度 ρ_d，按下式计算喷嘴直径 d_e：

$$P_j=\frac{0.081\rho_d Q^3}{d_e^4} \tag{2-3-22}$$

第3章 天然气水合物钻探取芯过程理论分析

3.1 取芯过程桩效应概述

3.1.1 取芯过程桩效应理论分析的意义

钻井工作过程中，护筒及筒外岩层切削工具在驱动力的作用下旋转，切削海床上部地层，到达目标层位后，取芯筒在静压作用下刺入岩层中，获取样品。随着样品进入取芯筒中高度增加，筒内的样品与取芯筒内壁的摩擦阻力增大，当总摩擦阻力达到某一数值时，取芯筒下部的岩层受力达到极限状态，不再进入取芯筒内。进入取芯筒的样品像“瓶塞”一样阻止下部岩层进入取芯筒，就出现了桩效应(即土塞效应)。深海取样工具如图3-1-1所示。

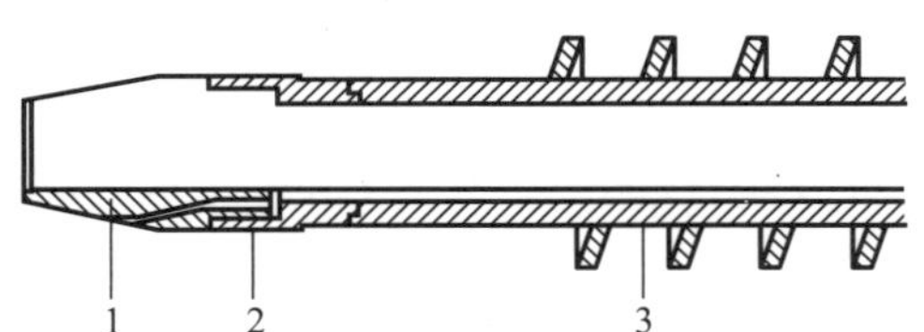

1—取芯筒；2—接头；3—护筒及筒外岩层切削工具。

图 3-1-1　深海取样工具结构示意图

国内外已经进行的深海科学钻探工程表明，由于取芯过程中存在桩效应等问题，钻探过程中的岩芯取样率很难保证。因此，针对深海天然气水合物钻探取芯过程中的桩效应现象进行力学分析，深入探讨取芯过程引起桩效应的原因及影响因素，并建模分析一次所能取得的最大芯样长度(即稳定土塞高度)以及为一次取到最长芯样所需取芯管最小长度(取芯管临界长度)与芯管尺寸、芯样力学参数、渗透性、芯样赋存深度以及取芯加载速度等参数之间的关系，可以为预估取样率提供参考，且对取芯管尺寸、钻具模式的优化设计及后续海洋平台上实际取样过程的操作均具有十分重要的现实意义。目前国际上对钻探过程的桩效应现象的机理还缺乏统一的认识，理论上增加取芯筒孔径可以增加取样率，但是地质钻探过程对所采用的取芯筒尺寸要求非常苛刻，取芯筒的最大内径控制在 10 cm 左右。本章通过对取芯过程土柱受力特点不同的 4 类典型土取芯过程理论建模并展开分析，为深海天然气水合物钻探取芯过程中可能存在桩效应的各种情况提供评估参考。

通过压力室实验发现，在初始阶段，打入砂土中的桩完全被填充，土塞闭塞作用较小，随着桩入土深度的增加，土塞的闭塞效应增大，土塞高度增长变慢。通过海底软土层中的打入桩试验发现，桩从较软土层打入较硬土层，土塞作用弱；桩从较硬土层打入较软土层，土塞作用强。基于太沙基的楔形体理论分析了土塞的形成过程和作用机理，认为楔形体的形成是开口管桩产生土塞的一个至关重要的因素。

3.1.2 取芯过程桩效应的基本问题

虽然管桩下沉与土样取芯都涉及土塞效应问题，但二者关注的侧重点不同，核心问题也大不相同：对于管桩下沉，主要想知道特定长度的管桩沉入特定土中，土塞是否能完全封闭，封闭与不完全封闭管桩的承载力如何计算，从而为管桩承载力的计算提供参考；对于土样取芯，关注的则是特定取芯半径的取芯管在特定的土体中最多能取到多长的土芯（即土塞稳定高度），需要的取芯管最短为多长（即取芯管临界下沉深度或取芯管临界长度），从而为取芯管的设计及取芯操作提供参考。

国内外大量的实验和现场实测资料表明，管桩内土塞的高度及闭塞程度随土性（应力状态和密实度）、桩的几何特征（如桩径、壁厚、桩靴类型等）、成桩方法（打入或压入）、桩入土深度及进入持力层的深度等诸多因素而变化，其中与土性、桩径关系最为密切。

3.1.3 取芯过程的质点迁移与排土效应

由文献资料及上述分析可知，在取芯过程中，天然土被扰动，并被管的环壁分别向内与向外分开，且整个下沉过程为一个排土与挤土的过程。若将其视为一个准静态过程，则对排向管外的土体主要表现为径向加压，而对排入管内的土体主要表现为管壁竖向摩擦与轴向挤压。管内空间小土体受三向挤压而严重扰动，且自上而下挤压程度不均，而管外土体可以视为无限空间的径向挤压（即扩孔问题），与管内土柱相比扰动较小。

对于管内土体，在准静态取芯由土柱变为土塞过程中，土体结构被破坏而严重扰动，原状土的物理参数（弹性模量 E、摩擦系数 μ、重度 γ、孔隙比 e、渗透系数 k）均不能反映取芯管下沉过程中管内土体的物理特性，且管内土体的物理参数在整个加载过程中均发生变化。

由上述分析可得土塞现象的本质：

(1) 从宏观层面（土柱，图 3-1-2）来看，是由于管内壁摩擦阻力阻止了管端土体向管内涌入，以及管内壁摩擦阻力与管端向上挤压力作用造成的土体压缩变形；

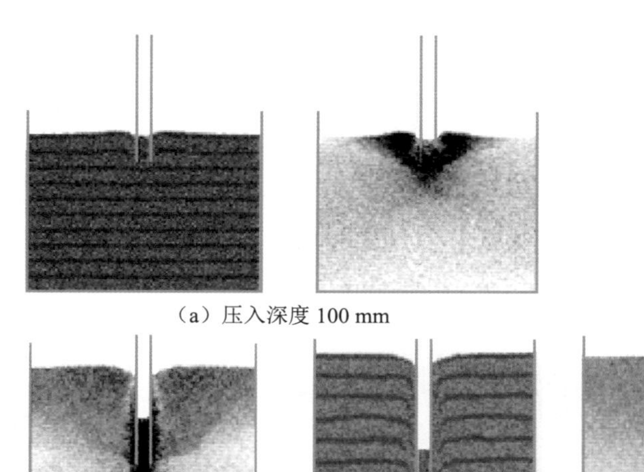

（a）压入深度 100 mm

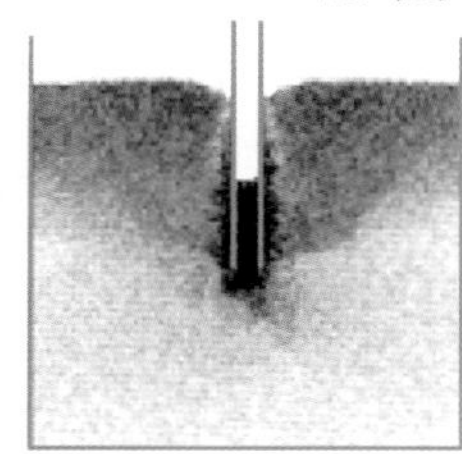

（b）压入深度 300 mm

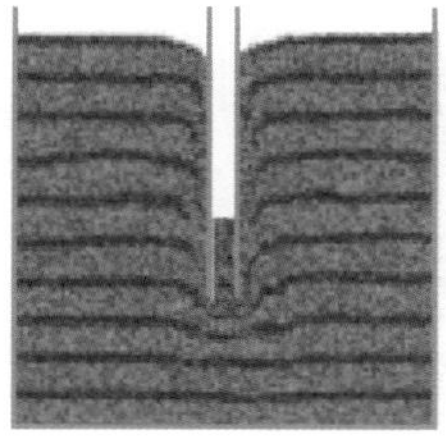

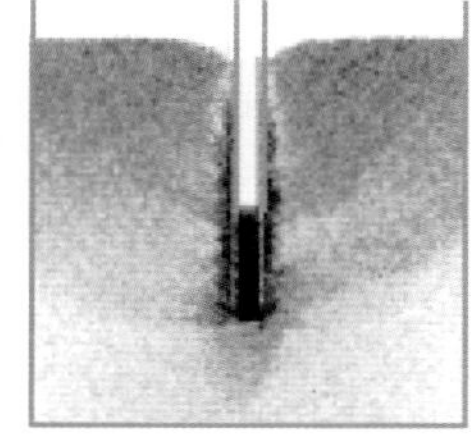

（c）压入深度 400 mm

图 3-1-2 PFC 沉桩模型中土塞效应

（2）从细观层面（土颗粒）来看，是“咬合与黏结”的颗粒群在柱围向下与底部向上作用下发生向上移动与挤密的过程。

基于管内土体在取芯管下沉中的变形特征，首先通过实验方法模拟取芯过程以获取管内扰动土的描述与表征参数，然后用以分析塑性流动造成的管端土体分排效应与挤密固结造成的体积压缩效应。

由 3.1.2 节分析可知，在取芯管下沉初期，由于挤压作用较小，管底土体基本沿着管壁环线垂直于地表滑动，径向挤土不明显；但随着取芯管的下沉，由于管内土柱在有限空间中受到管壁摩擦与竖向挤压而逐渐形成土塞，阻止了管底土体向管内滑动，使得管下土体不再沿着管壁环线位置均等向两边滑动，而是向外挤压——质点迁移。为了便于描述与分析，可将取芯过程看作准静态过程，在原状土坐标系下，管下土体在管端压力作用下向内、向外迁移的分界面成为排土包面，即管壁分排作用划过的空间曲面，如图 3-1-2 所示。排土包面内的土体将进入管内并最终形成土塞，而包面外的土体最终被排向管外。

由于轴对称特点，假定天然状态土体中进入管内形成土塞的那部分土体的外包面满足二次曲面，如图 3-1-2 所示。

质点迁移指数 n 是反映取芯过程中管端土体迁移能力的参数，直观上表现为二次曲面的“苗条与丰满”程度。黏性土塑性流动能力强，质点在管端压力下向外迁移的能力强，其 n 值就小；砂土完全依靠颗粒间的机械咬合形成强度，管端压力越大，质点抗迁移的能力越强，故其 n 值比黏性土大。可以定性地认为：n 值与土内摩擦角 φ_s、黏聚力 c 成正相关关系，而与黏性土的含水量呈负相关关系。

该包面内的土体进入管内形成芯柱的高度以 H_1 表示，由体积等代和质量守恒，则有 $G_0=G_1$，且有：

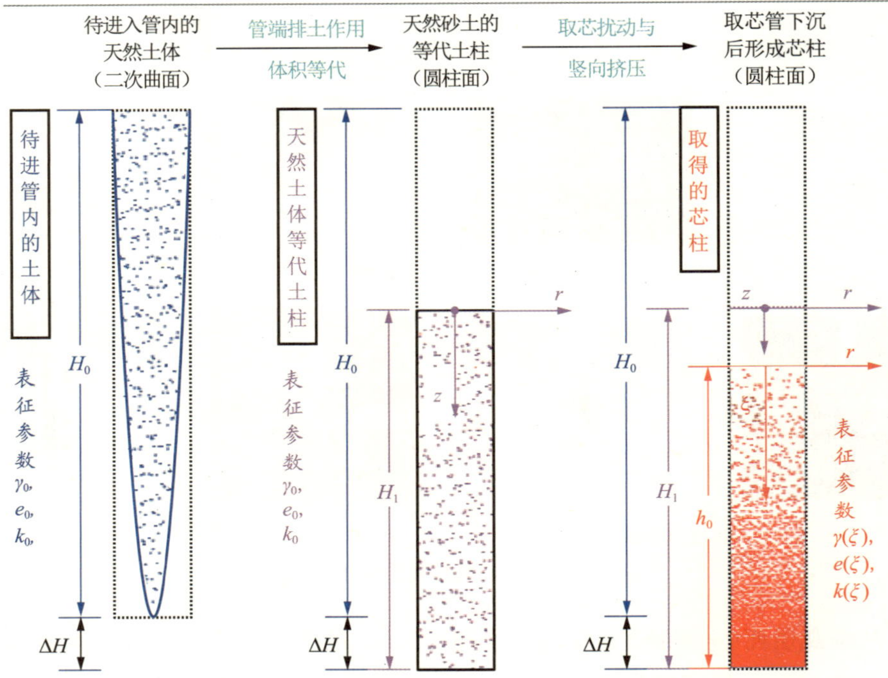

H_0—待进入管内的天然土体高度；H_1—待进入管内的天然土体的圆柱体等代高度；

ΔH—进入管内土体的竖向迁移量；γ_0，e_0，k_0—待取土样的天然重度、孔隙比和渗透系数。

图 3-1-3　取芯管下沉过程

$$G_1=\gamma_0\int_0^{H_0}A(z)\mathrm{d}z=\frac{n}{n+1}\gamma_0\pi r_0^2H_0,\quad G_2=\gamma_0\int_0^{H_1}A_0\mathrm{d}z=\gamma_0\pi r_0^2H_1$$

式中　G_1——某一时刻的取样体积；

G_2——截面直径为取芯管直径时的体积；

r_0——取芯管内半径；

$A(z)$——取芯截面积函数；

A_0——取芯管截面积。

可得管端分排效应因素“H_0-H_1 关系 1”：

$$H_0=\left(1+\frac{1}{n}\right)H_1 \tag{3-1-1}$$

刚好闭塞时，取芯管的入土深度（取芯管临界入土深度）$H_0^{实}$ 为：

$$H_0^{实}=H_0+\Delta H=H_0=\left(1+\frac{1}{n}\right)H_1+\Delta H \tag{3-1-2}$$

由于进入管内土体的竖向迁移量 ΔH 主要是由管端土的压密与侧向流动引起的，其影响相对于径向迁移对高度的影响小，故 ΔH 可忽略，可得取芯管的临界入土深度为：

$$H_0^{实}\approx H_0=\left(1+\frac{1}{n}\right)H_1 \tag{3-1-3}$$

3.2　等速压缩实验与土的压缩特性描述

取芯管下沉，管底土体在管底挤压作用下进入管内，随着取芯管的下沉，管内土体在管底挤压力、管壁摩擦阻力及重力作用下产生显著的压缩变形，微观机制为颗粒滑移与挤密，宏观上表现为孔隙比减小、密实度与重度同步增大（图 3-2-1），而土的渗透性减小。

图 3-2-1　有机玻璃管中砂土塞图示(密实度明显不均匀)

为了分析土塞的受力（芯柱的竖向力、管壁摩擦阻力分布）与变形（土塞高度），首先必须获取管内芯柱在压缩过程中的描述与表征参数。取芯管下沉，管内土体（砂土或黏性土）颗粒滑移并趋于密实，孔隙比减小，单位体积的重量（重度）增加，渗透系数显著减小，导致单位时间内渗出相等水量而产生的渗透力显著增大。为了反映取芯过程中上述因素的影响，必须获取：① 重度随压力的增长规律特性及其表征参数；② 孔隙比减小引起的渗透系数减小与渗透力增大随压力的变化规律及其表征参数。

3.2.1　侧限压缩相似性及应力状态差异性

取芯管下沉过程中管内土体在管壁侧限与管内土体竖向力作用下产生压缩变形，该过程与室内压缩实验中土体在环刀侧限条件下发生压缩变形相似（图 3-2-2）。基于此，以室内压缩实验获取的土体变形表征参数作为分析取芯土塞受力、变形的依据。但同时由于二者侧限边界条件的差别（图 3-2-3）及土体变形特点，建立取芯土塞模型受力分析与变形计算的“小主应力拱壳单元”一维分析模型。

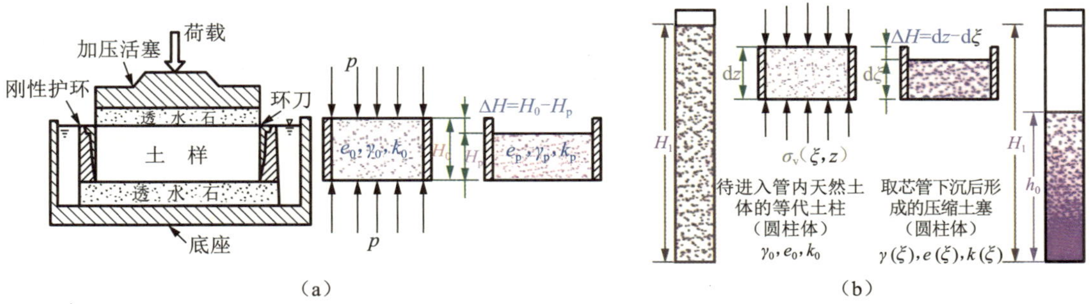

图 3-2-2　室内压缩实验与取芯压缩土塞的压缩过程相似性

为了使压缩实验获取的参数与取芯土塞的受力、变形较严格地对应起来，压缩实验和土塞变形分析必须考虑两个重要因素：

（1）土的流变特性决定了土的任何表征参数均与时间有关，因此压缩实验的加载速度必须与取芯加载速度相等；

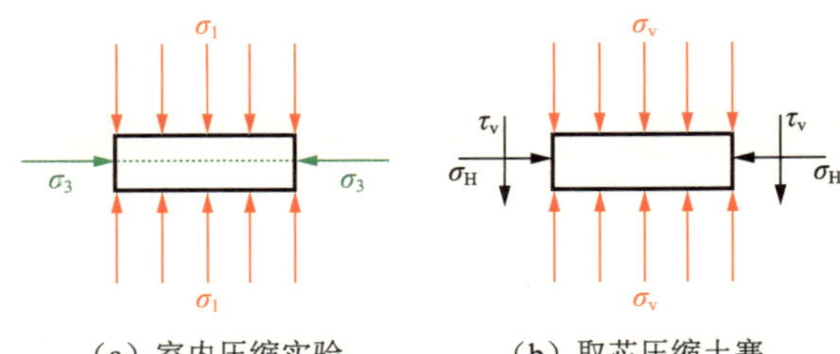

图 3-2-3 室内压缩实验与取芯压缩土塞水平薄片单元应力状态的差异性(应力状态不同)

(2) 库仑材料的体变特征不仅与球张量(平均应力)有关,还与偏张量(剪应力)密切相关(如剪胀与剪缩现象)。

$$\begin{cases}\varepsilon_v=\varepsilon_v^p & \text{(理想弹塑性材料,体积变化仅由球张量引起)}\\ \varepsilon_v=\varepsilon_v^p+\varepsilon_v^q & \text{(库仑材料,球张量与偏张量均导致土体产生体积变化)}\end{cases} \tag{3-2-1}$$

式中 ε_v——体积应变;

$\boldsymbol{p}$——球张量($\sigma_x,\sigma_y,\sigma_z$);

$\boldsymbol{q}$——偏张量($\tau_{xy},\tau_{yz},\tau_{zx}$)。

球张量可采用八面体正应力 σ_{oct} 综合反映,偏张量可采用八面体剪应力 τ_{oct} 综合反映,即

$$\sigma_{oct}=\frac{1}{3}(\sigma_x+\sigma_y+\sigma_z)=\frac{1}{3}(\sigma_1+\sigma_2+\sigma_3)=\frac{1}{3}I_1 \tag{3-2-2}$$

$$\tau_{oct}=\frac{1}{3}\sqrt{\tau_{xy}^2+\tau_{yz}^2+\tau_{zx}^2}=\frac{1}{3}\sqrt{(\sigma_1-\sigma_2)^2+(\sigma_2-\sigma_3)^2+(\sigma_3-\sigma_1)^2} \tag{3-2-3}$$

式中 I_1——3 个方向上的应力平均值。

在侧限压缩实验中,土体被视为纯压状态,而管内土芯受到管壁施加的剪切作用,目前普遍采用“水平薄片单元”为剪压受力状态,分析受力时认为管土界面刚性传力,不考虑剪切作用,要分析土塞高度,需要考虑变形特征,且土塞的经典“薄片单元”一维分析方法视薄片截面上的竖向应力均匀分布,而实际上由于管壁摩擦作用,主应力迹线发生偏转,使得任意水平截面上的竖向力并不是均匀分布的(图 3-2-4)。

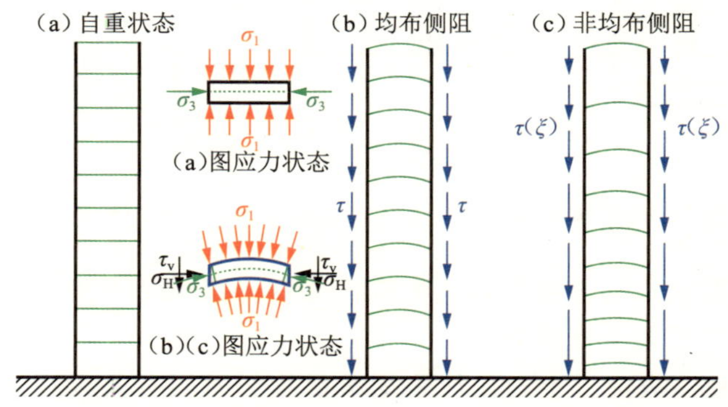

图 3-2-4 侧限约束条件下无侧阻、均布侧阻、非均布侧阻下的主应力迹线(绿色线条)

基于土的变形与剪应力有关，采取沿小主应力迹线截取的“拱壳单元”，该单元除了在管土边界受剪以外，土体为纯压状态（图 3-2-5），满足了与室内压缩实验土体受力状态相同的要求，从而使得由室内压缩实验获取的土体压缩特性也适用于取芯土塞。

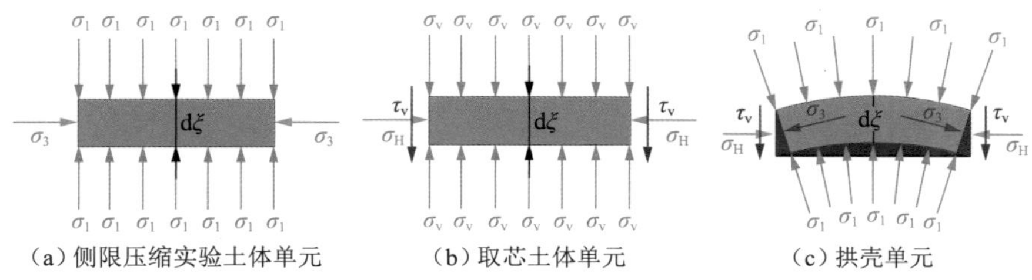

(a) 侧限压缩实验土体单元　(b) 取芯土体单元　(c) 拱壳单元

图 3-2-5　单元体的应力状态对比

3.2.2　孔隙比-平均应力增量模式

均压状态下，土体的变形不受剪应力的影响，平均应力是导致土体压缩、孔隙比减小的根本原因。对于室内压缩实验，环刀光滑，可忽略环刀摩擦阻力的影响，土体常常被视为静止土压状态，平均应力 p 为：

$$p=(1+2K_0)\sigma_1/3 \tag{3-2-4}$$

式中　K_0——静止土压力系数，表示水平应力与垂直应力的比值。

对于取芯试验，加载前土体处于静止土压状态，平均应力 p_0 为：

$$p_0=(1+2K_0)\sigma_1(z)/3 \tag{3-2-5}$$

取芯时，单向加载，在管壁摩擦阻力作用下主应力迹线发生偏转，土的应力状态发生变化，由于土体在挤压作用下处于塑性流动状态，所以当假定其处于主动或被动土压状态时，其平均应力为：

$$p=\begin{cases}(1+2K_a)\sigma_1(\xi)/3 & (\text{主动土压状态})\\(1+2K_p)\sigma_3(\xi)/3 & (\text{被动土压状态})\end{cases} \tag{3-2-6}$$

式中　K_a，K_p——主动力系数和被动土压力系数。

由式(3-2-5)和式(3-2-6)得平均应力增量表达式为：

$$\Delta p=p-p_0 \tag{3-2-7}$$

由于侧限压缩实验土体单元与取芯土体单元所处应力状态不同，故平均应力也不同。对于室内压缩实验，常视为静止土压状态，则有：

$$\sigma_m=(1+2K_0)\sigma_1/3 \tag{3-2-8}$$

3.2.3　取芯过程土体单元平均应力增量

取芯前，天然状态下，待取芯处土体处于静止土压力状态，其主应力 σ_1 与平均应力

p_0 为：

$$\sigma_1(z)=q_0+\sigma_c(z) \tag{3-2-9}$$

$$p_0=\frac{1}{3}(1+2K_0)\sigma_1(z)=\frac{1}{3}(1+2K_0)[q_0+\sigma_c(z)] \tag{3-2-10}$$

式中　$\sigma_c(z)$——z 方向上的应变。

取芯后，天然土体进入管内，受到管壁摩擦阻力与竖向挤压力作用，目前出于保守考虑，认为土体处于主动极限状态，则有：

$$\sigma_3(\xi)=K_a\sigma_1(\xi) \tag{3-2-11}$$

$$p_0=\frac{1}{3}(1+2K_a)\sigma_1(\xi) \tag{3-2-12}$$

基于以上分析，取芯闭塞时，管内土体球应力增量为：

$$\Delta p=p-p_0=\begin{cases}\dfrac{1}{3}(1+2K_a)\sigma_1(\xi)-\dfrac{1}{3}(1+2K_0)[q_0+\sigma_c(z)] & （主动土压状态）\\ \dfrac{1}{3}(1+2K_p)\sigma_3(\xi)-\dfrac{1}{3}(1+2K_0)[q_0+\sigma_c(z)] & （被动土压状态）\end{cases} \tag{3-2-13}$$

由取芯前后土体质量守恒，有 $\sigma_c(z)=\sigma_c(\xi)$，即

$$\sigma_c(z)=\gamma_0 z=\sigma_c(\xi)=\int_0^\xi \gamma(\Delta p)\mathrm{d}\xi'=\gamma_0\xi+\int_0^\xi \Delta\gamma(\Delta p)\mathrm{d}\xi'$$

故有：

$$\Delta p=\begin{cases}\dfrac{1}{3}(1+2K_a)\sigma_1(\xi)-\dfrac{1}{3}(1+2K_0)\left(q_0+\gamma_0\xi+\displaystyle\int_0^\xi \Delta\gamma(\Delta p)\mathrm{d}\xi'\right) & （主动土压状态）\\ \dfrac{1}{3}(1+2K_p)\sigma_3(\xi)-\dfrac{1}{3}(1+2K_0)\left(q_0+\gamma_0\xi+\displaystyle\int_0^\xi \Delta\gamma(\Delta p)\mathrm{d}\xi'\right) & （被动土压状态）\end{cases} \tag{3-2-14}$$

由于 $\sigma_i(\xi)$沿深度呈指数分布，$\sigma_i(\xi)\gg q_0$，且海床表面海水超载，故：

$$q_0\gg\gamma_0 z>\gamma_0\xi\gg\int_0^\xi \Delta\gamma(\Delta p)\mathrm{d}\xi' \tag{3-2-15}$$

为了简化计算，当忽略重度增量部分产生的应力$\int_0^\xi \Delta\gamma(\Delta p)\mathrm{d}\xi'$ 时，式(3-2-14)可简化为：

$$\Delta p=\begin{cases}\dfrac{1}{3}(1+2K_a)\sigma_1(\xi)-\dfrac{1}{3}(1+2K_a)(q_0+\gamma_0\xi) & （主动土压状态）\\ \dfrac{1}{3}(1+2K_p)\sigma_3(\xi)-\dfrac{1}{3}(1+2K_a)(q_0+\gamma_0\xi) & （被动土压状态）\end{cases} \tag{3-2-16}$$

3.2.4　压缩曲线的数学模型

e-p 曲线为反映土样压缩规律的基本实验曲线。要从理论建模角度分析土塞受力变

形，需要将实验曲线以数学函数的形式表达出来。拟合等速压缩实验 e-p 数据即可反映孔隙比与平均压力的关系模型，拟合参数与控制参数即该土样压缩特性的描述参数，相关文献采用三参数拟合 e-p 实验曲线，并讨论了参数取值范围。

$$e=A\exp(-Bp^{m}) \tag{3-2-17}$$

式中，参数 A，B 和 m 均为新引入的参数，物理意义并不明确，且该式的极限孔隙比趋于零，不符合颗粒物质材料实际情况。为了更准确地反映颗粒物质的压缩特性，且尽可能少地引入新的参数，以便于后续理论建模分析应用，先提出如下以土的基本指标参数为依据的指数三参数模式：

$$e(p)=e_{\min}+(e_0-e_{\min})a^{-\frac{a_0}{m(e_0-e_{\min})\ln a}p^{m}} \tag{3-2-18}$$

式中　e_0，$e_{\min}$——土样的初始孔隙比、最小孔隙比拟合值（参数分析时可直接取土的初始孔隙比和最小孔隙比）；

p——加载压力；

$e(p)$——任意压力 p 下的孔隙比；

a_0——初始压缩系数；

a——衰减指数；

m——压力指数。

当取 $e_{\min}=0$，$a=e$ 时，式(3-2-18)便退化为与文献中的实质等同的模式（第一种双参数模式），且各参数物理意义明确，但由于存在压力的幂次因子，所以仍然不便于在受力分析中应用。

当取 $m=1$ 时，式(3-2-13)转变为如下的第二种双参数模型：

$$e(p)=e_{\min}+(e_0-e_{\min})a^{-\frac{a_0}{m(e_0-e_{\min})\ln a}p} \tag{3-2-19}$$

由于土的压缩定律为：

$$a_{p_1p_2}=\frac{e(p_1)-e(p_2)}{p_2-p_1}$$

则压缩系数 $a_{1,2}$ 为：

$$a_{1,2}=\frac{e(100\ \text{kPa})-e(200\ \text{kPa})}{200\ \text{kPa}-100\ \text{kPa}}=10^{-5}\times(e_0-e_{\min})\left[a^{-\frac{10^5a_0}{(e_0-e_{\min})\ln a}}-a^{-\frac{2\times10^5a_0}{(e_0-e_{\min})\ln a}}\right]$$

解得：

$$a^{-\frac{10^5a_0}{(e_0-e_{\min})\ln a}}=\frac{1}{2}\left(1\pm\sqrt{1-4\times\frac{10^5a_{1,2}}{e_0-e_{\min}}}\right)$$

代入式(3-2-19)，则第二种双参数模型退化为如下单参数模型（以压缩系数为参数）：

$$e(p)=e_{\min}+(e_0-e_{\min})\left[\frac{1}{2}\left(1\pm\sqrt{1-4\times\frac{10^5a_{1,2}}{e_0-e_{\min}}}\right)\right]^{10^{-5}p} \tag{3-2-20}$$

孔隙比-平均应力增量模式的优点为：直接建立以压缩系数表达的 e-p 关系，压缩系数本就是反映土体压缩特性的通用参数,物理意义明确,便于理解与接受,也不增加新的参数,且压力的幂指数 $m=1$,大大降低了理论建模与数学求解的难度。

取 $e_0=0.6$,$e_{min}=0.3$,$a_{1,2}=0.27\ \text{MPa}^{-1}$,得:

$$e(v,p)=e_{min}+(e_0-e_{min})\left[\frac{1}{2}\left(1\pm\sqrt{1-4\frac{a_{1,2}(\nu)}{e_0-e_{min}}}\right)\right]^{10^{-5}p} \tag{3-2-21}$$

其中:
$$a_{1,2}(\nu)=\tan\theta_{1,2}(\nu)$$

式中 ν——泊松比。

该 e-p 数学模型具有以下两个特点:

(1) 依据该模式,一个压缩系数对应两条曲线,分别命名为 $e(+,p)$模式和 $e(-,p)$模式,$e(-,p)$比 $e(+,p)$具有更大的压缩性,且由开方的数学条件可得到:

$$a_{1,2}\leqslant 0.25(e_0-e_{min}) \tag{3-2-22}$$

上式揭示了压缩系数与土的初始孔隙比和最小孔隙比差值之间的固有律性联系。根据压缩系数的几何意义(压缩系数为 100~200 kPa^{-1} 之间孔隙比的差值)与孔隙比差值的物理意义(土样的最大压缩空间),该式意义可以表达为:压缩系数必须小于或等于最大压缩空间的 1/4。

(2) 在初始孔隙比 e_0 与最小孔隙比 e_{min} 固定的情况下,$e(-,p)$表征的土的压缩特性随压缩系数的增大而减小,$e(+,p)$表征的土的压缩特性随压缩系数的增大而增大。

由上述渗透系数、重度、压缩比关于孔隙比的关系,结合孔隙比关于球应力(平均应力)的关系模型,可直接换算出 $k(p)$,$\gamma(p)$与 $\lambda(p)$的关系。

3.3 取芯过程芯柱受力微观机制

取芯管下沉过程中,管内土体受到多种力的作用。首先是重力(f_γ)的作用,且重度 γ 随着压力的增大而增大;其次,管壁下沉,土体进入管内,管土界面相对滑动,故管内土柱受到管壁向下施加的摩擦力(f_μ);再次,对于顶端密闭的取芯管,管内密封的海水通过管内土体与管土接触面向下排出,对土体产生向下的渗透力(f_i)作用。

3.3.1 管土界面摩擦作用

1) 管土界面摩擦作用的微观机制

取芯管下沉过程中,管端土体进入管内并向上滑动,管土接触界面产生摩擦,由于土的颗粒弱胶结特征,管土摩擦特性因管的下沉速度、海水润滑作用不同,其摩擦机理相差很大。下面逐一揭示管土摩擦机制,并建立摩擦作用宏观参数(摩擦系数 μ)关于取芯速度、海水润滑作用的关系。

(1) 滑动摩擦机制(准静态取芯)。当下沉速度很小(小于某一临界值 v_{cr1})时,可以视为静态加载，土体稳定结构未被破坏，土体颗粒之间隔着双电层水膜滑动，土体颗粒与管内壁之间则表现为颗粒在管内壁上只发生滑动摩擦（图 3-3-1），对应滑动摩擦系数 $\mu_{sw滑}$ 为：

$$\mu_{sw滑}=\tan\ \varphi_{sw滑} \tag{3-3-1}$$

式中　$\varphi_{sw滑}$——滑动摩擦角。

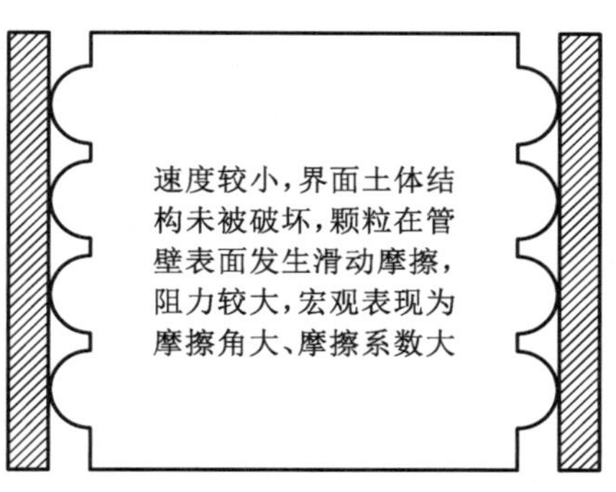

图 3-3-1　滑动摩擦机制

（2）滚动摩擦机制（冲切取芯、环剪取芯、密封水冲压界面）。当下沉速度很大（大于某一临界值 v_{cr2}）时，管壁冲切刺入土中，或者取芯管旋转，管壁对管内土体施加剪切作用，使得管壁附近一定区域的土体结构遭到破坏（颗粒间咬合与黏聚力形成的稳定的土体结构被破坏），弱胶结颗粒体变为松散颗粒群，颗粒群在管壁上发生滚动摩擦（图 3-3-2），对应的滚动摩擦系数 $\mu_{gs滚}$ 为：

$$\mu_{gs滚}=\tan\ \varphi_{gs滚} \tag{3-3-2}$$

式中　$\varphi_{gs滚}$——滚动摩擦角。

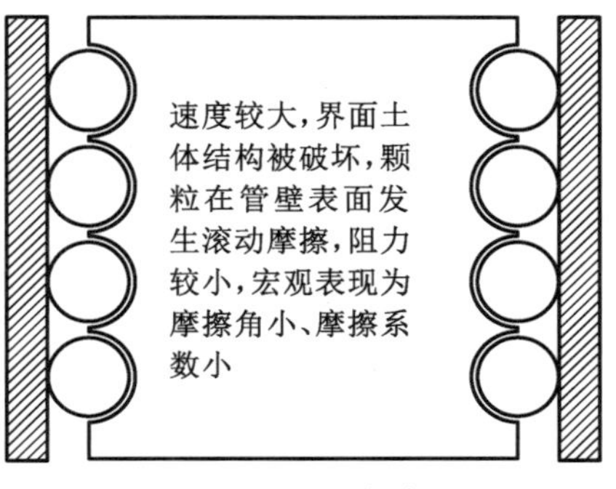

图 3-3-2　滚动摩擦机制

（3）混合摩擦机制。当取芯管下沉速度介于上述两临界速度之间时，管壁附近土体结构被一定程度地扰动，且扰动程度与扰动区因冲切速度不同而不同，接触界面上的土颗粒同时发生滑动与滚动，即同时存在滑动摩擦机制与滚动摩擦机制，且颗粒滚动摩擦远小于滑动摩擦系数：

$$\mu_{gs滚}=\tan\ \varphi_{gs滚}\ll\mu_{sw滑}=\tan\ \varphi_{sw滑} \tag{3-3-3}$$

$$\mu(v)=\tan\varphi(v)=\begin{cases}\tan\varphi_{sw滑} & v=v_{滑} & v<v_{cr1}\\ \dfrac{v_{滑}}{v_{cr1}}\tan\varphi_{sw滑}+\dfrac{v_{滚}}{v_{cr2}}\tan\varphi_{gs滚} & v=v_{滑}+v_{滚} & v_{cr1}\leqslant v\leqslant v_{cr2}\\ \tan\varphi_{gs滚} & v=v_{滚} & v>v_{cr2}\end{cases} \tag{3-3-4}$$

式中 v——颗粒对管的相对速度；

$v_{滑}$——颗粒对管的滑动速度；

$v_{滚}$——颗粒对管的滚动速度；

μ——管土界面摩擦系数；

φ——管土界面外摩擦角。

(4) 液体润滑机制。土颗粒与管壁界面接触摩擦同土颗粒与土颗粒之间的摩擦作用类似，均为接触表面的摩擦，只是土颗粒之间的摩擦多了随机颗粒之间的机械咬合机制(机械咬合强弱主要取决于颗粒的粒径)。接触表面摩擦的强弱取决于粒径和接触表面的特性(光滑程度、表面润滑强弱)。光滑程度取决于取芯管材料及土体种类；表面润滑强弱则取决于土体外围双电层水膜的厚度，水膜越厚，法向力作用下颗粒切向隔着水膜的滑移阻力越小，表现为摩擦系数越小，宏观表征为土体的含水量对摩擦角(土体内摩擦角 φ_s 与管土界面外摩擦角 φ)的影响，饱和土的摩擦角远小于干燥土即例证；而砂土颗粒粗，不存在微电场力作用，也无法形成双电层水膜，故砂土的摩擦系数主要取决于粒径和表面粗糙程度。总结上述分析，得到如下定性关系：

细粒度土(黏性土)

$$\varphi_s=\varphi_s(w),\quad \varphi=\varphi(w)$$

粗粒度土(砂土)

$$\varphi_s=\varphi_s(D_s,R_a),\quad \varphi=\varphi(D_s,R_a)$$

式中 w——黏性土的含水量；

D_s,R_a——砂土颗粒的平均粒径和表面粗糙度评定参数。

上述 4 种摩擦机制为不同加载速率与液体润滑作用下土体颗粒层面的力学机理，可以深入揭示与说明取芯过程中管土接触界面发生的摩擦作用及摩擦作用随加载速率变化的原因，但难以用于实际确定管土界面宏观摩擦参数(摩擦系数及外摩擦角)的大小。因此，要实现可算，并用于力学建模与分析，需要建立宏观参数表征摩擦系数模型。

2) 管土界面摩擦作用的宏观表征模型

上述颗粒滑动机制与颗粒滚动机制是管土摩擦系数随加载速率变化的微观机制，且两微观机制均由宏观控制因素(加载速率 v)引起，故宏观摩擦系数 μ 可以由宏观控制因素 v 表征。

由上述分析可知，加载速率 $v<v_{cr1}=v_h$(v_h 为取芯管准静态取芯的上限速度)时，$\mu\equiv\mu_h$；$v>v_{cr2}=v_g$ 时，$\mu\equiv\mu_g$；$v_{cr1}\leqslant v\leqslant v_{cr2}$ 时，则管土摩擦系数应满足 $\mu_g\leqslant\mu\leqslant\mu_h$，且随着加载速率减小而增大，如图 3-3-3 所示。

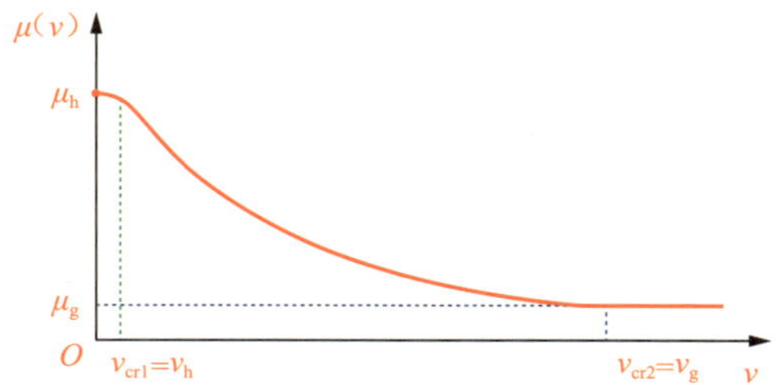

图 3-3-3　管土摩擦系数随加载速率变化关系曲线

可通过管材-土体直剪实验确定摩擦系数与加载速率的关系，如图 3-3-4 所示。

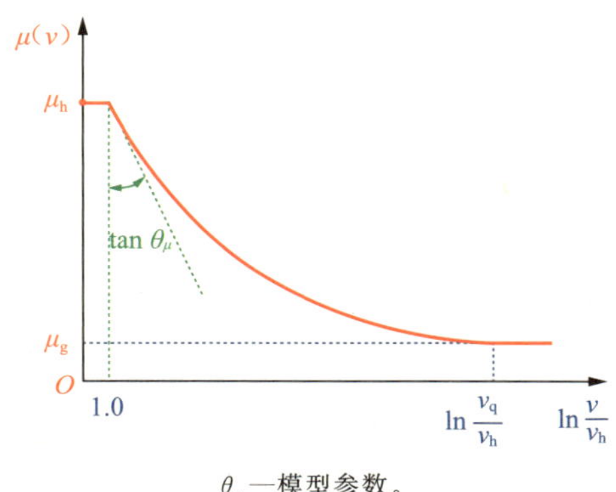

θ_μ—模型参数。

图 3-3-4　管土摩擦系数随加载速率变化关系曲线

在 μ-$\ln(v/v_{\mathrm{h}})$关系曲线中，当 $v_{\mathrm{cr1}} \leqslant v \leqslant v_{\mathrm{cr2}}$ 时，有：

$$\mu(v)=\mu_{\mathrm{g}}+(\mu_{\mathrm{h}}-\mu_{\mathrm{g}})\frac{v_{\mathrm{g}}^{m}}{v_{\mathrm{g}}^{m}-v_{\mathrm{h}}^{m}}\{\exp[-m\ln(v/v_{\mathrm{h}})]-1\} \tag{3-3-5}$$

式中，$m=\dfrac{\tan\theta_\mu}{\mu_{\mathrm{h}}-\mu_{\mathrm{g}}}$，$\tan\theta_\mu$ 为模型参数，由实验获取。

上述模型虽能较好地反映管土界面作用的机理，但考虑达到完全滑动摩擦的临界加载速率及滑动摩擦系数难以通过实验获取，且实际的取芯速度很小[速度太高，加载功率($P=fv$)会很大]，而只会取到 μ_{h} 附近一定范围的部分，况且模型参数太多，计算也过于复杂，故简化为以下模型(图 3-3-5)：

$$\mu(v)=\begin{cases}\mu_{\mathrm{h}} & (v\leqslant v_{\mathrm{h}})\\ \mu_{\mathrm{h}}a^{-\frac{\tan\theta_\mu}{\mu_0\ln a}\lg\frac{v}{v_{\mathrm{h}}}} & (v>v_{\mathrm{h}})\end{cases}\quad \text{或}\quad \mu_{\mathrm{gs}}(v)=\mu_0 a^{-\frac{\tan\theta_\mu}{m\mu_0\ln a}v^{m}} \tag{3-3-6}$$

式中　$\mu(v)$——任意速度 v 时管土界面摩擦系数；

μ_{h}——准静态取芯的摩擦系数(滑动摩擦系数)；

v——取芯管的下沉速度；

v_{h}——取芯管准静态取芯的上限速度；

μ_0——初始状态管土界面摩擦系数；

a，$\tan\theta_\mu$，m——模型参数，由管材-土体直剪实验确定。

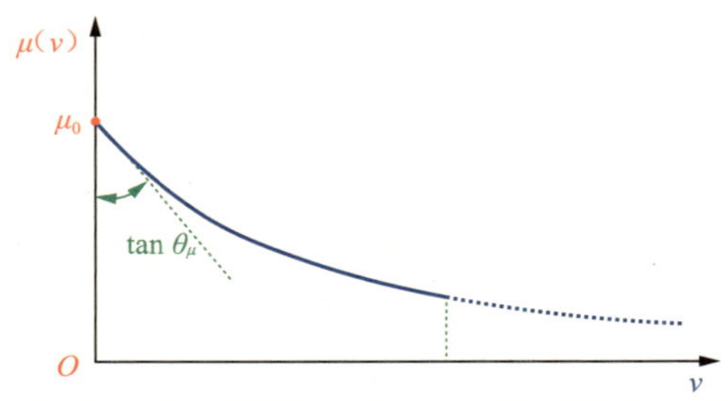

图 3-3-5　管土摩擦系数随加载速率变化关系简化模型示意图

3.3.2　管内密封海水对土体的渗透作用

对于加载端完全密封的取芯管，匀速加载过程中，密封在管内的海水通过管内土体与管土接触面向下排出，对管内土体产生向下的渗透力 $f_{i\xi}$，如图 3-3-6 所示。

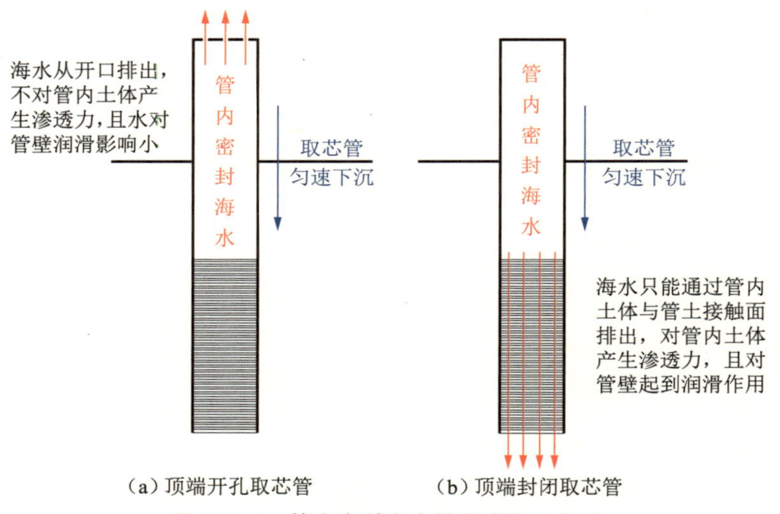

(a) 顶端开孔取芯管　　(b) 顶端封闭取芯管

图 3-3-6　管内密封海水排出路径示意图

对顶端封闭取芯管，由达西定律有：

$$v_{渗}=\frac{Q}{A}=k\left(-\frac{\mathrm{d}p}{\mathrm{d}\xi}\right) \tag{3-3-7}$$

式中　$v_{渗}$——渗流速度；

Q——体积流量；

A——截面积；

p——压力；

k——考虑土体挤密作用的渗透率；

ξ——时间。

若流量 $Q=Av$（v 为取芯管下沉速度），则密封海水向下排出过程中对管内土体产生的渗透力 $f_{i\xi}$ 为：

$$f_{i\xi}=-\frac{\mathrm{d}p}{\mathrm{d}\xi}=\frac{Q}{kA}=\frac{Av}{kA}=\frac{v}{k} \tag{3-3-8}$$

3.3.3　管内土体的重力影响作用

在取芯管下沉过程中，管内土体被压密的同时，单位体积的土体质量增大，即重度增加，且重度增量因土性不同而差异较大（松砂增量极为显著，密砂、密实黏性土较小）；管内土体受力沿深度呈指数分布，因此压缩效应导致的孔隙比、重度沿深度非均匀分布特征显著。重度的非均匀性分布改变了管内土体受力的分布状况，故不应被忽略。重度 $\gamma(p)$ 的计算公式如下：

$$\gamma(p)=\begin{cases}\dfrac{1+e_0}{1+e(p)}\gamma_0 & \text{（非饱和）}\\[2ex] \dfrac{(1+e_0)(\gamma_0-\gamma_w)}{1+e(p)}+\gamma_w & \text{（饱和）}\end{cases} \tag{3-3-9}$$

3.4　土塞受力分析模型

3.4.1　传统土塞受力分析方法

土塞现象的研究源于管桩，由于管壁存在摩擦，管内土主应力迹线发生偏转（图 3-4-1），因此同一水平面上的竖向应力分布并不均匀，沿水平线截取的薄片单元处于剪压状态，也不便于计算其变形。传统方法仅从分析受力的角度出发，假定水平薄片单元上的竖向力均匀分布（图 3-4-2）。分别从侧压力系数假定与界面应力状态分析的角度确定竖向应力与侧阻力关系的办法，有如下两种经典的传统分析方法。

1）传统一维分析方法 1（Randofph，1991）

如图 3-4-3 所示，管桩内径比取芯管内径大，达到闭塞时管内土体的挤压效应相差较大。基于保守估计考虑，假定管桩中土体处于主动土压状态。图中，β 为水平应力与竖向应力之比，即 $\beta=\beta_v=\tau_v/\sigma_v$，出于安全考虑，假定土塞边缘的土主动破坏，得到最小值；φ 和 δ 分别为土的内摩擦角和管土外摩擦角。

所得微分方程及其解为：

$$\frac{\mathrm{d}\sigma_v(\xi)}{\mathrm{d}\xi}=\gamma'+\gamma_w+\frac{U}{A}\tau_v(\xi)$$

$$\tau_v(\xi)=\beta\sigma_v(\xi) \tag{3-4-1}$$

其中：
$$\beta=\frac{\sin\varphi\sin(\Delta-\delta)}{1+\sin\varphi\cos(\Delta-\delta)},\quad \sin\Delta=\frac{\sin\delta}{\sin\varphi}$$

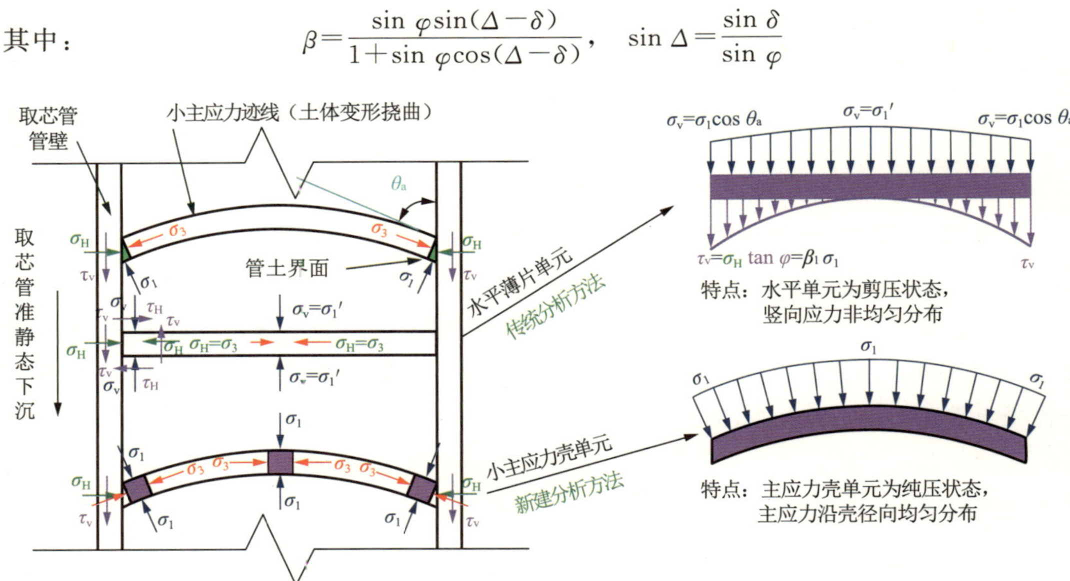

图 3-4-1 主动土压状态的土塞单元受力特征

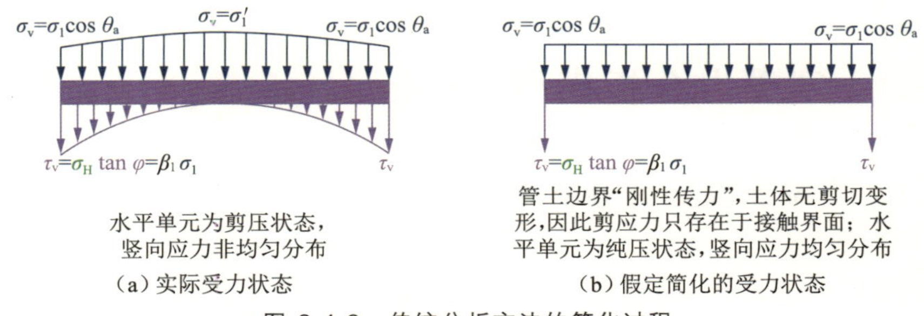

图 3-4-2 传统分析方法的简化过程

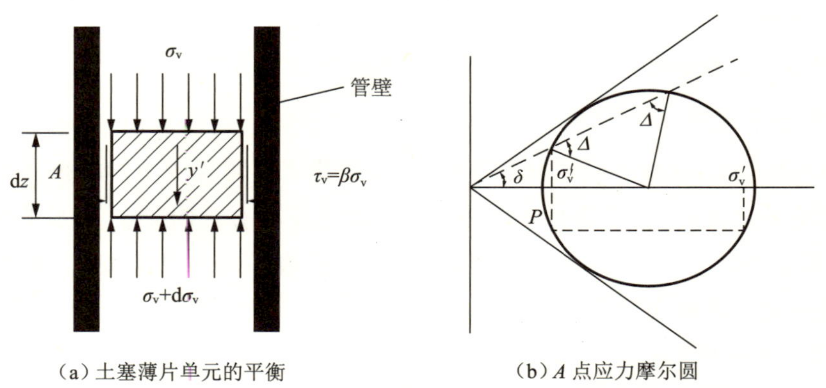

图 3-4-3 传统分析微元体受力状态及摩尔圆示意图

由边界条件表层竖向应力为表层超载，即 $\sigma(\xi=0)=q_0$，得：

$$\begin{cases}\sigma_v(\xi)=\left[q_0+\dfrac{1}{\beta_v}\dfrac{A}{U}(\gamma_w+\gamma')\right]\exp\left(\dfrac{U}{A}\beta_v\xi\right)-\dfrac{1}{\beta_v}\dfrac{A}{U}(\gamma_w+\gamma')\\ \tau_v(\xi)=\left[\beta_v q_0+\dfrac{A}{U}(\gamma_w+\gamma')\right]\exp\left(\dfrac{U}{A}\beta_v\xi\right)-\dfrac{A}{U}(\gamma_w+\gamma')\end{cases}\tag{3-4-2}$$

2）传统一维分析方法 2

仍然采用图 3-4-2 中水平薄片单元，假定竖向力均匀分布，只是在确定侧阻力与竖向应力的关系时，采用侧压力系数假定[即管内土体处于静止土压状态(图 3-4-4)，侧压力系数为静止土压系数($K_0=1-\sin\varphi'$)]和管土界面摩擦定律的方法。

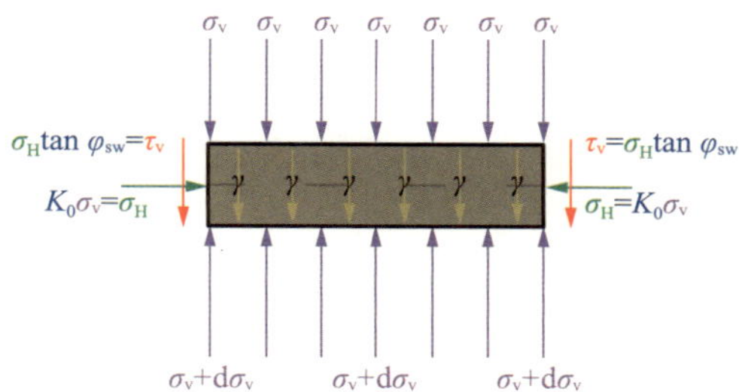

图 3-4-4　薄片单元平衡分析法(静止土压状态)

所得微分方程及其解为：

$$\frac{d\sigma(\xi)}{d\xi}=\frac{U}{A}\{[K_0\sigma(\xi)]\tan\varphi_{sw}+c_{sw}\}+\gamma_0\tag{3-4-3}$$

当取芯过程为动态过程时，管土间难以形成有效黏聚作用，取 $c_{sw}=0$。

$$\sigma_r(\xi)=K_0\sigma(\xi)$$

由边界条件表层竖向应力为表层超载，即 $\sigma(\xi=0)=q_0$，得：

$$\begin{cases}\sigma(\xi)=\left(p_0+\dfrac{1}{K_0\tan\varphi_{sw}}\dfrac{A}{U}\gamma_0\right)\exp\left(\dfrac{U}{A}K_0\tan\varphi_{sw}\xi\right)-\dfrac{1}{K_0\tan\varphi_{sw}}\dfrac{A}{U}\gamma_0\\ \tau(\xi)=K_0\left[p_0\exp\left(\dfrac{U}{A}K_0\tan\varphi_{sw}\xi\right)+\dfrac{1}{K_0\tan\varphi_{sw}}\dfrac{A}{U}\gamma_0\left(\exp\left(\dfrac{U}{A}K_0\tan\varphi_{sw}\xi\right)-1\right)\right]\tan\varphi_{sw}\end{cases}\tag{3-4-4}$$

对比上述两种土塞受力分析的传统方法可知：

(1) 二者均不考虑管内土体的压缩效应，由管桩土塞受力分析估算对承载力的影响，不需要计算变形，也没有考虑变形对受力的影响；

(2) 二者均采用水平薄片单元，假定任意水平截面上竖向力均匀分布，由管内土体应力状态的分析可知，水平截面上竖向力的分布显然是不均匀的，且非均匀程度随着管土界面外摩擦角的增大而增大。

(3) 传统一维分析方法 2 假定管内土体处于静止土压状态，即 $K_0=\sigma_H/\sigma_v$；传统一维分析方法 1 则假定管内土体处于主动土压状态，即 $K_a=K_1=\sigma_3/\sigma_1$。取芯过程中管内土体受到扰动与挤压，实际应力状态难以确定，特别是管内直径大小不同，闭塞时管内土体的挤压程度、主应力迹线偏转大小难以准确确定。

从极限外推的思想分析，假如管径趋于无穷大，或是管土界面外摩擦角趋于零，则管内土体主应力极限除了在界面附近受到微小影响外，几乎可以认为没有偏转，因此可以认为处于静止土压状态；假如管径趋于零，或是界面外摩擦角系数很大，则进入管内的土体均受到显著的影响，应力状态、主应力极限完全不同于前者。取芯管内直径远远小于管桩的内直径，闭塞时管内土体的应力状态未必与管桩中土体的应力状态相同。

3.4.2 取芯土塞受力分析新方法

传统方法假定管桩土塞处于主动压力状态，这对小直径的取芯土塞正确性存疑，而且假定平面薄片上受力均匀，未考虑管壁摩擦引起的主应力偏转，因此不符合实际。小直径土塞压密效应显著，传统方法未考虑也未分析压密效应的影响。针对上述不足，下面首先分别假定土体处于主动、被动压力状态，并分别考虑与不考虑土拱效应与压密效应建立系列受力分析模型，既有对传统方法的继承与发展的改进方法（不考虑土拱效应），也有独创方法（取拱壳分析单元，考虑土拱效应），为后面结合实验来确定其真实的应力状态，分析土拱效应、压密效应对土塞受力特性、物理特性及土塞高度计算的影响提供理论基础，并为探讨土塞问题的基本规律提供分析方法。

传统的管桩土塞基于主动土压假定，不考虑土拱效应与压密效应。这里先不考虑土拱效应，但分别基于主动、被动土压假定（以下公式表达中，$i=1$ 为主动应力状态假定；$i=2$ 为被动应力状态假定），且考虑压密效应对受力的影响建立受力模型。受力分析微元体与传统方法相同，如图 3-4-5 所示。

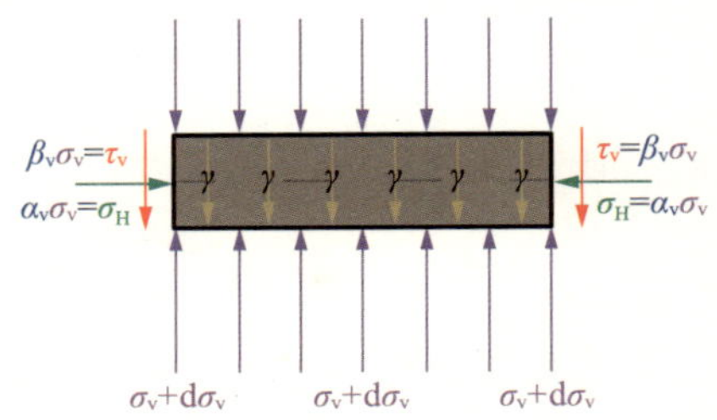

图 3-4-5 薄片单元平衡分析法(主动、被动应力状态)

由薄片单元竖向受力平衡可得：

$$(\sigma_{iv}+\mathrm{d}\sigma_{iv})A\,\mathrm{d}\xi=\sigma_{iv}A\,\mathrm{d}\xi+U\tau_{iv}\mathrm{d}\xi+f(\Delta p)A\,\mathrm{d}\xi \tag{3-4-5}$$

其中：

$$f(\Delta p)=f_{\gamma}(\Delta p)+f_{\mathrm{k}}(\Delta p)$$

$$=\begin{cases}\dfrac{1+e_0}{1+e(\Delta p)}\gamma_0 & \text{(非饱和)}\\[2ex] \dfrac{(1+e_0)(\gamma_0-\gamma_{\mathrm{w}})}{1+e(\Delta p)}+\gamma_{\mathrm{w}} & \text{(饱和)}\\[2ex] \dfrac{m(1+e_0)+e_0}{2.3e_0(1+e_0)}\,\dfrac{1+e(\Delta p)}{e^{m}(\Delta p)}v+\dfrac{(1+e_0)(\gamma_0-\gamma_{\mathrm{w}})}{1+e(\Delta p)}+\gamma_{\mathrm{w}} & \text{(砂土，考虑渗流)}\end{cases} \tag{3-4-6}$$

则有：

$$\beta_{iv}=\frac{\tau_{iv}}{\sigma_{iv}}=\frac{\sin\varphi_{\mathrm{s}}\sin 2\lambda_i}{1+\sin\varphi_{\mathrm{s}}\cos 2\lambda_i}$$

可得(以顶端密闭、水下砂土取芯为例):

$$\frac{\mathrm{d}[\sigma_{i\mathrm{v}}(\xi)]}{\mathrm{d}\xi}-\frac{U}{A}\beta_{i\mathrm{v}}\sigma_{i\mathrm{v}}(\xi)=\frac{1+e[\Delta p_i(\xi)]}{e^m[\Delta p_i(\xi)]}\frac{(1+e_0)m+e_0}{2.3e_0(1+e_0)}v+\frac{(1+e_0)(\gamma_0-\gamma_\mathrm{w})}{1+e[\Delta p_i(\xi)]}+\gamma_\mathrm{w} \tag{3-4-7}$$

由式(3-4-7)推得平均应力增量 $\Delta p_{i\mathrm{v}}(\xi)$ 的表达式:

$$\Delta p_{i\mathrm{v}}(\xi)=\frac{1}{3}(1+2K_i)\sigma_{i\mathrm{v}}(\xi)-\frac{1}{3}(1+2K_0)\left[q_0+\int_0^\xi\gamma\Delta p_i(\xi)\mathrm{d}\xi\right]$$

得:

$$\Delta p_{i\mathrm{v}}(\xi)=\frac{1}{3}(1+2K_i)\sigma_{i\mathrm{v}}(\xi)-\frac{1}{3}(1+2K_0)\left\{q_0+\int_0^\xi\left[\frac{(1+e_0)(\gamma_0-\gamma_\mathrm{w})}{1+e[\Delta p_i(\xi)]}+\gamma_\mathrm{w}\right]\mathrm{d}\xi\right\} \tag{3-4-8}$$

求导并整理得:

$$\frac{\mathrm{d}[\Delta p_{i\mathrm{v}}(\xi)]}{\mathrm{d}\xi}+\frac{1}{3}(1+2K_0)\left[\frac{(1+e_0)(\gamma_0-\gamma_\mathrm{w})}{1+e[\Delta p_{i\mathrm{v}}(\xi)]}+\gamma_\mathrm{w}\right]=\frac{1}{3}(1+2K_i)\frac{\mathrm{d}[\sigma_{i\mathrm{v}}(\xi)]}{\mathrm{d}\xi} \tag{3-4-9}$$

由式(3-4-7)和式(3-4-9)组合得到 $\sigma_{i\mathrm{v}}(\xi)$ 与 $\Delta p_{i\mathrm{v}}(\xi)$ 的耦合非线性微分方程组:

$$\begin{cases}\dfrac{\mathrm{d}[\sigma_{i\mathrm{v}}(\xi)]}{\mathrm{d}\xi}-\dfrac{U}{A}\beta_{i\mathrm{v}}\sigma_{i\mathrm{v}}(\xi)=\dfrac{1+e[\Delta p_i(\xi)]}{e^m[\Delta p_i(\xi)]}\dfrac{(1+e_0)m+e_0}{2.3e_0(1+e_0)}v+\dfrac{(1+e_0)(\gamma_0-\gamma_\mathrm{w})}{1+e[\Delta p_i(\xi)]}+\gamma_\mathrm{w}\\ \dfrac{\mathrm{d}[\Delta p_{i\mathrm{v}}(\xi)]}{\mathrm{d}\xi}+\dfrac{1}{3}(1+2K_0)\left[\dfrac{(1+e_0)(\gamma_0-\gamma_\mathrm{w})}{1+e[\Delta p_{i\mathrm{v}}(\xi)]}+\gamma_\mathrm{w}\right]=\dfrac{1}{3}(1+2K_i)\dfrac{\mathrm{d}[\sigma_{i\mathrm{v}}(\xi)]}{\mathrm{d}\xi}\end{cases}$$

边界条件为:

$$\begin{cases}\sigma_i(\xi=0)=q_0\\ \Delta p_i(\xi=0)=\dfrac{2}{3}(K_i-K_0)q_0\\ \left.\dfrac{\mathrm{d}(\sigma_{i\mathrm{v}}(\xi))}{\mathrm{d}\xi}\right|_{\xi=0}=\dfrac{1}{3}(1+2K_i)\left[\dfrac{U}{A}\beta_i q_0+\psi_i\dfrac{(1+e_0)m+1}{2.3e_0^{m+1}}-v\right]+\dfrac{1}{3}[\psi_i(1+2K_\mathrm{p})-(1+2K_0)]\gamma_0\end{cases} \tag{3-4-10}$$

3.5　土塞高度分析模型

由于不同土体中土塞的实际情况差别较大,且存在取芯扰动,使得土体未必能视为“连续介质”,自上至下管土界面也未必能始终保持“有效接触”,因此土塞的实际高度是难以求得的。以下对理想情况进行分析。

基本假定:

(1) 进入管内的土体仅在管土界面被破坏,并始终保持有效接触,发生滑动摩擦;

(2) 芯柱闭塞时,芯柱与管体为等效闭口桩,芯柱低端力即桩基的承载力。

由假定(1),可视管内土柱始终为连续介质,且管壁自上至下均对芯柱产生向下的摩擦阻力,即自上而下的土芯均为土塞体,不存在表层不确定的浮土层(管土界面未致密接触,土体结构松散,不能视为连续介质)。

3.5.1 H_0-h_0 关系 1

土塞形成过程分为两步,如图 3-5-1 所示,过程 1 反映的是管壁下沉过程中,管底土体在挤压力作用下达到塑性流动或发生质点迁移而分别向内、向外移动的过程,进入管内的土体等代高度为 H_1。

$$H_0^{实} \approx H_0 = \left(1+\frac{1}{n}\right)H_1 \tag{3-5-1}$$

式中 $H_0^{实}$——闭塞时取芯管入土深度。

过程 2 反映进入管内的土体在平均应力增量的挤压作用下压缩挤密。以下主要对管内挤土作用导致的芯柱压缩进行计算。

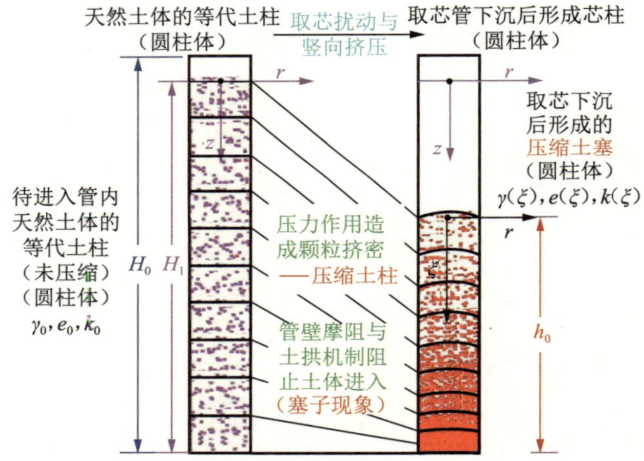

图 3-5-1 心柱压缩计算模型示意图

(1) 变形条件。从竖向变形的角度可得变形量 ε_z 和 ε_ξ:

$$\varepsilon_z = \frac{\Delta H}{H} = \frac{e_0 - e(\Delta p)}{1+e_0}$$

$$\varepsilon_\xi = \frac{\Delta H}{h} = \frac{e_0 - e(\Delta p)}{1+e(\Delta p)} = \frac{1+e_0}{1+e(\Delta p)} - 1$$

$$H_1 = h_0 + \int_0^{h_0} \varepsilon_\xi[\Delta p(\xi)]\mathrm{d}\xi = h_0 + \int_0^{h_0} \left\{\frac{1+e_0}{1+e[\Delta p(\xi)]} - 1\right\}\mathrm{d}\xi$$

$$\Rightarrow H_1 = \int_0^{h_0} \frac{1+e_0}{1+e[\Delta p(\xi)]}\mathrm{d}\xi \tag{3-5-2}$$

(2) 质量守恒。由压缩前后管内土体质量不变的角度,有:

① 非饱和土

$$\gamma(p)=\frac{1+w}{1+e(p)}\overline{\gamma_s}$$

由 $\gamma(p=0)=\gamma_0$ 得：

$$\overline{\gamma_s}=\frac{1+e_0}{1+w}\gamma_0$$

则有：

$$\gamma(p)=\frac{1+e_0}{1+e(p)}\gamma_0 \tag{3-5-3}$$

② 饱和土

$$\gamma(p)=\frac{\overline{\gamma_s}+\gamma_w e(p)}{1+e(p)}$$

由 $\gamma(p=0)=\gamma_0$ 得：

$$\overline{\gamma_s}=(1+e_0)\gamma_0-e_0\gamma_w$$

又由 $\gamma_d(p)=\dfrac{\overline{\gamma_s}}{1+e(p)}$ 得：

$$\begin{cases}\gamma_{d0}=\dfrac{(1+e_0)\gamma_0-e_0\gamma_w}{1+e_0}\\ \gamma_d(p)=\dfrac{(1+e_0)\gamma_0-e_0\gamma_w}{1+e(p)}\end{cases} \tag{3-5-4}$$

非饱和土压缩前后土体质量不变，则：

$$AH_1\gamma_0=A\int_0^{h_0}\gamma[\Delta p(\xi)]\mathrm{d}\xi$$

饱和土压缩前后土体干质量不变：

$$AH_1\gamma_{d0}=A\int_0^{h_0}\gamma_d[\Delta p(\xi)]\mathrm{d}\xi$$

$$H_1=\int_0^{h_0}\frac{1+e_0}{1+e[\Delta p(\xi)]}\mathrm{d}\xi \tag{3-5-5}$$

由压缩比的概念 $\lambda[\Delta p(\xi)]=\dfrac{1+e_0}{1+e[\Delta p(\xi)]}$ 可得：

$$H_1=\int_0^{h_0}\lambda[\Delta p(\xi)]\mathrm{d}\xi \tag{3-5-6}$$

可见，由上述质量守恒所得的 H_1-h_0 关系与由压缩比所得 H_1-h_0 关系相同，原因在于二者均是由压缩实验所得 e-p 换算而来。

联立式(3-5-1)与式(3-5-5)得：

$$H_0=\left(1+\frac{1}{n}\right)\int_0^{h_0}\frac{1+e_0}{1+e[\Delta p(\xi)]}\mathrm{d}\xi \tag{3-5-7}$$

3.5.2　H_0-h_0 关系 2

管内土柱刚好达到闭塞时，管与管内土体构成一根等效的闭口桩，那么土塞中竖向力

在低端 $\sigma_1(h_0)$ 刚好等于等效闭口桩的承载力 $q_u(H_0)$，即

$$\sigma_1(h_0)=q_u(H_0) \tag{3-5-8}$$

$$q_{uT}(H_0)=\gamma_n H_0 N_q+1.3cN_c+0.6\gamma RN_\gamma \tag{3-5-9}$$

其中：

$$N_q=\frac{\exp(3\pi/2-\varphi)\tan\varphi}{2\cos^2(\pi/4+\varphi/2)}$$

$$N_{cT}=(N_{qT}-1)\cot\varphi$$

$$N_{\gamma T}=1.8(N_{qT}-1)\tan\varphi$$

式中 γ_n——基底以上环柱土体内外柱面上考虑剪切与摩擦影响的等效重度，可由下式得到：

$$\gamma_n=\gamma+\gamma(f_s,\tau) \tag{3-5-10}$$

由扩孔问题与摩擦定律可简化求解得到：

$$\gamma(f_s,\tau)=\frac{2(1-\sin\varphi')\gamma H_0^2\tan\varphi_{sw}+4c_{sw}H_0+4\dfrac{E\tan\varphi_{sw}}{1+\mu}\dfrac{2H_0}{m}\displaystyle\int_0^{\frac{\pi}{2}}(1-\cos\theta)\sin^{\frac{2}{m}-1}\theta\,d\theta}{\left\{\left[1+2\cos\left(\dfrac{\pi}{4}-\dfrac{\varphi}{2}\right)\arccos\left(\dfrac{\pi}{4}+\dfrac{\varphi}{2}\right)\exp\left(\dfrac{\pi}{2}\tan\varphi\right)\right]^2-1\right\}(\rho_0+t)} \tag{3-5-11}$$

忽略剪切力折算重度，则得：

$$\gamma_n=\gamma_0+\gamma(f_s,\tau)\approx\gamma_0 \tag{3-5-12}$$

以上述深基础承载力 q_u 作为土柱闭塞时底部竖向力的边界条件，基底土的重度 γ 在此处应为取芯管闭塞时管端底部压密土体的重度 $\gamma(\Delta p)$，由于取芯过程中管端土体挤密效应最强，故应以挤密重度为计算依据，即

$$\gamma(h_0)=\gamma(\Delta p(h_0)) \tag{3-5-13}$$

则上述力的边界条件化为：

$$\sigma_1(h_0)=\gamma_0 H_0 N_q+1.3cN_c+0.6\gamma_0[\Delta p(h_0)]RN_\gamma \tag{3-5-14}$$

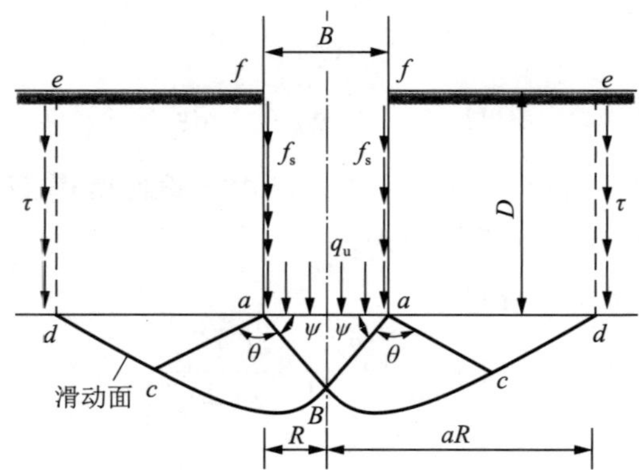

图 3-5-2 太沙基深基础地基承载力模式示图

3.5.3 土塞高度与取芯管临界入土深度求解

联立 h_0-H_0 关系 1 与 h_0-H_0 关系 2 可得关于 h_0 和 H_0 的方程组：

$$\begin{cases}\sigma_i(h_0)=\gamma_0 H_0 N_q+1.3cN_c+0.6RN_\gamma\gamma_0\dfrac{1+e_0}{1+e_0\alpha_h(h_0)}\\ H_0(h_0)=\left(1+\dfrac{1}{n}\right)\displaystyle\int_0^{h_0}\dfrac{(1+e_0)\mathrm{d}\xi}{1+e_0\alpha_h(\xi)}\end{cases}$$

其中：

$$\alpha_h(\xi)=\alpha_{min}+(1-\alpha_{min})\left[\frac{1}{2}\left(1\pm\sqrt{1-\frac{4a_{1.3}}{e_0-e_{min}}}\right)\right]^{10-5\Delta p_i(\xi)}$$

忽略土体压密导致的高度减小，则简化为：

$$\begin{cases}\sigma_i(h_0)=K_0\gamma_0 N_q H_0(h_0)+cN_c+0.5\gamma_0RN_\gamma\dfrac{1+e_0}{1+e_0\alpha_h(h_0)}\\ H_0(h_0)=\left(1+\dfrac{1}{n}\right)h_0\end{cases}$$

其中：

$$\alpha_h(h_0)=\alpha_{min}+(1-\alpha_{min})\left[\frac{1}{2}\left(1\pm\sqrt{1-\frac{4a_{1.3}}{e_0-e_{min}}}\right)\right]^{10-5\Delta p_i(h_0)}$$

计算中用到的参数的物理意义如下：

(1) 基本参数(模型计算依据)，即控制参数。

基本参数包括性质参数和工况参数，性质参数又分为与速率无关的物理性质参数和与速率有关的力学性质参数。

① 物理性质参数：

e_0——待取土样的天然孔隙比，由实验确定，$e_0=\dfrac{\gamma_s/\gamma_0}{1+w}-1$ 或$\dfrac{\gamma_s-\gamma_0}{\gamma_0-\gamma_w}$；

e_{min}——待取土样的最小孔隙比，由实验确定，如振动实验或击实实验，$e_{min}=\dfrac{\gamma_s}{\gamma_{max}}-1$ 或$\dfrac{\gamma_s-\gamma_w}{\gamma_{max}-\gamma_w}-1$；

γ_0——待取土样的天然重度，由实验确定；

k_0——待取土样的天然渗透系数，由实验或由 Taylor 模型确定。

② 力学性质参数：

φ_{gs}——管土界面的外摩擦角，由实验确定；

φ_s——土的内摩擦角，由实验确定；

c——黏性土的黏聚力；

$a_{1,2}$——待取土样的压缩系数，由实验确定。

③ 工况参数：

r_o——取芯管半径；

t_o——取芯管管壁厚度。

(2) 中间参数及参数分析辅助参数。

β_i——侧阻系数，管土界面处摩阻力与竖向力 σ_i 的比值；

λ_i——管土界面处 σ_i 与管壁的夹角；

θ_i——管土界面处 σ_i 对应的另一主应力与管壁的夹角；

ψ_i——拱单元相对于平面单元面积(或体积)增大系数；

$\alpha_h(\xi)$——孔隙比的深度分布系数，闭塞时刻土塞任意深度处孔隙比与初始孔隙比的比值沿深度的分布系数；

α_{min}——最大压密比，待取土样的最小孔隙比与天然孔隙比的比值。

以上分析了取芯过程中的变形特点，基于压缩实验曲线揭示了压缩系数与初始孔隙比、最小孔隙比之间的关系；从库仑材料的体积变形特点出发建立了孔隙比与平均应力增量关系的压缩模式；基于管桩土塞受力分析的现有模式，指出了其固有的缺陷与不足；采用主动土压假定与被动土压假定一方面对传统方法进行修正，另一方面提出沿主应力迹线取拱壳单元的全新的受力分析方法，建立了考虑/不考虑压密效应，考虑/不考虑拱效应的主动、被动应力状态假定的 6 种分析模式，为验证小直径土塞的应力状态、定量分析探讨土塞的压密效应、分析土拱效应对受力的影响、求解物理特性分布及土塞高度提供了理论基础；基于土塞的受力分析与力的边界条件和质量守恒模式建立了土塞高度计算模型。本章的受力、高度的理论计算模型可为第 5 章的模型论证、参数分析、规律探讨提供理论基础。

3.6 天然气水合物钻探取芯数值分析

3.6.1 有限元模型及参数取值

采用有限元方法对深海环境中的钻探取芯过程进行数值模拟，研究取芯过程中取芯筒与周边沉积物的相互作用，分析土塞形成过程及其对取芯高度和周边环境的影响。数值分析中的二维轴对称模型如图 3-6-1 所示。为了充分考虑取芯过程对周围沉积物的影响，计算土体模型所取的土体宽度为 2 m，深度为 2.5 m；取芯筒壁厚 4 mm，直径 90 mm。取芯筒与土体接触部分放大图如图 3-6-2 所示。

模型中所有四边形单元的类型 CAX4 为轴对称单元，三角形单元的类型为 CAX3，取芯筒与周围土体之间设置摩擦接触。为了研究不同取芯长度对周围地层以及对取芯筒自身受力特性的影响，分别取 0.8 m，1.0 m，1.2 m 和 1.5 m 四种取芯长度进行分析。

模型所设置的边界条件为：底面约束 X 和 Y 方向的位移，左右两边界约束 X 方向的位移，模型顶面为自由边界，取芯筒刃脚处约束 X 方向的位移。

数值计算所采用的本构模型为摩尔-库仑模型。根据调研的文献中有关的地质勘查结果以及室内和现场试验的结果，本次数值分析所采用的计算参数见表 3-6-1。

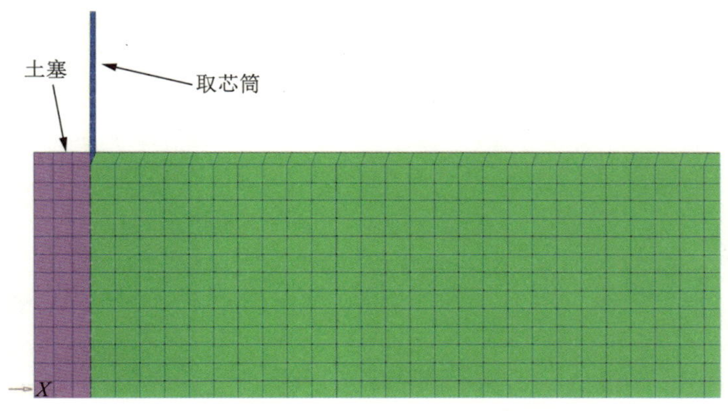

图 3-6-1　有限元分析模型

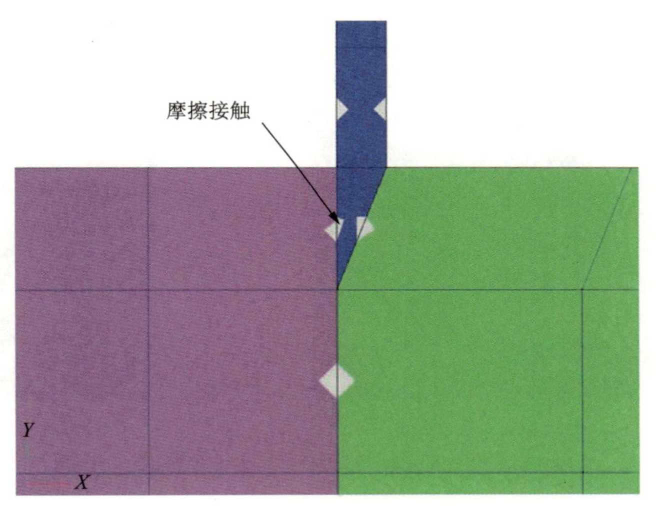

图 3-6-2　取芯筒与土体接触部分放大图

表 3-6-1　计算参数选取表

土层厚度/m	重度 γ/(kN·m^{-3})	黏聚力 c/kPa	孔隙度 ϕ/%	泊松比 ν	弹性模量 E/MPa
2.5	18	20	20	0.25	20

3.6.2　有限元结果分析

1）不同取芯长度对周围地层和取芯筒受力特性的影响

分别计算 4 种不同取芯长度的情况，得到不同取芯长度下周围土体的水平位移、取芯筒与土芯之间摩擦致使土塞产生的竖向位移和取芯筒与周围土体之间的接触压力，如图 3-6-3～图 3-6-6 所示。

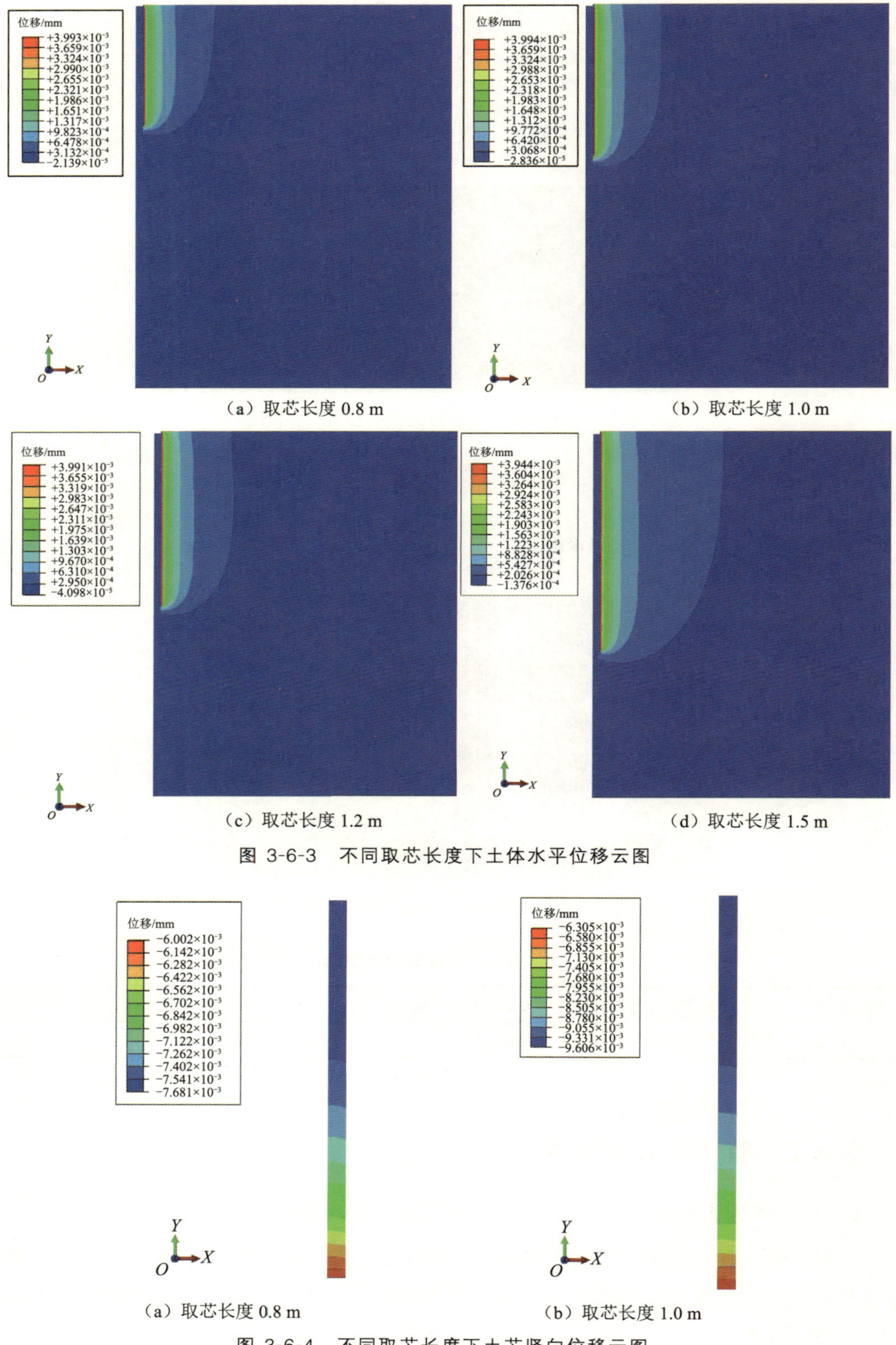

（a）取芯长度 0.8 m　　（b）取芯长度 1.0 m

（c）取芯长度 1.2 m　　（d）取芯长度 1.5 m

图 3-6-3　不同取芯长度下土体水平位移云图

（a）取芯长度 0.8 m　　（b）取芯长度 1.0 m

图 3-6-4　不同取芯长度下土芯竖向位移云图

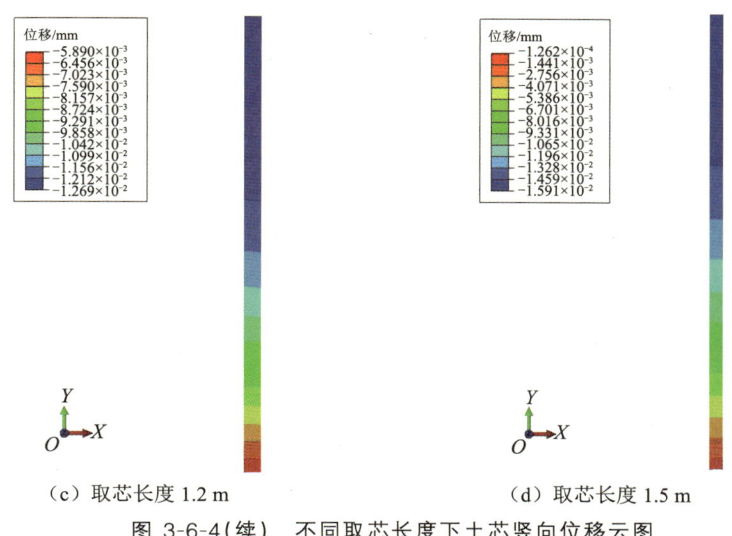

（c）取芯长度 1.2 m　　　　（d）取芯长度 1.5 m

图 3-6-4（续）　不同取芯长度下土芯竖向位移云图

由图 3-6-3 可知，随着取芯长度的增加，取芯筒周围土体所受到的扰动范围逐渐增大，但由于取芯筒筒壁较薄（仅 4 mm），周围土体的水平位移也较小。这说明取芯对周围土体的扰动程度较小。

由图 3-6-4 可知，当取芯筒完全贯入土体中时，土芯的上表面明显低于取芯筒外土体的上表面，这说明能实现完整取芯。当取芯长度为 0.8 m 时，土芯上方表面的竖向位移为 7.681 mm；当取芯长度增大到 1.5 m 时，土芯上表面的竖向位移增大到 16 mm。由此可知，随着取芯长度的增加，土芯的竖向位移逐渐增大。

芯顶端竖向位移随着不同取芯长度的变化曲线如图 3-6-5 所示。由图可知，随着取芯长度的增大，土芯顶端的竖向位移几乎同步线性增大。在实际工程中，可以根据这种线性关系，优化出既能保证一定的取芯长度又能尽可能减小土芯扰动程度的取芯方案。

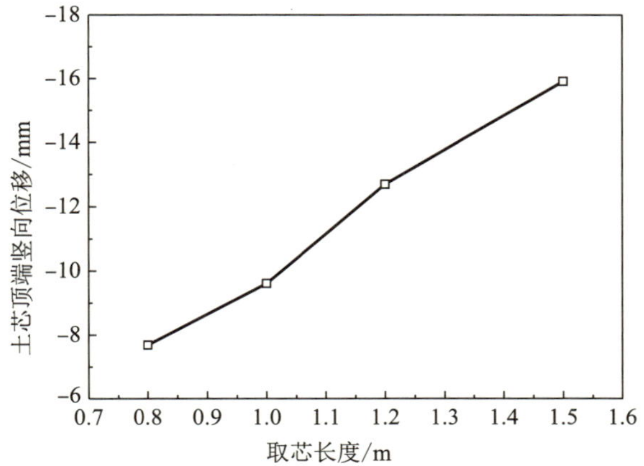

图 3-6-5　土芯顶端竖向位移随取芯长度变化曲线

取芯过程中，取芯筒与土体之间的摩擦和挤土效应会对取出的土芯产生影响。取芯筒筒壁所受的土压力可以反映取土过程对土芯以及外侧土体的影响。图 3-6-6 所示为不同取芯长度下取芯筒内外侧所受土压力沿深度变化曲线。

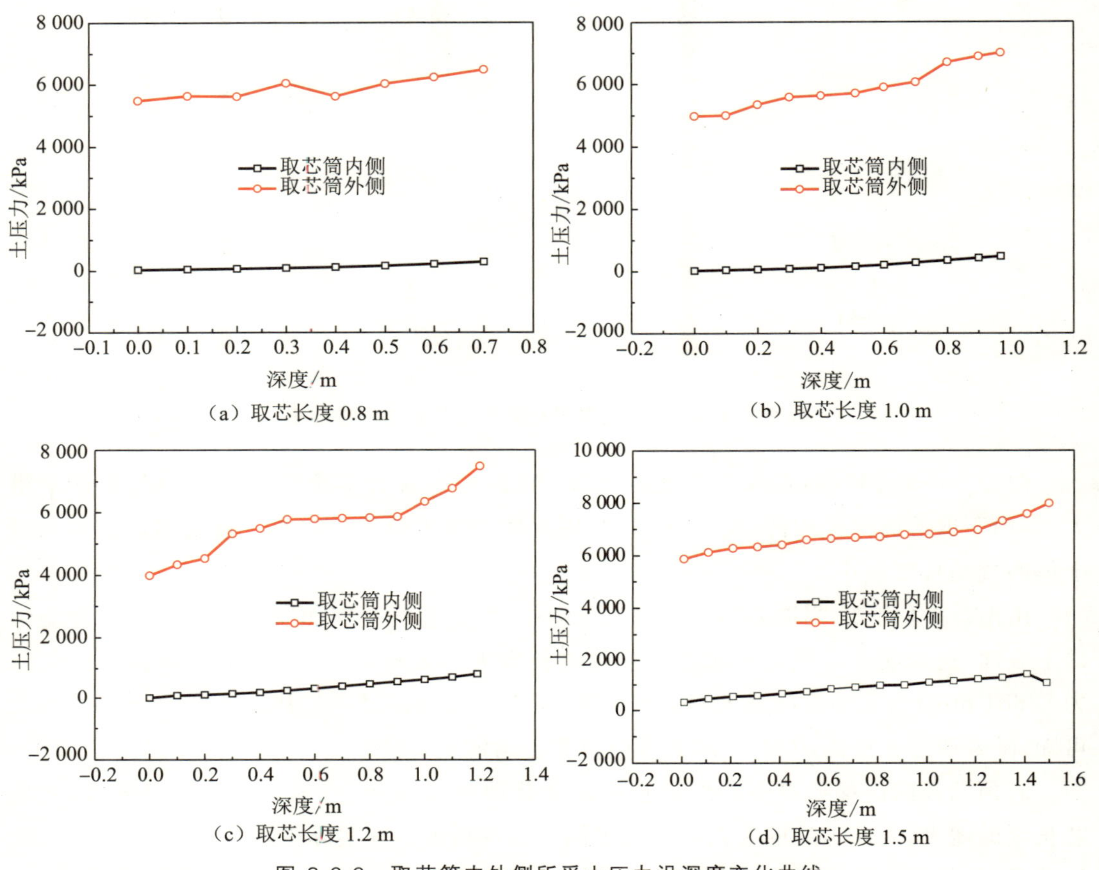

图 3-6-6 取芯筒内外侧所受土压力沿深度变化曲线

由图 3-6-6 可知,不同取芯深度下取芯筒内侧和外侧所受土压力随着深度的增大呈线性增大。由于取芯筒刃脚性状(刃脚为三角形)的原因,取芯筒内壁对土芯的挤压扰动效应较小,所以取芯筒内侧所受的土压力较小。相对而言,取芯过程中取芯筒外侧与周围土体的挤土效应十分明显,外侧所受到的土压力比较大,为内侧土压力的 10～20 倍。这说明取芯筒的刃脚设计成三角形对土芯扰动较小,是比较合理的。

2) 取芯过程中土芯和取芯筒以外土体变形与受力特性分析

以取芯长度为 1.5 m 的模型为例分析取芯过程中土体和取芯筒的受力变化。

图 3-6-7 给出了取芯过程中取芯筒以外的地表土体竖向位移变化曲线。当取芯筒刚钻入地层中时,由于筒壁对土的挤压效应,紧邻筒外围的土体有一定的隆起,但随着钻入深度的增加,隆起量逐渐减小。当取芯筒的钻入深度达到 1.0 m 时,筒周围土体的隆起量几乎减小为 0。当取芯筒完全钻入(钻入深度达到 1.5 m)时,紧邻筒壁外围的土体沉降量为 0.1 mm,距离取芯筒较远的土体沉降量更小。可见,钻孔取芯过程中对周围土体的

影响区域主要集中在距离取芯筒外壁 0～1.25 m 的区域内，大于 1.25 m 的区域受到的影响较小。

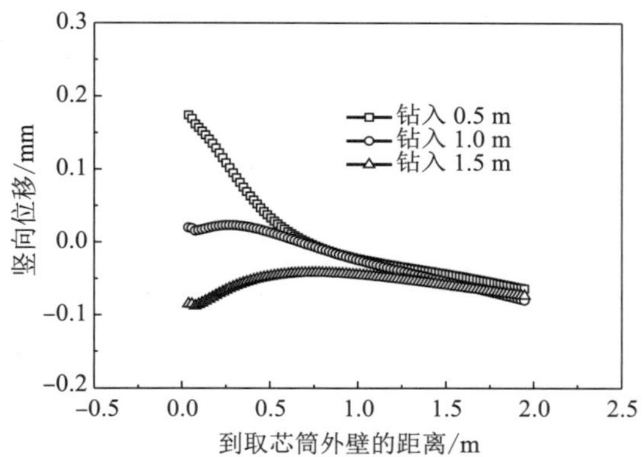

图 3-6-7　取芯过程中取芯筒以外地表土体竖向位移变化曲线

图 3-6-8 给出了取芯过程中取芯筒以外地表土体水平位移变化曲线。由图可知，取芯过程中产生的最大水平位移为 2 mm；随着取芯筒钻入深度的增加，取芯筒以外地表土体的水平位移不是很明显；取芯过程使取芯筒筒壁以外土体产生的水平位移主要集中在距离取芯筒 0～1 m 的区域内。

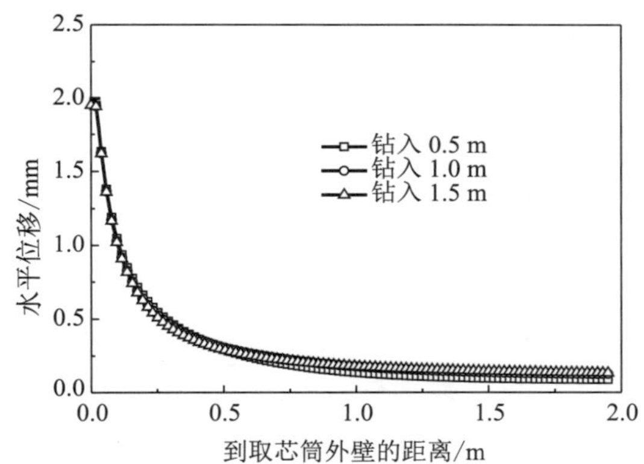

图 3-6-8　取芯过程中取芯筒以外地表土体水平位移变化曲线

土芯的竖向位移随钻入深度的变化曲线如图 3-6-9 所示。由图可知，随着钻入深度增大，土芯顶端的竖向位移逐渐增大，当取芯筒完全钻入时，土芯最大竖向压缩量约为 16 mm。该曲线的变化规律与一维固结实验中的压缩曲线（e-p 曲线）相一致。由此可知，可用室内的一维压缩实验来近似模拟研究取芯过程中土芯的变形和受力特性。

图 3-6-10 所示为取芯筒钻入过程中不同钻入深度下土体应力（Mises 应力）变化云图。由图可知，取芯筒钻入过程中筒壁以外土体应力较大，土芯部分应力较小。这也说明取芯过程中土芯受到的扰动较小。

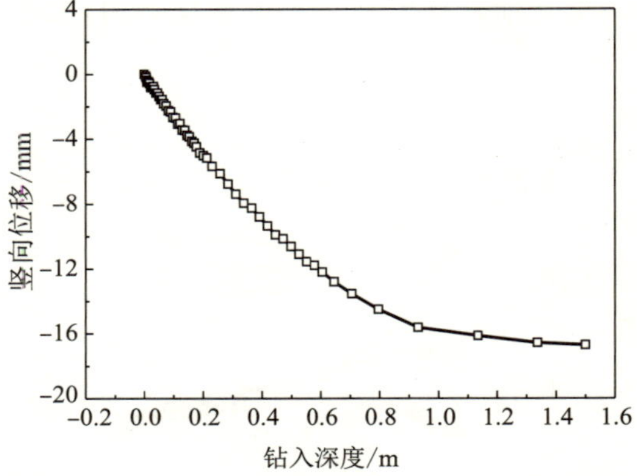

图 3-6-9 土芯竖向位移随钻入深度的变化曲线

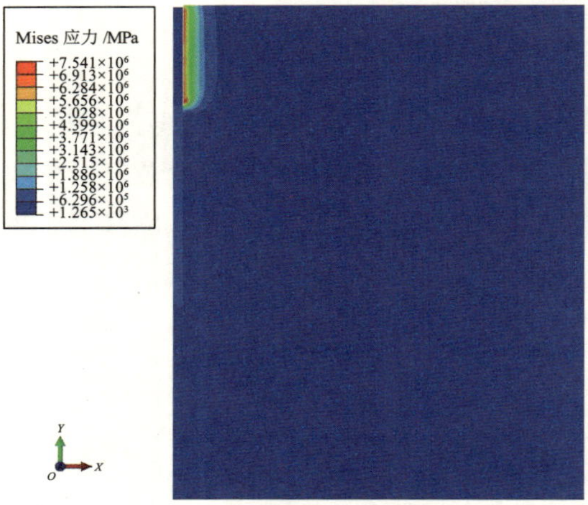

（a）钻入 0.5 m

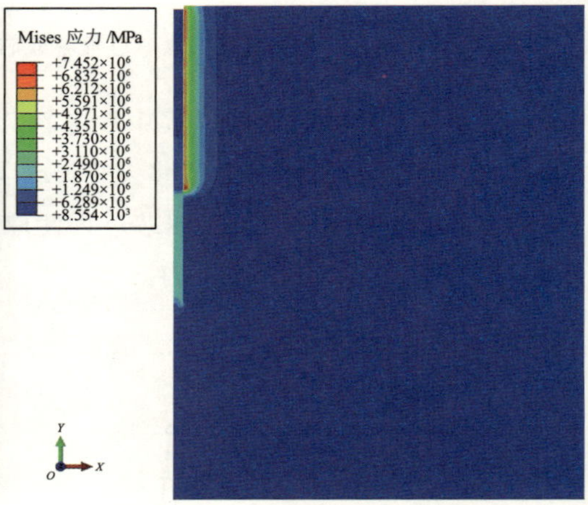

（b）钻入 1.0 m

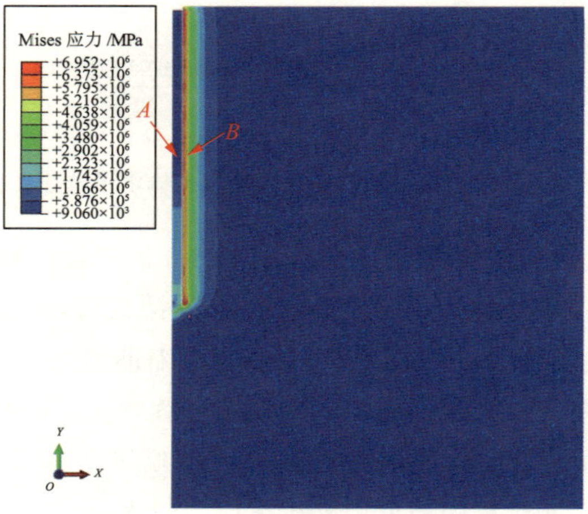

（c）钻入 1.5 m

图 3-6-10 取芯筒钻入过程中不同钻入深度下土体应力变化云图

取图 3-6-10(c)中 A 和 B 两点分析取芯筒钻入过程中土芯和取芯筒筒壁以外土体的应力变化规律。A 和 B 两点的 Mises 应力随钻入深度的变化曲线如图 3-6-11 所示。由图可知，当取芯筒到达 A 和 B 两点所在的深度之前，两点的应力水平较小，并且 A 点(土芯侧)的应力要比 B 点(筒壁外侧)稍大，二者均随着钻入深度的增加而逐渐增大。当取芯筒钻至 A 和 B 两点所在深度时，两点的应力均突然增大，其中 A 点的应力增大至 1 600 kPa；由于刃脚性状原因，筒壁对外侧土体的挤压效应比较明显，所以 B 点的应力增量要比 A 点大得多，增至 6 300 kPa。当取芯筒的钻入深度超过 A 和 B 两点后，二者的应力突然减小，随后趋于一个比较稳定的水平。

从对图 3-6-11 的分析可以看出，当取芯筒钻至某深度时，取芯筒对该深度的土芯和外侧土体扰动最大；当超过该深度时，土芯和外侧土体的应力水平会趋于一个稳定值。

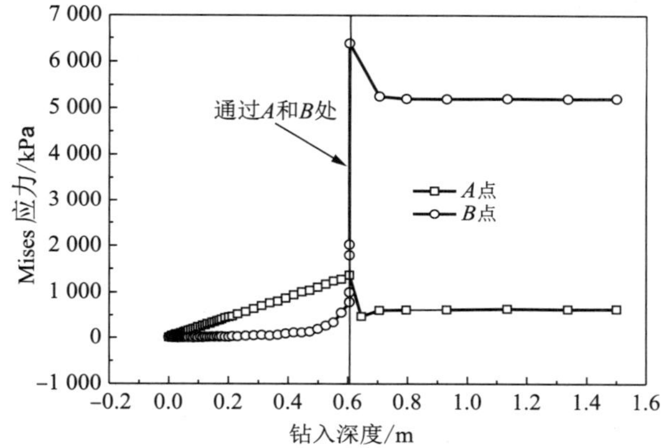

图 3-6-11　A 和 B 两点的 Mises 应力随钻入深度的变化曲线

第 4 章
样机功能性试验及取样工具改进

4.1 样机关键部件功能性试验

4.1.1 功能性试验设备

样机的功能性试验大部分是在中国石化胜利工程公司钻井工艺研究院的井下工具实验室进行的。该实验室是目前国内钻完井井下工具研究领域中功能最全、模拟工况最多、技术水平最高的实验室之一，拥有多功能试验机（全液压控制）（图 4-1-1）、模拟井筒（图 4-1-2）、钻井泵（图 4-1-3）、循环系统（图 4-1-4）、数据采集及控制系统、压力试验机（图 4-1-5）等。试验装置能针对不同的钻完井工艺条件，完成对钻头的旋转、加压等过程的物理模拟，同时通过对钻井工艺参数的测定，针对新型钻完井工具进行原理性验证、性能检测和部分前瞻性课题试验研究等，能实时检测钻完井工具的工作状态，并采集相关试验数据。试验规模达到现场应用的全尺寸要求，并配套了相应的装卸系统和安全防护系统。实验室基本参数见表 4-1-1。

图 4-1-1　多功能试验机

图 4-1-2　模拟井筒

图 4-1-3　钻井泵

图 4-1-4　循环系统

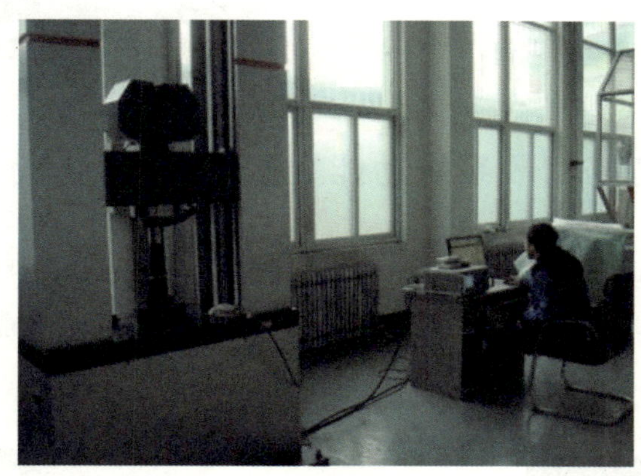
图 4-1-5　压力试验机

表 4-1-1　实验室基本参数表

参数名称	参数数值
起升和加压行程 L/m	3
循环排量 Q/(L・s^{-1})	35(5～35 无级可调)
额定转盘转速/(r・min^{-1})	200
最大转盘扭矩 T/(N・m)	10 000(120 r/min 时)
井筒摆动角度/(°)	3,5,10,85
试验井架开口尺寸/m	4
系统最高压力 $p_{静}$/MPa	50(静止试压)
循环系统压力 $p_{动}$/MPa	10(循环作业)
最大起下速度 v/(m・min^{-1})	0.33
最大加压负荷 F/kN	1 000
井口尺寸/in	5½～18⅝
温度、压力	常温、常压

注：1 in=24.5 mm。

为验证样机的性能，进行了工具的压力试验，试验结果表明所用外压测试设备(图

4-1-6)可耐压 300 MPa,具有远程控制(图 4-1-7)加压、记录压力变化曲线和打印功能。

图 4-1-6 外压测试设备

图 4-1-7 测试设备远程控制系统

4.1.2 绳索打捞回收系统功能性试验

在模拟井筒中对绳索打捞回收系统功能性进行了多次试验。打捞过程如图 4-1-8 所示,释放过程如图 4-1-9 所示。试验结果表明,打捞工具的打捞功能可靠,能够完成打捞与释放功能。

图 4-1-8 打捞过程

图 4-1-9 释放过程

4.1.3 锁定释放系统功能性试验

通过在模拟井筒中对释放机构的功能性进行试验,验证机构的可靠性,并确定释放元件的剪切力。在井下工具实验室经过 14 组 42 次压机试验(图 4-1-10)优选释放销钉的类型和材质,并确定其剪切力。最终选择 M10 双头螺栓作为释放销钉,钢级 8.8 级,压机试验剪断力为 62 kN,计算泵压为 8.799 MPa,满足工具压力需要。最后在模拟井筒中开钻井泵验证锁定功能及释放元件剪切力,如图 4-1-11 所示。

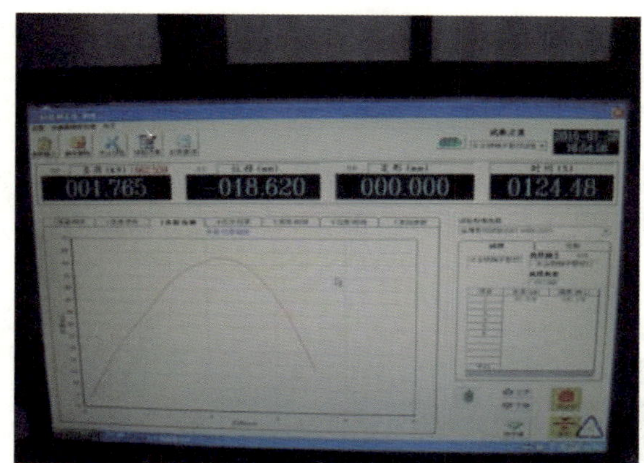

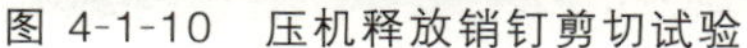
图 4-1-10　压机释放销钉剪切试验

图 4-1-11　模拟井筒锁定释放系统功能性试验

1）释放元件销钉剪切试验

（1）试验目的。

① 确定释放元件与中心杆之间的销钉的剪切力大小以及释放元件与锁定接头之间销钉的剪切力大小；

② 验证销钉直径与销钉结构的合理性。

（2）试验步骤。

① 组装两套试验件。

② 将第一套试验件放于实验台上，开启压力试验机，缓慢下压释放元件，压力表示数增至 2 MPa 时，释放元件与锁定接头之间的销钉被剪断，释放元件下落。

③ 压力试验机缓慢下压中心杆，压力表示数增至 1.5 MPa 时，释放元件与中心杆之间的销钉被剪断，中心杆下落。

④ 将第二套试验件放于实验台上，重复上述过程，压力表示数相同。

第一套试验件销钉剪断后，中心杆、释放元件、锁定短接自由分离；第二套试验件销钉剪断后，中心杆自由脱出，释放元件和锁定短接仍然粘连在一起，不能自由分离。

（3）试验结果。

① 释放元件与中心杆之间销钉的剪切力为 18.4 kN，断面整齐，结构合理；

② 释放元件与锁定接头之间销钉的剪切力为 24.5 kN，断面中心孔被压扁；

③ 压力试验机油缸直径为 125 mm，释放元件与锁定接头剪销压力为 2 MPa，释放元件与中心杆剪销压力为 1.5 MPa。

2）释放销钉剪切试验

（1）试验目的。

测试不同释放销钉的剪切力。

（2）试验步骤。

① 将不同直径的释放销钉安装到特殊试验装置上；

② 将试验装置放置于压力试验机下，采用控制系统缓慢下压压力试验机，直至距离

特殊试验装置 1 mm 左右；

③ 控制系统进行自动微调，开始加压，实时记录压力并显示压力曲线，如图 4-1-12 所示；

④ 释放销钉被剪断后，系统自动停止加压，保存压力记录及曲线；

⑤ 拆卸特殊试验装置上的释放销钉，并回收压断后销钉各部分，查看销钉断面，进行编号记录，如图 4-1-13 所示。

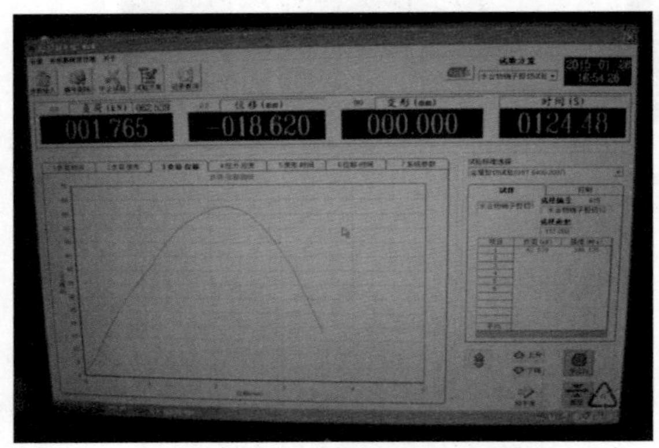

图 4-1-12　试验压力曲线

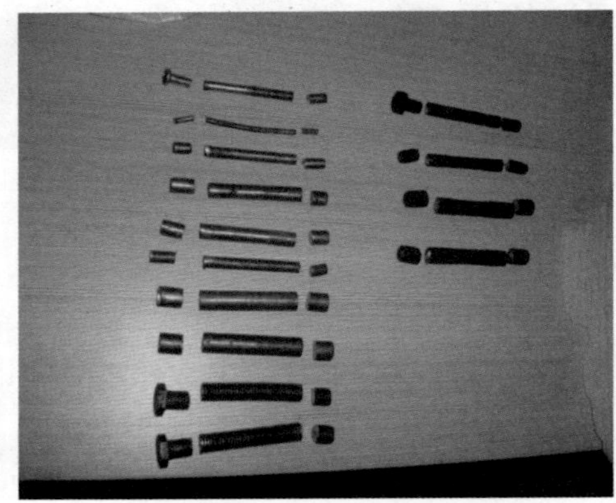
图 4-1-13　试验后释放销钉

③ 试验结果。

M10 双头螺栓作为销钉，钢级 8.8 级，压力试验机试验剪断力为 62 kN，计算泵压为 8.799 MPa，满足工具压力需要。

3) 机械加压释放工具功能性试验

(1) 试验目的。

① 检验机械加压释放工具可靠性；

② 确定释放销钉的剪切力。

(2) 试验步骤。

① 移动多功能试验机，露出井口；

② 将机械加压释放机构(图 4-1-14)连接短接放到水泥台上；

③ 卸下短接，用桁吊送入内部锁定机构(图 4-1-15)；

④ 将多功能试验机移动回井口(图 4-1-16)，启动显示屏，显示各种数据(图 4-1-17)，开始下压机械加压释放机构；

⑤ 加压至 50 kN 后压力回落，八方杆未收缩完，余 20 mm，停止加压；

⑥ 卸下短接，用打捞工具将内部锁定机构顺利提出，销钉被剪断(图 4-1-18)；

⑦ 将机械加压释放机构全部提出井口，放在地面上，整理好工具，完成试验。

(3) 试验结果。

① 伸缩式加压法可以实施，给活动棘爪加压可行，机械加压释放结构原理可行；

图 4-1-14　机械加压释放机构

图 4-1-15　内部锁定机构入井

图 4-1-16　移动多功能试验机

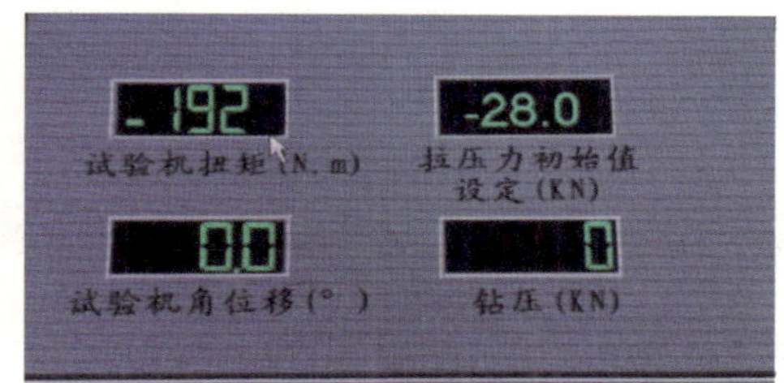

图 4-1-17　参数显示屏

② 机械加压释放工具打捞成功；

③ 加压 50 kN 时，销钉被剪断，但剪断面不平整，有毛刺(图 4-1-19)；

④ 锁定接头与拉杆不能自由脱出，主要原因是销钉的剪断面不平整，有毛刺，在锁定接头下面未连接其他物件，缺少重量；

⑤ 释放销钉材料脆性不够。

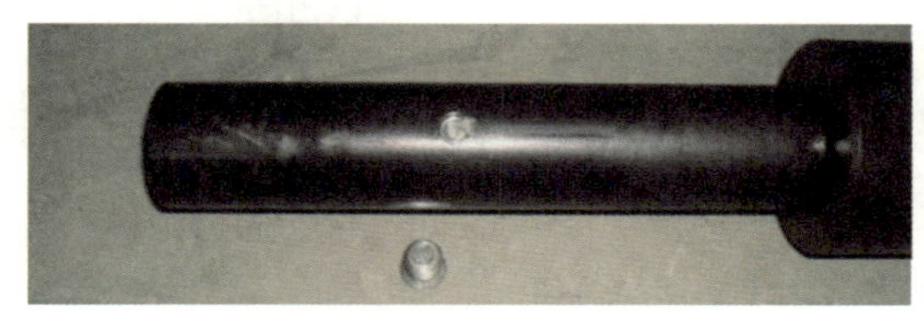

图 4-1-18　销钉剪断

图 4-1-19　被剪销钉

4.1.4　保温保压筒抗压、密封性测试

1）保温管夹层密封试验

(1) 试验目的。

为保证取样舱保温性能，在整机装配前对保温管夹层密封性能进行测试。

(2) 试验步骤。

① 将保温管按图 4-1-20 组装好；

② 卸下堵头，并通过管路将保温管充气接头与高压气瓶连接好，松开截止钉，向保温管夹层内充气，充气压力为 0.2～0.3 MPa；

③ 保温管夹层充好气后，拧紧截止钉并装上密封堵头，拆掉与高压气瓶的连接管路；

④ 将充好气的保温管放入水箱中，观察各密封处是否有气泡溢出。

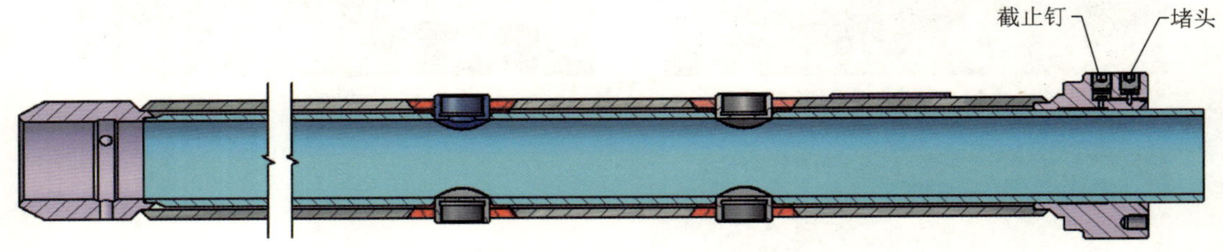

图 4-1-20　保温管夹层密封试验示意图

(3) 试验结果。

各密封焊接处无气泡溢出。

2) 压力传感器接口密封试验

(1) 试验目的。

为保证取样舱密封性能，在整机装配前对保温管压力传感器接口密封性能进行测试。

(2) 试验步骤。

① 将保温管按图 4-1-21 组装好，并拧紧专用堵头、截止钉和堵头；

② 通过管路将保温管充气接头与高压气瓶连接好后，向保温管内充气，充气压力为 0.2～0.3 MPa；

③ 将充好气的保温管放入水箱中，观察各密封处是否有气泡溢出。

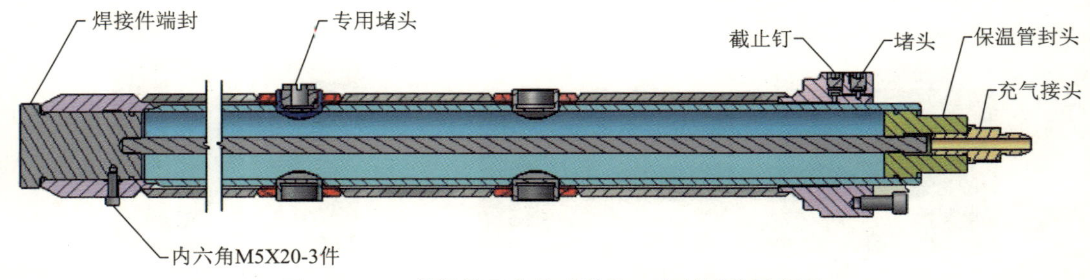

图 4-1-21　保温管压力传感器接口密封试验示意图

(3) 试验结果。

各密封处无气泡溢出。

3) 传感器舱抗压、密封试验

(1) 试验目的。

安装传感器以及电路板之前，测试传感器舱抗压、密封性能。

(2) 试验步骤。

① 将保压取样设备传感器舱按图 4-1-22 组装好，为确保保温管焊接件不被划伤，可将球阀前端压力补偿舱按图 4-1-23 组装好后再放入高压舱试压；

② 用专用堵头将传感器舱内压力传感器口堵好；

③ 将传感器舱放入高压试验舱中；

④ 将电动加压泵通过管路与高压试验舱连接好，注意务必将空气排尽；

⑤ 启动电动加压泵往高压试验舱中充水，缓慢加压至 32 MPa；

⑥ 保持 32 MPa 稳压 30 min；

⑦ 泄放压力；

⑧ 取出压力补偿舱和传感器舱并拆卸，检查有无水渗漏进去。

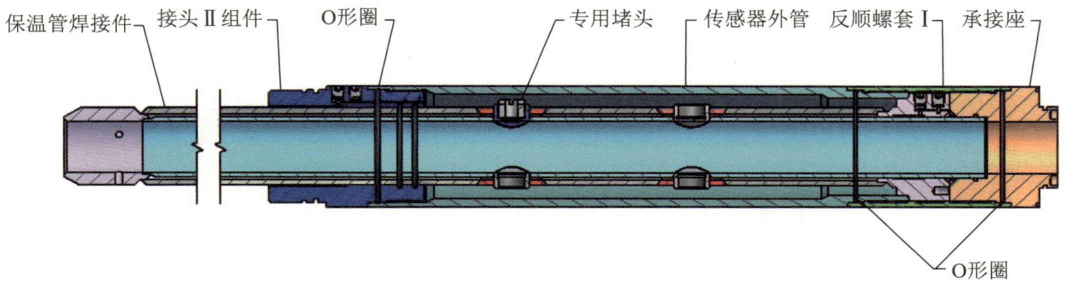

图 4-1-22　保压取样设备传感器舱安装示意图

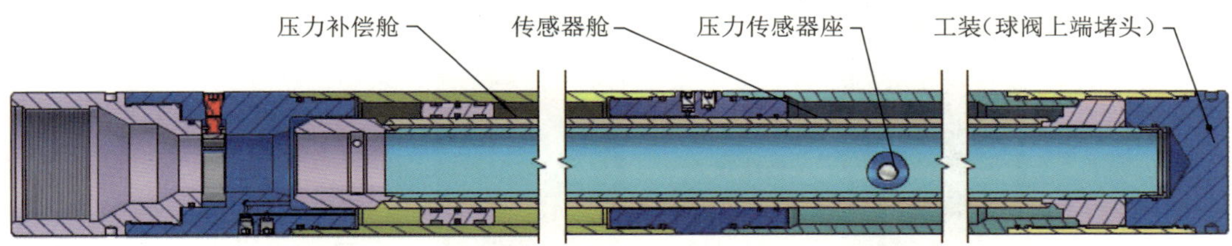

图 4-1-23　压力补偿舱和传感器舱安装示意图

(3) 试验结果。

各零件无变形，各密封处无水渗漏。

4.1.5　保压球阀开启、关闭和密封性测试

保温保压筒下部密封采用高压密封球阀，球阀既要满足密封压力 30 MPa 的要求，又要保证开启和关闭压力适合驱动压力，因此球阀能否正常工作是保压成功与否的关键。试验前将试验工装装配于球阀装置两端实现球阀系统密封，然后在工装上连接压力管线及开关，先用液压油推动球阀关闭，观测关闭压力，然后向密封球阀上端注入液压油至压力达到 30 MPa，保压 30 min 后通过液压表观测保压情况，再接通球阀开启管路，靠液压油推动球阀打开，观测开启压力。经过多次测试后，目前所用高压密封球阀(外径

97 mm，通径 40 mm）可以保证承压 30 MPa，开启、关闭压力小于 10 MPa，完全能满足天然气水合物取芯的需要，如图 4-1-24 所示。

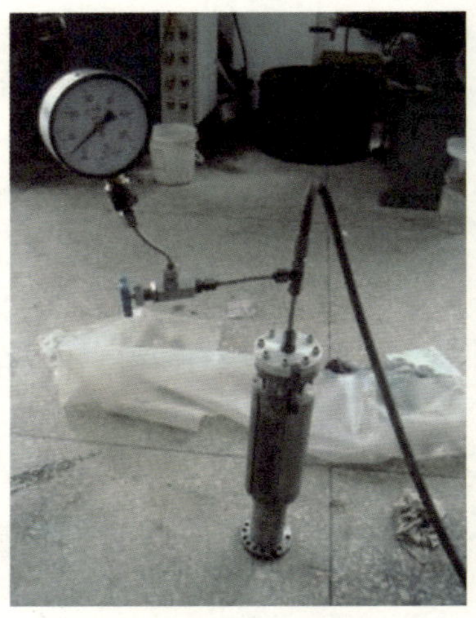

图 4-1-24 球阀开启、关闭和密封性能测试

1）球阀空气中工作性能测试

(1) 试验目的。

测试球阀在空气中的工作性能。

(2) 试验步骤。

① 按图 4-1-25 装配好球阀；

② 在球阀开启和关闭接口处预先装上充气接头；

③ 用手摇泵在球阀开启接口加压至球阀开启，记录开启压力，并用 ϕ40 mm 通径规检测开启通径；

④ 用手摇泵在球阀关闭接口加压以关闭球阀，记录关闭压力；

⑤ 将球阀平置于无水迹的工作台上，在球阀保压腔内加水，观察 1 h 内渗漏情况。

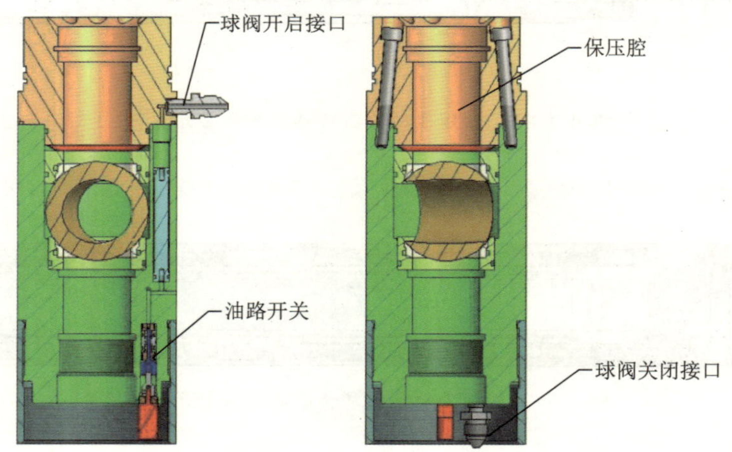

图 4-1-25 球阀空气中工作性能测试示意图

(3) 试验结果。

① 球阀能关闭到位，关闭压力小于 3 MPa；

② 球阀能开启到位，开启通径大于 40 mm，开启压力为 3.8 MPa；

③ 球阀保压腔内加入水后，1 h 内无渗漏现象。

2）球阀高压密封性能测试

(1) 试验目的。

测试球阀在高压环境下的工作性能。

(2) 试验步骤。

① 球阀通过空气中工作性能测试合格后，装配好球阀测试封头、进水接头等工装（图

4-1-26)，并将上端进水接头与管路连接至加压泵；

② 用手摇泵在球阀关闭接口加压以关闭球阀，并记录关闭压力；

③ 启动电动加压泵，缓慢向球阀保压腔加压至 32 MPa(加压时注意排气)，观察有无渗漏；

④ 擦干球阀各处水迹，将球阀置于无水迹的工作台上，进一步保压观察 2 h。

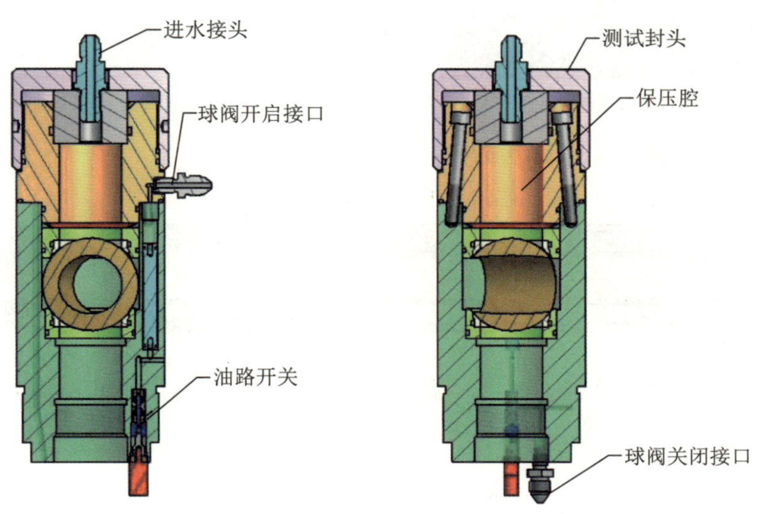

图 4-1-26　球阀高压密封性能测试示意图

(3) 试验结果。

① 球阀能关闭到位，关闭压力为 2.8 MPa；

② 球阀保压 2 h 压降为 0 MPa。

4.1.6　球阀电气舱抗压、密封性测试

球阀电气舱中装有记录温度、压力数据和控制球阀关闭的电路板(图 4-1-27)，是球阀能否在高压下正常关闭的关键部件，采用红外接收器(图 4-1-28)接收电气舱发出的数据，红外接收器与电气舱口对接，保证电路板中记录的数据和计算机软件中的控制命令准确传输。在高压试验舱中对球阀电气舱进行外压测试，缓慢加压至 33 MPa，保压 30 min，控制系统工作正常。

(1) 试验目的。

安装电路板之前，测试电气舱抗压、密封性能。

(2) 试验步骤。

① 将保压取样设备电气舱按图 4-1-29 组装好；为确保控制内套管不被划伤，也可将电气舱后端储能舱(右侧)按图 4-1-30 全部组装好后再放入高压试验舱试压。

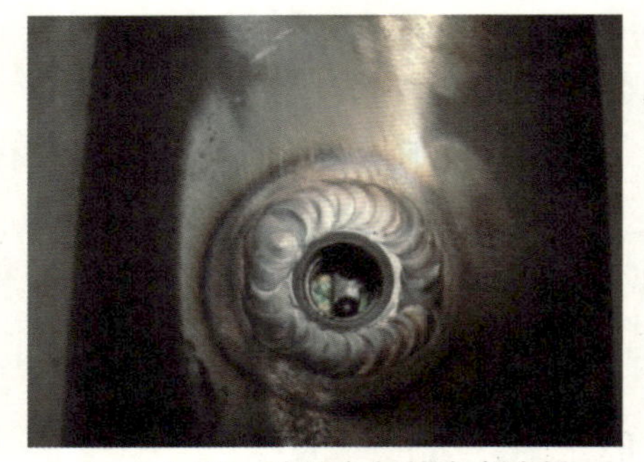
图 4-1-27 球阀电气舱中电路板

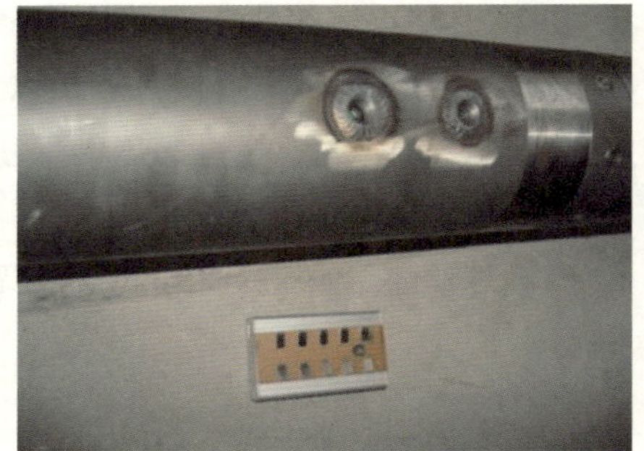
图 4-1-28 红外接收器

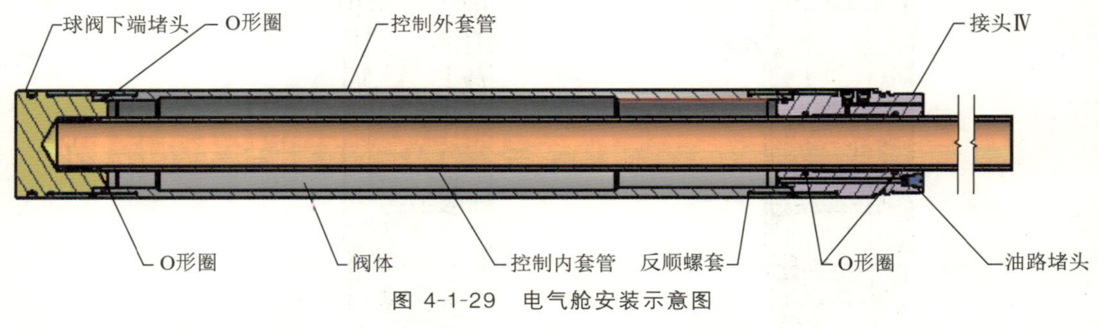

图 4-1-29 电气舱安装示意图

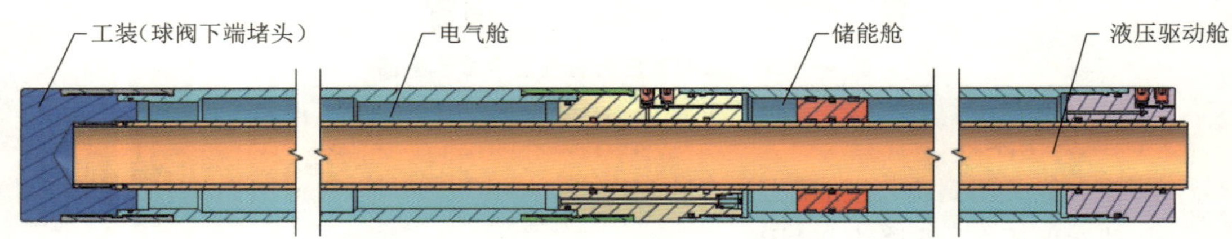

图 4-1-30 电气舱和储能舱安装示意图

② 用油路堵头将电气舱通油口堵好。

③ 将保压取样设备电气舱放入高压试验舱中。

④ 将电动加压泵通过管路与高压试验舱连接好,注意务必将空气排尽。

⑤ 启动电动加压泵往高压试验舱中充水,缓慢加压至 32 MPa。

⑥ 保持 32 MPa 稳压 30 min。

⑦ 泄放压力。

⑧ 取出电气舱和储能舱并拆卸,检查有无水渗漏进去。

(3) 试验结果。

各零件无变形,各密封处无水渗漏。

4.1.7 球阀电控系统工作性能测试

球阀电控系统如图 4-1-31 所示,在电气舱内,主要记录工具工作过程中保温保压筒内的温度、压力数据，并接收取芯筒上提到位后触发霍尔到位传感器的信号，控制一个二位三通阀使液压驱动腔内的液压油通过，驱动球阀关闭。

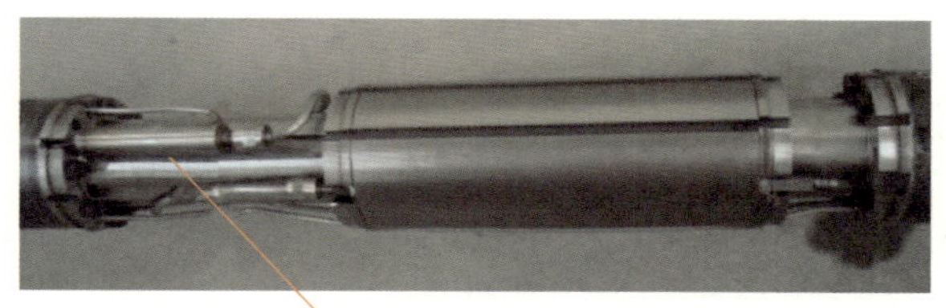

图 4-1-31　球阀电控系统

人为触发霍尔到位传感器，电控系统自动记录温度、压力信号，并向二位三通阀发出打开信号，二位三通阀打开正常。电控系统与安装有专用软件的笔记本电脑相连接，导出数据后分析整个控制过程是否正确。

1）二位三通阀工作性能测试

（1）试验目的。

测试二位三通阀的工作性能。

（2）试验步骤。

① 通过管路分别将球阀开启口和关闭口与换向阀、压力表、油箱、手摇泵按图 4-1-32 连接好，用电线将 10 V 直流电源与二位三通阀控制电机连接好；

② 调节电机接入电源的正负极性使电机正转，让二位三通阀处于打开状态；

③ 用手摇泵向球阀开启口加压力油至球阀打开，调节电机接入电源的正负极性使电机反转，让二位三通阀处于关闭状态；

④ 通过换向阀给球阀关闭口加压力油至压力达到 4 MPa 后，调节电机正转，二位三通阀打开，致球阀关闭，测量记录二位三通阀的开启电流值。

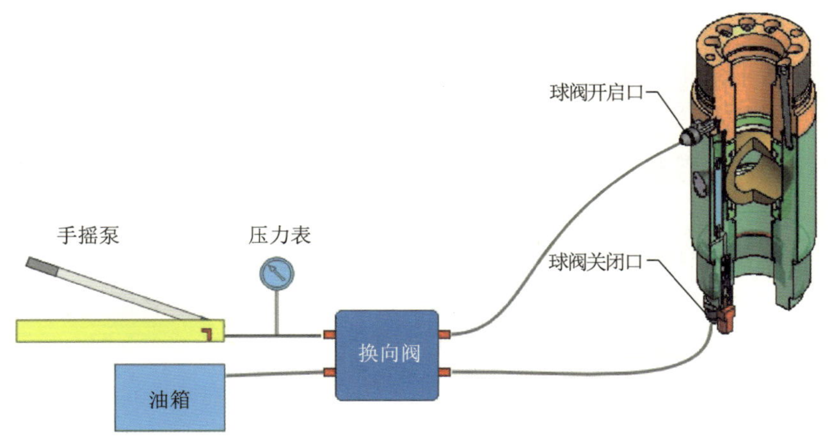

图 4-1-32　换向阀工作性能测试示意图

(3) 试验结果。

① 通过调节电机接入电源的正负极性,在 4 MPa 压力驱动下,能实现球阀的关闭和开启;

② 电机的开启电流为 360 mA。

2) 电控系统工作性能测试

(1) 试验目的。

安装电路板之前,测试电控系统的工作性能。

(2) 试验步骤。

① 将电控系统与电池组、温度传感器、压力传感器、霍尔到位传感器及二位三通阀连接好;

② 启动电控系统,自动检测各单元是否连接好并工作正常;

③ 人为触发霍尔到位传感器,电控系统自动记录温度、压力信号并向二位三通阀发出打开信号,测量输出电流并观察二位三通阀是否打开;

④ 将电控系统与安装有专用软件的笔记本电脑相连接,导出数据并分析整个控制过程是否正确。

(3) 试验结果。

能按预先设定,定时正确地记录温度、压力和霍尔到位等信号,并能驱动二位三通阀。

3) 压力记录检测

(1) 试验目的。

测试保压取样设备系统压力记录准确程度。

(2) 试验步骤。

① 通过保压舱外接压力表所反映的实际压力值与系统记录压力值的对比,检测系统记录压力值的精度;

② 从补压口给保压腔逐步加水压,记录压力表示数和系统压力值,并计算压力偏差值。

(3) 试验结果。

压力偏差值均不超过 0.5 MPa。

4.1.8 其他腔体保压、密封性测试

保压取样设备工具的其他腔体包括压力补偿腔和球阀的液压驱动腔,为了保证整体的工作性能,它们的抗压性能和密封性能也要达到要求。在整体装配前也要对压力补偿舱和液压驱动舱的性能进行测试。

1) 压力补偿舱抗压、密封试验

(1) 试验目的。

测试压力补偿舱的抗压、密封性能。

(2) 试验步骤。

① 将保压取样设备压力补偿舱按图 4-1-23 组装好;

② 用专用堵头将保压取样设备压力补偿舱各孔堵好;

③ 将压力补偿舱放入高压试验舱中;

④ 将电动加压泵通过管路与高压试验舱连接好,注意务必将空气排尽;

⑤ 启动电动加压泵往高压试验舱中充水,缓慢加压至 32 MPa;

⑥ 保持 32 MPa 稳压 30 min;

⑦ 泄放压力;

⑧ 取出压力补偿舱并拆卸,检查有无水渗漏进压力补偿舱充气腔。

(3) 试验结果。

各零件无变形,各密封处无水渗漏。

2) 液压驱动舱抗压、密封试验

(1) 试验目的。

测试球阀液压驱动舱的抗压、密封性能。

(2) 试验步骤。

① 将保压取样设备液压驱动舱按图 4-1-30 组装好;

② 用专用堵头将保压取样设备液压驱动舱各孔堵好;

③ 将液压驱动舱放入高压试验舱中;

④ 将电动加压泵通过管路与高压试验舱连接好,注意务必将空气排尽;

⑤ 启动电动加压泵往高压试验舱中充水,缓慢加压至 32 MPa;

⑥ 保持 32 MPa 稳压 30 min;

⑦ 泄放压力;

⑧ 取出液压驱动舱并拆卸,检查有无水渗漏进去。

(3) 试验结果。

各零件无变形,各密封处无水渗漏。

3) 压力补偿舱气密封试验

(1) 试验目的。

测试压力补偿舱的气密封性能。

(2) 试验步骤。

① 将保压取样设备压力补偿舱按图 4-1-33 组装好,拧紧接头Ⅱ的截止钉和堵头,同时拧紧接头Ⅰ的堵头和球阀上端堵头;

② 通过管路将保压取样设备压力补偿舱接头Ⅰ的充气口与高压气瓶连接好,向压力补偿舱内充气,充气压力为 0.2～0.3 MPa;

③ 压力补偿舱充好气,拧紧接头Ⅰ的截止钉后,拆掉与高压气瓶的连接管路;

④ 将充好气的压力补偿舱放入水箱中,观察各密封处是否有气泡溢出;

⑤ 卸下接头Ⅰ堵头(图 4-1-34),拧紧接头Ⅰ的截止钉和堵头;

⑥ 通过管路将压力补偿舱接头Ⅱ的充气口与高压气瓶连接好,向压力补偿舱内充气,充气压力为 0.2～0.3 MPa;

⑦ 压力补偿舱充好气,拧紧接头Ⅱ的截止钉后,拆掉与高压气瓶的连接管路;

⑧ 将充好气的压力补偿舱放入水箱中,观察各密封处是否有气泡溢出。

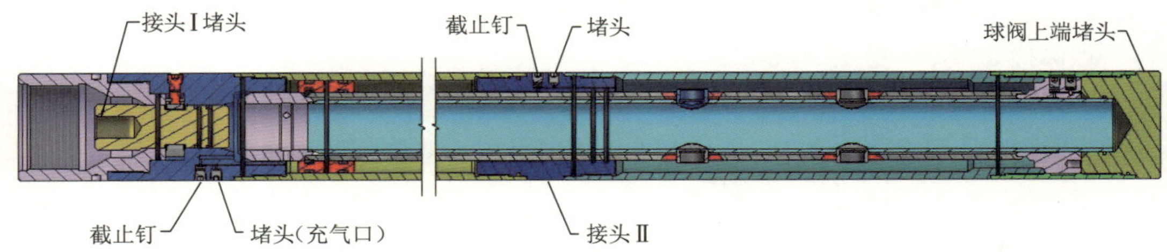

图 4-1-33　压力补偿舱整体气密封安装示意图

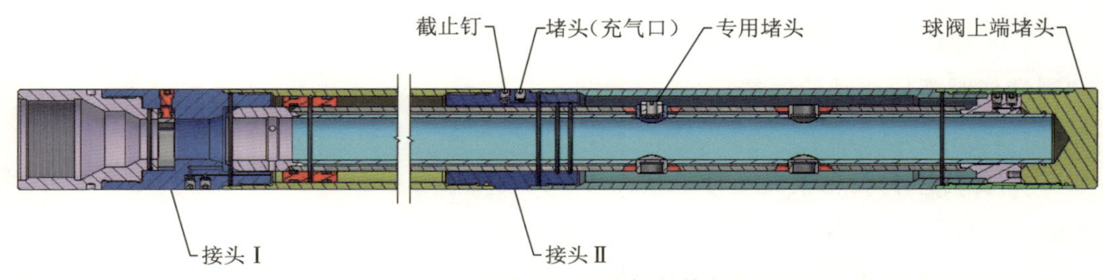

图 4-1-34　压力补偿舱充气腔气密封安装示意图

(3) 试验结果。

各密封处无气泡溢出。

4) 液压驱动舱气密封试验

(1) 试验目的。

测试液压驱动舱的气密封性能。

(2) 试验步骤。

① 将保压取样设备球阀液压驱动舱按图 4-1-35 组装好;

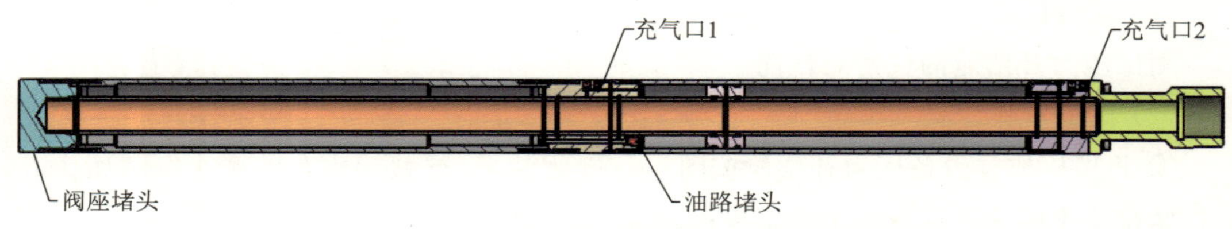

图 4-1-35　液压驱动舱气密封安装示意图

② 通过管路将保压取样设备球阀液压驱动舱充气口 1 与高压气瓶连接好,向液压驱动舱内充气,充气压力为 0.2～0.3 MPa;

③ 液压驱动舱充好气,用专用堵头密封后,拆掉与高压气瓶的连接管路;

④ 将充好气的球阀液压驱动舱放入水箱中，观察各密封处是否有气泡溢出；

⑤ 通过管路将球阀液压驱动舱充气口 2 与高压气瓶连接好，向压力补偿舱内充气，充气压力为 0.2～0.3 MPa，并重复步骤 ③ 和 ④。

（3）试验结果。

各密封处无气泡溢出。

4.1.9　保压取样样机整体抗外压试验

1）试验目的

保压取样样机的抗外压试验主要是检验样机的真空层段、补偿腔和控制段的外壁抗挤压情况。在设计保温保压筒时，为保温采用了双层管，并将双层中间抽成真空，因此需要检验双层管的抗外挤能力，以保证真空层的安全；为保持上提工具过程中保温保压筒内压力，设计了补偿腔，补偿腔内充少量的气体，在实际工作中也要承受外部的压力；控制阀门关闭的控制段内部装有控制板和电池，需要具有抗外压能力。因此，为了保证保压取样样机的安全，需要进行整体抗外压试验。

由于保压取样样机要在深水中作业，大约要承受 30 MPa 的外压，因此需要在高压试验舱中进行抗外压试验。经过调研，找到了为国外石油设备进行外压测试的专门公司，并对保压取样样机进行了第三方抗外压测试。

外压测试设备主要包括高压试验井筒（图 4-1-36）、高压密封盖（图 4-1-37）、吊装设备和远程控制系统（图 4-1-38）。整套设备可耐压 300 MPa，远程控制系统具有加压、记录压力变化和打印功能。

图 4-1-36　高压试验井筒

图 4-1-37　高压密封盖

2）试验过程

将保压取样样机置于高压试验井筒中进行抗外压测试。为保证安全，高压试验井筒整套装置在地下 2 m，耐压 300 MPa，高压密封盖和高压试验井筒用直径 45 mm 的大螺栓连接。测试时，将保压取样样机放入高压试验井筒内，为使保压取样样机悬于上端，在

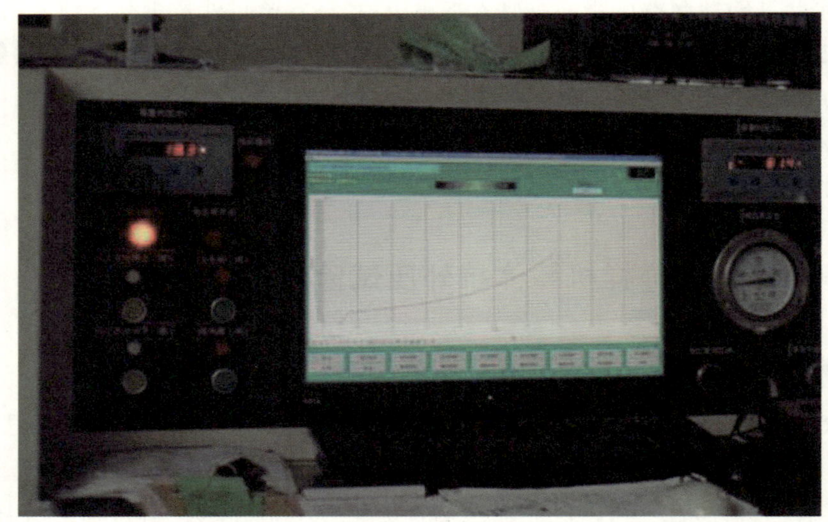

图 4-1-38 远程控制系统

保压取样样机上部加端盖，坐于高压试验井筒端部，在保压取样样机下部设支架和托盘，由吊装设备将高压密封盖与高压试验井筒连接，并用螺栓紧固。由远程控制系统控制注水泵往高压试验井筒中注入纯净水，压力 32 MPa，保压 15 min，同时由远程控制系统记录压力变化曲线，泄压后提出保压取样样机，观察测试过程中有无压力突变或者其外形有无变化。若保压取样样机不耐压，则产生压力突变或有明显的变形。

3）试验结果

保压取样样机外压测试曲线如图 4-1-39 所示。经过第三方抗 32 MPa 外压测试，保压测试过程中数据显示无压力突变，设备测试过程中也没有变形，并且其各功能部件也都工作正常，因此保压取样样机第三方抗外压测试合格。

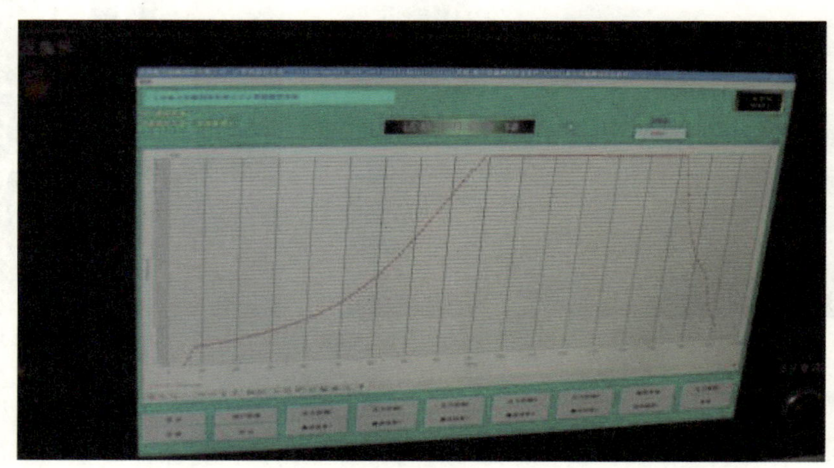

图 4-1-39 外压测试曲线

4.1.10　保压取样样机整体内压密封性测试

1）试验目的

测试保压取样样机整体内压密封性能。

2）试验过程

将保压取样样机内取芯管人为上提到位，实现上部密封后，将下部密封阀关闭，从泄压孔中向样机加压至 30 MPa（图 4-1-40），根据设计指标（4 h 内压力不低于原始压力的 80%）的要求，保压至少 4 h，其间开启压力记录系统（图 4-1-41），并在泄压孔处安装压力表，观测压力变化情况。

图 4-1-40　从泄压孔加压

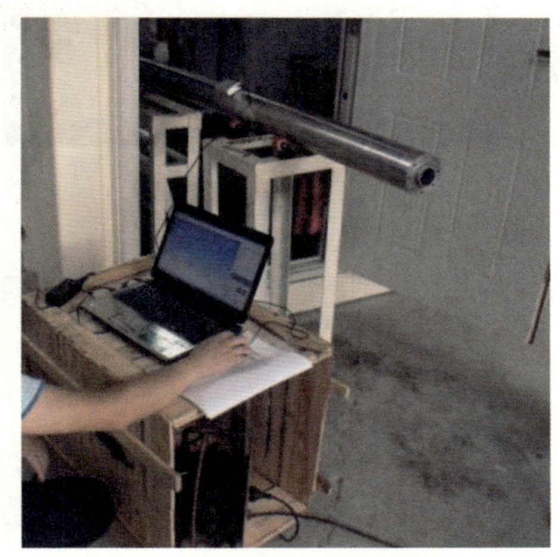

图 4-1-41　开启压力记录系统

3）试验结果

第一套保压取样样机第一次测试出现泄漏，泄压孔处有滴水，经过检测得知泄压孔的密封圈损坏，压力未能保持住；更换密封圈后继续测试，密封良好，测试压力 30 MPa，保压 4 h，压力基本不变，符合设计指标。第二套样机第一次测试将压力降低，压力 20 MPa，保压 4 h，压力基本不变，第二次将测试压力加到 30 MPa，球阀上端密封圈损坏，有滴水现象；更换密封圈后，进行第三次测试，压力 30 MPa，保压 4 h，压力基本没有变化。第三套、第四套和第五套样机都一次性测试合格，满足设计指标要求。

4.1.11　保温保压筒长时间耐压测试

1）试验目的

检测保温保压筒是否能达到 4 h 内压力不低于原始压力 80%的要求。

2）试验过程

对保温保压筒打内压 30 MPa（图 4-1-42），静置 4 h 以上，观察压力变化情况。

3）试验结果

22 h 后，压力降到 29 MPa（图 4-1-43），表明保温保压筒长时间耐压性能符合要求。

图 4-1-42 保温保压筒打内压 30 MPa

图 4-1-43 22 h 后保压情况

4.1.12 保温保压筒保温试验

1）试验目的

测试天然气水合物保温保压筒的保温性能。

2）试验步骤

① 将保温保压筒一端用丝堵密封，在另一端放入冰块，然后用丝堵密封；

② 在保温保压筒上确定 3 个测量点，分别位于两端丝堵和保温保压筒中间（图 4-1-44）；

③ 采用手持式测温仪每隔 20 min 对 3 个测量点进行温度测量，并记录数据；

④ 4 h 后打开丝堵，观测保温保压筒内冰块情况，并进行内外温度测量。

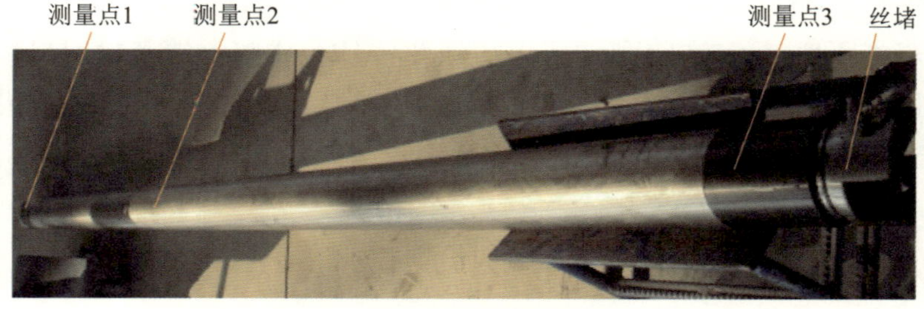

图 4-1-44 保温保压筒测量点

3）试验结果

试验前冰块温度为－3.7 ℃（图 4-1-45），试验后冰块温度为 0.1 ℃（图 4-1-46）；筒内初始温度为 19.3 ℃(图 4-1-47)；4 h 后保温保压筒内冰块情况如图 4-1-48、图 4-1-49 所示。

图 4-1-45　试验前冰块温度

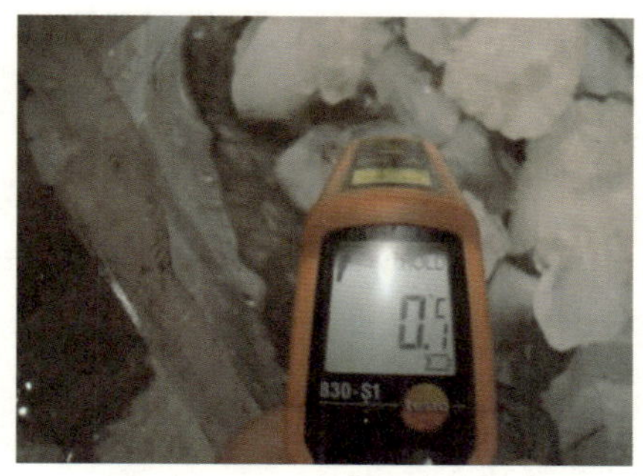

图 4-1-46　试验后冰块温度

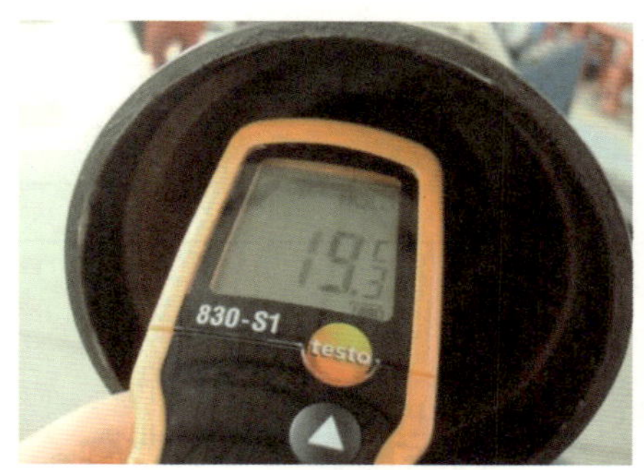

图 4-1-47　筒内初始温度

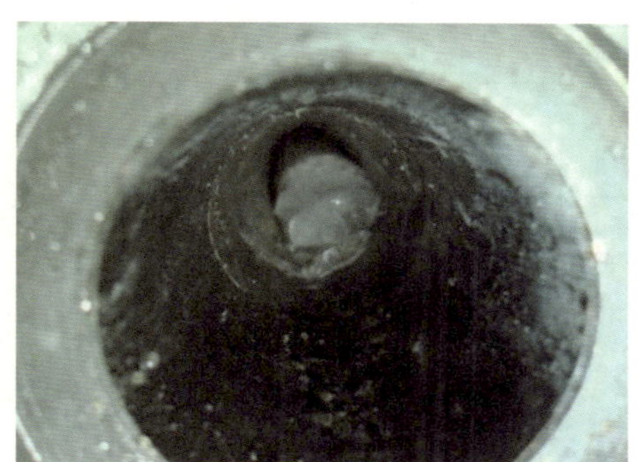

图 4-1-48　试验后筒内冰块

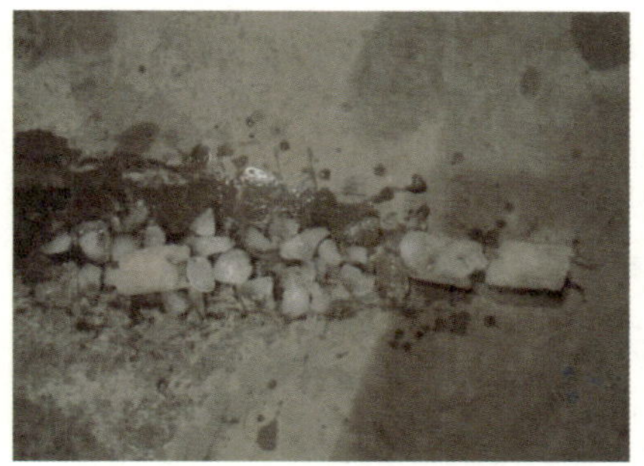

图 4-1-49　试验后冰块

4）试验结论

由天然气水合物保温保压筒保温实验数据(表 4-1-2、图 4-1-50)可以看出：

(1) 保温保压筒外侧温度基本与环境温度一致，而非保温保压筒外侧温度明显低于环境温度，保温保压筒有明显的保温效果；

(2) 4 h 后，保温保压筒内外温差最高达到 20 ℃，保温效果明显；

(3) 4 h 后，保温保压筒内还有大量冰块，冰块温度前后仅相差 3.8 ℃，满足 4 h 保持温度不高于原始温度 10 ℃的技术指标。

表 4-1-2 天然气水合物保温保压筒保温试验数据 单位：℃

时 间	测量点 1 温度	测量点 2 温度	测量点 3 温度	环境温度	非保温保压筒与冰接触温度
14:45	22.5	24.3	19.4	20.3	
15:05	21.8	22.3	19.9	21.1	
15:25	22.3	21.2	20.3	20.8	
15:45	22.5	20.8	20.5	20.2	
16:05	21.6	20.8	20.3	20.2	
16:25	21.2	20.2	20.2	20.1	
16:45	20.9	20.9	20.54	19.9	19.7
17:05	20.0	18.7	18.2	19.7	15.8
17:25	19.8	17.9	18.4	18.1	15.1
17:45	19.7	18.8	18.0	17.8	13.9
18:05	19.9	18.9	18.4	18.8	15.4
18:25	19.7	18.1	18.2	18.6	15.0
18:45	19.3	18.7	18.0	18.4	14.3
19:00	17.4	18.9	15.8	18.5	14.2

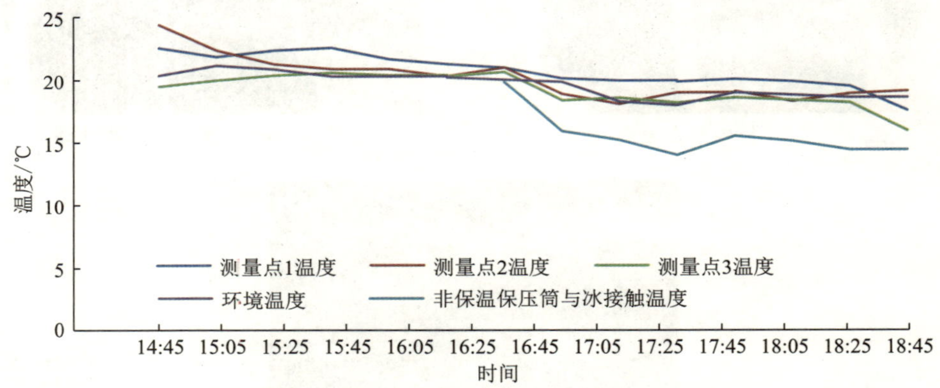

图 4-1-50 保温筒与非保温保压筒试验对比曲线

4.1.13 钻探取样样机整体功能性试验

1）钻探取样样机整体功能性试验

(1) 试验目的。

测试钻探取样样机的整机工作性能。

(2) 试验步骤。

① 检测设备状态：球阀锁紧环螺钉应右旋拧紧，球阀应处于打开状态。

② 启动电控系统后，控制系统自动检测各单元是否连接好且处于正常工作待机状态，设置霍尔方式触发，触发时间为 20 min（即在 20 min 内球阀不会自动关闭），设置温

度、压力记录间隔时间为 5 min。

③ 用自制拉杆将取芯管拉入保温保压腔内，并在 3 个限位滑动块处实现自动限位。

④ 通过接头 Ⅰ 处的压力补偿接口缓慢给保温保压腔注水至 32 MPa。

⑤ 步骤 ③ 和 ④ 务必在 20 min 内完成，完成后等待球阀自动关闭。

⑥ 20 min 后球阀自动关闭，此时保压腔处于保压状态。保压观察 4 h，并每隔 20 min 记录 1 次压力。

⑦ 通过计算观察，在整个保压过程中，控制系统应每隔 5 min 自动做 1 次记录，包括温度、压力信号和记录时间。

⑧ 保温保压筒释放压力后，释放驱动腔初始气压，从球阀开启口充入气压，检查球阀能否正常打开，开启通径能否通过 ϕ40 mm 取芯管，充气气压不大于 4 MPa。

(3) 试验结果。

① 在霍尔到位传感器的触发下球阀能实现自动关闭；

② 给保温保压腔注水后，4 h 内压降不得高于 1 MPa；

③ 在保温保压期间，系统能定时记录温度、压力信号；

④ 球阀开启口充入不大于 4 MPa 气压后球阀能可靠打开，且开启通径能顺利通过取芯管。

2) 钻探取样样机整体试验井筒内功能性试验

(1) 试验目的。

检验保压工具、非保压工具的尺寸配合与各项功能的实现情况，尤其是球阀和板阀的关闭实施情况。

(2) 设备及工具准备。

试验设备：钻井试验台架、试验钻机、F-800 钻井泵、单泵。

试验介质：清水。

试验工具(图 4-1-51)包括：

① 非保压取样工具 2 种，分别适用于软沉积岩和硬沉积岩；

② 非干扰绳索式保压球阀结构取样工具；

③ 非干扰绳索式保压板阀结构取样工具；

④ 钻进与取样转换工具，带有小钻头；

⑤ 一节配套的大尺寸钻杆(520 螺纹)，及外筒、取芯钻头等。

(3) 试验内容。

① 检验 2 种非保压取样工具。

放入和提出自由，尺寸配合良好。

② 检验带有小钻头的钻进与取样转换工具。

放入和提出自由，尺寸配合良好，尤其是钻头处的配合。

③ 检验绳索式保压球阀结构取样工具。

提前设置好球阀的关闭方式，放入和提出自由，尺寸配合良好，加压实现剪销，打捞上

图 4-1-51　整体功能性试验工具

提,观察球阀关闭情况。

④ 检验绳索式保压板阀结构取样工具。

放入和提出自由,尺寸配合良好。

(4) 试验过程。

① 非保压取样工具和钻进与取样转换工具。

将连接好的适于软沉积岩的非保压取样工具放入外筒内(图 4-1-52),提起外筒组合,观察伸出的岩芯管,给岩芯管加压,观察岩芯管是否上行,检验弹卡弹出情况。

图 4-1-52　下入适于软沉积岩的非保压取样工具

将连接好的适于硬沉积岩的非保压取样工具放入外筒内,提起外筒组合,观察岩芯管与取样钻头的配合情况,给岩芯管加压,观察岩芯管是否上行,检验弹卡弹出情况。

将连接好的钻进与取样转换工具放入外筒内,提起外筒组合,观察小钻头与取样钻头的配合情况,如图 4-1-53 所示。

图 4-1-53　钻头塞与钻头配合情况

② 非干扰绳索式球阀结构取样工具。

首先在地面上将保温保压筒设置为霍尔触发关闭球阀、液压打开球阀，将拉杆与取芯筒上端的活塞连接好，将保温保压筒上接头与过渡接头连接好，将球阀下的液压驱动腔接头和螺旋管连接好；将上述组合放入外筒内，在差动机构下边用安全卡瓦卡住外筒，查看螺旋管伸出情况，并在差动结构上面施压，剪断销钉，打捞内筒组合，观察拉杆差动情况，继续上提拉出内筒组合（图 4-1-54），放于地面上，观察球阀关闭情况。

图 4-1-54　上提拉出内筒组合

③ 非干扰绳索式板阀结构取样工具。

在差动机构下边用安全卡瓦卡住，将组合好的内筒组合放入外筒内，提起外筒组合，观察螺旋管与取芯钻头的配合情况，如图 4-1-55 所示。

图 4-1-55　非干扰绳索式螺旋管正常伸出钻头

（5）试验结论。

① 非保压伸出式取样工具与外筒配合良好；

② 非保压硬岩取样工具接头长度尺寸由于加工问题，需要改进；

③ 带钻头塞的钻进与取样转换工具与外筒配合良好；

④ 打捞工具打捞功能良好；

⑤ 非干扰绳索式球阀取样工具与外筒配合良好，加压后，差动机构工作正常，剪销成功剪断，提出内筒后，球阀正常关闭；

⑥ 非干扰绳索式板阀取样工具螺旋管上端外径存在问题，修改后，与外筒配合良好。

4.1.14　保压取样样机深水模拟试验

1）试验目的

测试保压取样样机整机模拟在深水环境下的工作性能。

2）试验步骤

（1）检测设备状态：球阀锁紧环螺钉应右旋拧紧，球阀应处于打开状态。

（2）启动电控系统，自动检测各单元是否连接好并处于正常工作待机状态，设置霍尔方式触发，设置温度、压力记录开始时间为 5～60 min 之后。

（3）按图 4-1-56 在试样底端装上撑杆、支架后，将其放置于高压试验舱内并通过紧固螺钉调整至高压试验舱中心位置，以便后面安装拉杆。

（4）将拉杆穿过端盖后旋入螺纹接头并拧紧，另一端穿入舱盖孔，然后安装好高压试验舱盖，最后装配舱盖上面的拉杆机构。

（5）通过手摇泵给拉杆机构上端活塞腔内注满水（注意排气）后锁住手摇泵开关。

（6）缓慢给高压试验舱加水压至 32 MPa（注意排气），保压 5 min。试验中由于注水泵原因，仅加压到 15 MPa。

（7）通过手摇泵开关缓慢释放活塞上端水压的方式或通过手动方式将取芯管上拉至

限位口。

(8) 缓慢泄放高压试验舱水压，取出试样，30 min 后通过外接压力表或计算机记录观察腔内压力值。

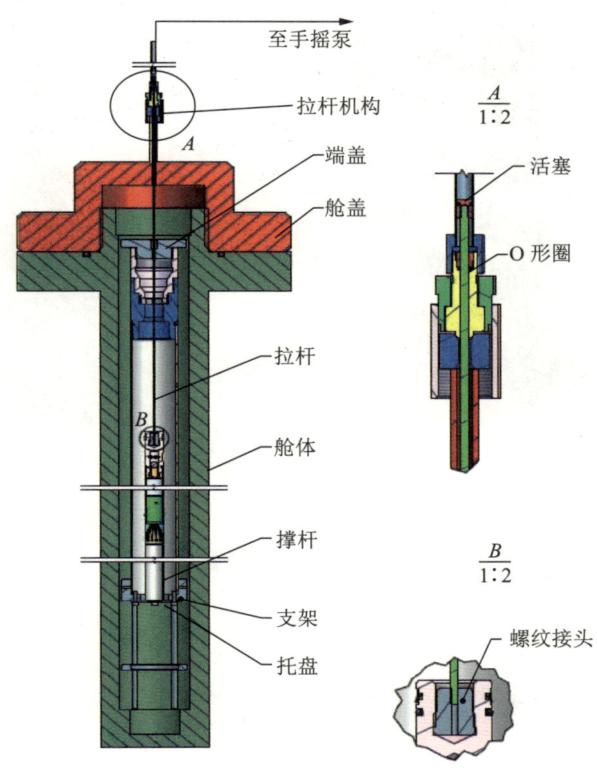

图 4-1-56　保压取样设备整机深海模拟测试示意图

3) 试验结果

(1) 30 min 内，补偿压力腔内压降为 0.6 MPa；

(2) 保压期间系统能定时记录温度、压力信号。

4.1.15　大通径密封板阀密封性试验

为增大取样直径，设计了一种弯月形密封板阀，在取样工具外径为 97 mm 的情况下，板阀通径能够达到 60 mm，如图 4-1-57 所示。为验证它的密封性能，对试验件进行了密封性试验，如图 4-1-58 所示。

1) 试验目的

(1) 测试锥形板阀座与弯月形阀芯密封能力；

(2) 检验挠性定位键承载后的可拆卸性能；

(3) 检验各道螺纹上 O 形密封圈的密封性能。

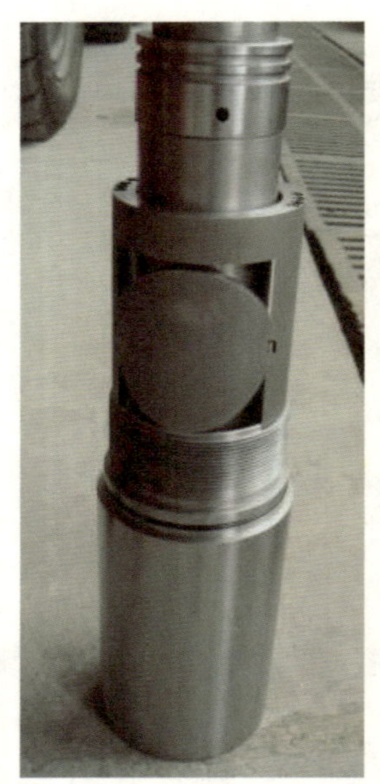
图 4-1-57 大通径密封板阀

图 4-1-58 密封性试验情况

2）试验步骤

（1）组装工具，关闭大通径密封板阀，安装挠性定位键到位；

（2）向密封腔内灌注淡水；

（3）连接高压管线；

（4）将工具固定并启动高压泵，进行密封性测试。

3）试验结果

第一次加压试验：启动高压泵，泵压升高至 14 MPa 以后，泵压上升减缓，停泵后检查工具，发现工装接头密封圈刺漏。更换密封圈后进行第二次加压试验。

第二次加压试验：启动高压泵，5 min 时压力升高至 16 MPa，停泵后压力显示为 13.8 MPa；17 min 后压力降至 12.5 MPa，如图 4-1-59 所示；维持此压力 13 min，压力不变后结束试验。

图 4-1-59 压力稳定后情况

4）试验结论

（1）锥形板阀座与弯月形阀芯密封性能达到设计最低压力要求；

（2）各道螺纹上的 O 形密封圈的密封性能达到设计要求；

（3）拆卸工具时挠性定位键承载后的可拆卸性能达到设计要求（设计挠性定位键拆卸时的拉力不超过挠性定位键的抗拉强度）。

4.2　海上功能性海试

4.2.1　保压取样样机配合海洋石油 708 船海试

1）海试目的

（1）与海洋石油 708 船(图 4-2-1)进行设备对接；

（2）进行取样工艺的检验、可操作性检验；

（3）试验取样工具对软泥的适应性。

图 4-2-1　海洋石油 708 船

2）海试方法

利用海洋石油 708 船的钻井作业模式进行海试。船用动力定位，在合适的水深，不用隔水管，可用基座，按正常深水取样方式进行试验。

3）海试时间

2014 年 7 月 17 日离港避“威马逊”台风，19 日发现船上的机械手被风刮下摔坏，20 日回到深圳招商码头，20—24 日维修设备，25 日离港进行取样试验。

4）海试地点

珠江口大万山岛西南 6 000 m。

5）取样工艺设计

主要针对现场的实际情况和取样设备试验的要求进行现场工艺设计。先组织现场技术人员对方案提出意见，再根据现场制定切实可行的具体实施措施。试验计划分成以下 5 步进行：

（1）保压取样模式试验(含井口剪销试验)；

（2）非保压软岩取样模式试验；

（3）继续进行保压取样模式试验；

（4）钻进模式试验；

（5）非保压硬岩取样模式试验。

试验中因取样海底地层非常软，钻进模式和非保压硬岩模式没有按计划实施。

6）取样设备与708船的对接试验

（1）钻具内径（主要包括钻杆、钻铤等内径）的检验与测试。经过测量，钻杆、钻铤等通径能够达到设计要求，满足保压取样器下入的需要。

（2）钻具连接螺纹的确定，主要是为了确定保压取样样机的连接螺纹能与钻杆或钻铤连接。经过现场试验，钻具连接螺纹满足要求。

（3）打捞系统与钢丝绳固定头的连接，主要是为了确保打捞系统能够连接船上的绞车钢丝绳。经过现场试验，打捞系统的连接头能够与船上的钢丝绳固定头相连接（图4-2-2），可以保证取样样机的上提、下入。

图 4-2-2 打捞系统与钢丝绳固定头连接

7）井口试验

（1）下部钻具连接试验。

取样样机的外筒能够与船上的钻杆连接，可以满足试验要求。

（2）取样工具起吊。

起吊中发现的问题：由于船上要求从顶驱中间通过取样工具，因此需要对708船钻塔空间高度与取样工具长度进行精确计算。

打捞装置需要增加转向结构以方便操作。

（3）取样工具下入。

取样工具下入中发现的问题：顶驱配合接头内径不能通过保压取样工具最大尺寸，但打捞装置能通过，原因是顶驱内部原钻井液凝固导致通径变小，海试结束，经船上人员清理后能够通过规定的通径规，当时启用了第二套方案，保压取样工具从井口下入（图4-2-3），并在井口试验了打捞装置的解锁及与绞车的配合，井口试验中每次解锁、打捞都成功。

（4）井口钻具施压剪销钉试验。

将外筒及钻头坐于井口，将保压取样工具用气吊车送入外筒内，接钻杆，提起钻杆，差动机构拉开，将卡瓦卡在差动机构的下面，下放顶驱，差动机构合并，剪断销钉，达到设计要求。

图 4-2-3　用打捞工具从井口下入保压取样工具

(5) 井口液压剪销钉试验。

试验中泵开到 110 冲，排量约 10 L/s，泵压仅 0.3 MPa。

试验结果：采用液压不能剪断销钉，主要是由于工具设计时未采用全密封，泵排量小，无法达到所需压力。

(6) 井口打捞装置释放、解锁试验。

打捞装置从顶驱上端下入，与保压取样工具对接，进行上提、释放和解锁试验。反复试验 3 次，一切正常。

8) 保压取样工具第一次试验

下入保压取样工具：接钻杆并将外筒总成带保压取样工具下入海底，进行取样作业。

取样：下放钻具 0.9 m，开泵 20 冲，排量约 2 L/s，继续下放钻具 2 m，灵敏表摆动，但钻压不变，开始打捞。

打捞：打捞一次成功，从井口卸开钻具，提出取样工具，如图 4-2-4 所示。

试验结果：板阀关闭，伸出的螺旋管下端外面有泥巴，但取芯管下面的岩芯爪没有软泥；检测压力情况可知，由于水浅，压力小，压力表无显示，如图 4-2-5 所示。

图 4-2-4　保压取样工具出井口

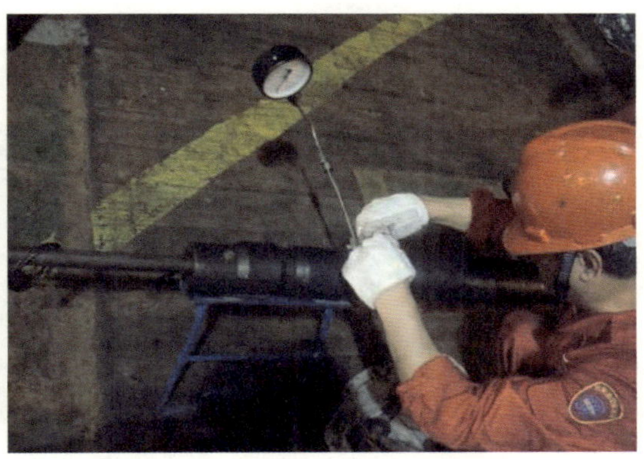

图 4-2-5　现场压力测试

9）非保压取样工具试验

取样工具下入方式：井口释放，取样工具自由下落。

取样：下放钻具 1.4 m，开泵 20 冲，排量约 2 L/s，继续下放钻具 3 m，灵敏表摆动，但钻压不变。

打捞：顺利下入打捞装置，打捞一次成功，井口卸开钻具，提出取样工具。提出的非保压取样工具如图 4-2-6 所示。

试验结果：取出软泥岩样，因为船随波浪上下波动，取芯筒中一段水一段泥，如图 4-2-7 所示。

图 4-2-6　非保压取样工具

图 4-2-7　取得的非保压样品

10）保压取样工具第二次试验

下入保压取样工具：采用绳索送入的方法，送入工具到底后下入释放工具，释放、回收打捞装置均成功。

取样：下放钻具 0.9 m，开泵 100 冲，排量约 10 L/s，泵压只有 0.4 MPa，达不到剪断销钉的泵压，继续下放钻具 3 m，灵敏表摆动，但悬重几乎不变，形不成钻压，达不到剪断销钉的压力，停止取样作业。

打捞：打捞一次成功，井口卸开钻具，提出取样工具，销钉未断。

试验结果：销钉未被剪断，板阀未关闭，但筒内有少量岩样，如图 4-2-8 所示。

图 4-2-8　取得的保压样品

11）试验中存在的问题及原因

（1）取得样品较少。

原因是基座未下到海底，每次试验都是新孔，泥线位置不准确，而且船的漂移距离比取样长度长，是否工具问题还有待进一步试验。

（2）加压式取样方式在软泥取样中可能形不成钻压，难以剪销。

由于这次试验水深、地层、作业方式等都与水合物赋存区域不符，并且仅在淤泥层中进行了取样，地层不满足承载力要求，具有偶然性，加压剪销结构方式还有待进一步试验。

（3）取样工具不能通过顶驱。

原因是顶驱内部原钻井液凝固，导致通径变小，海试结束后，经船上人员清理后，能够通过 ϕ102 mm 通径规，满足下入要求。

（4）打捞装置缺少防碰保护套。

为防止上提过程中打捞装置的卡块受碰解锁而造成人员和设备的不安全，改进中已经加装防碰保护套，打捞矛头也能够小幅转动，保证工具在起吊过程中，由水平向竖直方向运动时不会自动解锁，使操作更加安全、可靠。

（5）取样工具的岩芯爪有阻碍作用。

已经设计了更适合软泥的岩芯爪。

（6）保压工具的螺旋管作用不大。

根据试验情况，螺旋管在内管不旋转而只靠下压取海底软泥的情况下作用不大，因此在后期改进中改为直管。

（7）液压剪断销钉未能实现。

原因是工具设计时主要以钻具加压剪断销钉，临时变动为液压剪断销钉结构，工具与外筒未完全封闭，而且船上泵排量小、压力低。

（8）取芯钻头水眼小，可能易堵。

需要改进钻头，增大水眼和通径。

（9）释放套两端开口为直口，开口尺寸窄，不便放绳。

已经改为斜口并增大了开口尺寸。

12）试验结论

这次海试主要是与 708 船进行适应性对接试验以及取样试验，通过对接发现了上述问题，分析了原因，并明确了工具的改进方向；同时通过取样工具的取样试验也获得了极软的海洋地表岩样，并且根据现场试验设计出适应 708 船的具体作业措施。因此，该次试验达到了预期的目的。

4.2.2　保压取样样机配合“奋斗五号”钻探船海试

1）海试目的

（1）利用“奋斗五号”钻探船（图 4-2-9）再次检验保压与非保压取样设备在浅层取样

的适应性；

(2) 检验保压取样样机与“奋斗五号”钻探船的适配性。

图 4-2-9 “奋斗五号”钻探船

2) 海试方法

利用奋斗五号钻探船的钻井作业模式进行海试。船用锚固定，在合适的浅水，不用隔水管，按正常浅层取样方式进行试验。

3) 海试时间

2014 年 10 月 3—20 日。

4) 海试地点

北部湾海域的两个站位。

站位 1：位于涠洲岛西南 30 nmile(1 nmile=1 852 m)，水深 30 m。

站位 2：位于海口西 30 nmile，水深 60 m。

5) 海试方案制订

在开始试验前，胜利油田钻井工艺研究院与广州海洋地质调查局预先制订了试验方案，主要针对取样设备的几种工作模式逐个进行试验，具体的操作措施根据现场的实际情况进行工艺设计。

(1) 对接试验：一是打捞设备与船上的钢丝绳进行对接；二是工具总成与钻铤螺纹进行对接。

(2) 取样试验：对不同工具在海底进行真实情况下的取样试验。

6) 海试工艺设计

主要针对现场的实际情况和取样设备试验的要求进行现场工艺设计。

站位 1 主要进行钻进模式、非保压软岩取样模式、板阀保压取样模式、非保压硬岩取样模式的试验。

站位 2 主要试验球阀保压取样模式。

7）对接试验

工具总成与钻铤螺纹的对接、打捞设备与钢丝绳固定头的连接顺利。

8）站位 1 试验

2014 年 10 月 7 日上午 9 时在站位 1 开始试验，水深 28.8 m，对非保压、钻进和保压 3 种模式进行了试验。

(1) 第一次自由下入非保压软岩取芯筒，未开泵，下压 1.53 m，下打捞器打捞顺利，获取岩样 1.5 m，为软泥，如图 4-2-10 所示。

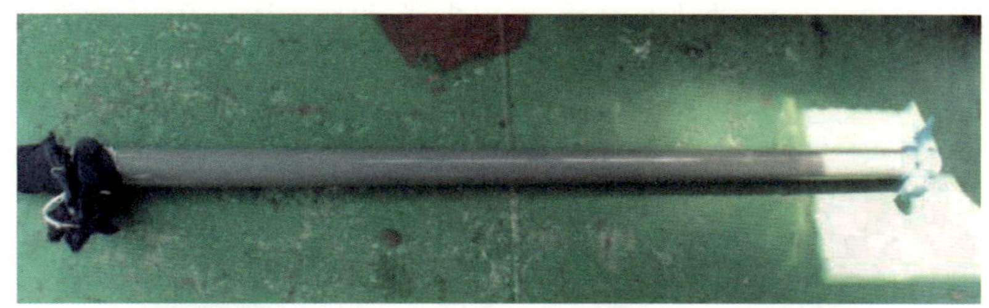

图 4-2-10　非保压岩样

(2) 接着进行第二次非保压软岩取芯筒试验。旋转钻入 2.53 m，开泵，使用海水，下打捞器打捞顺利，获取岩样 1.8 m，软泥样品上面是海水。

(3) 进行钻进模式取样工具试验。为了实现间隔取样，在取样之间的井眼采用钻进的方法把岩土钻掉，也称为扫孔。用绳索送入钻进工具，顺利解卡，接短钻杆，钻进 9 m 到硬黏土层，停止钻进，在钻进期间泵入钻井液，回收钻进工具，进行保压工具试验，如图 4-2-11 所示。

图 4-2-11　钻进后的小钻头

(4) 进行第一次板阀保压取样工具试验。取样工具下面接螺旋管，用绳索送入工具，顺利解卡，下压 1 m，下工具打捞，销钉剪断正常(图 4-2-12)，板阀关闭正常，抽出取芯管的岩芯爪处有少量泥土，螺旋管下端被泥堵住(图 4-2-13)。

图 4-2-12　剪销差动正常

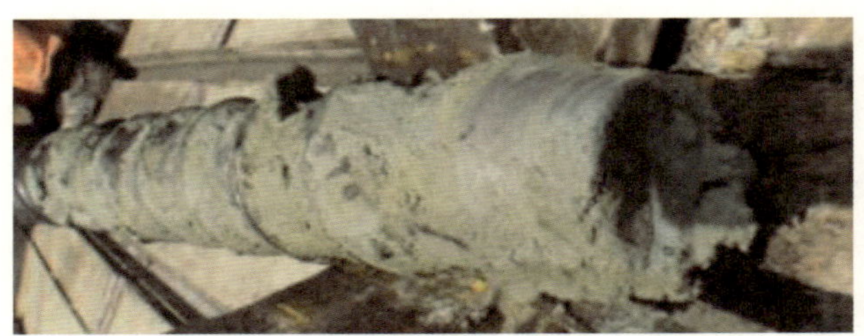

图 4-2-13 螺旋管下端被泥堵住

(5) 进行第二次板阀保压取样工具试验。取样工具下面接直管和小钻头，用绳索送入工具，顺利解卡，下压 1 m，下工具打捞，剪销正常，板阀关闭正常，直管外面约有 0.5 m 高的泥，抽出取芯管内无岩样，小钻头被泥堵住(图 4-2-14)。

图 4-2-14 直管和小钻头被泥堵住

(6) 进行第一次非保压硬岩取样工具试验。岩芯管为钢管内加衬管。用绳索送入工具，顺利解卡，开始扫孔 1 m，钻进 1 m，钻进困难，下工具打捞，提出后发现岩芯管两端全满，岩芯长 2.6 m，如图 4-2-15、图 4-2-16 所示。

图 4-2-15 带岩样的岩芯管

图 4-2-16 岩芯爪处的岩样

(7) 进行第二次非保压硬岩取样工具试验。岩芯管为铝合金管，主要检验铝合金管的重量能否使打捞正常。用绳索送入工具，顺利解卡，钻进 1 m，钻进困难，下工具打捞，提不出，下解卡工具，提出钢丝绳，起出全部钻具，经过多次提动，最后解锁，提出岩芯管，发现两端全满，岩芯长 2.6 m。

9) 站位 2 试验

(1) 进行球阀保压取样工具试验。采用绳索送入，顺利解卡，连接钻具，开泵，下压钻具 1 m，卸钻具打捞，剪销正常，球阀关闭，从上端接头卸开，抽出岩芯管，岩芯爪处堆满岩芯，岩芯长 0.5 m，岩性为泥岩，岩芯管上端的两个 O 形圈脱落到磁环位置，如图 4-2-17、图 4-2-18 所示。

图 4-2-17　球阀取样工具提出后螺旋管被泥包裹

图 4-2-18　筒内被泥堵满

(2) 进行板阀保压取样工具试验。开泵，扫孔 1 m，卸开钻具，采用绳索送入，顺利解锁，连接钻具，开泵，下压钻具 1 m，卸钻具，下工具打捞，将板阀取样工具提出，卸开上接头，抽出岩芯管，发现岩芯管与内管接头的卡扣脱扣，内管未被带起来，板阀未关闭，岩芯长 0.3 m，岩芯爪采用的是硬岩式，岩样为砂岩，掉芯。

10) 存在问题及原因

(1) 堵芯。

堵芯原因为岩芯管上端排水孔小，工具入泥速度快，排水不及时，管内压力大，岩样难以进入。试验中增加排水孔后堵芯问题减轻。

(2) 非保压硬岩取样工具进尺少、岩样长。

原因是扫孔时泵排量小，岩屑进入筒内，形成岩样。

(3) 取芯管钻鞋偏厚。

已经改薄，减小入泥阻力。

(4) 保压筒上部卡块卡住岩芯管。

原因是上提岩芯管时瞬间冲击力大，导致卡块变形。

(5) 岩芯管与内管接头的卡扣脱扣。

原因是卡扣的宽度不够，卡扣的弹性和强度需要进一步改进。

11) 试验结论

这次海试对每种工具和结构都进行了全面试验，发现了上述问题，为今后的改进提供了基础数据。

4.3 取样工具改进

4.3.1 取样工具改进设计

结合“奋斗五号”钻探船的海试情况，对存在的问题进行了改进，特别是对作业方式进行了大的改变，中海油服已经在水深 1 700 余米进行过作业，使用的取样工具采用冲击式作业方式，取出了较好的岩样。根据中海油服的取样经验，深海岩性软，钻头很难吃压，而且加压影响岩样的质量，因此对工具进行了大幅度的修改，作业方式由原来的机械加压剪销改为液压冲击剪销，取样工具增加了密封机构，底部钻具组合(BHA)增加了密封段，钻头内孔直径由原来的 76 mm 增大到 94 mm，但不能保留原来的硬岩取样模式，即利用大钻头获得岩样。新设计出的适应海底软地层液压冲击式保压取样工具如图 4-3-1 所示。在原有外筒上增加了密封段，使内外筒完全密封，利用液压剪断销钉，使岩芯管冲击进入地层，在打捞过程中使岩芯管与保温保压筒两次差动实现保压取样作业。为实现外筒共用，对非保压工具、钻进工具和钻头等都进行了相应的改进，形成冲击和旋转两种工作方式下的 7 种工具。

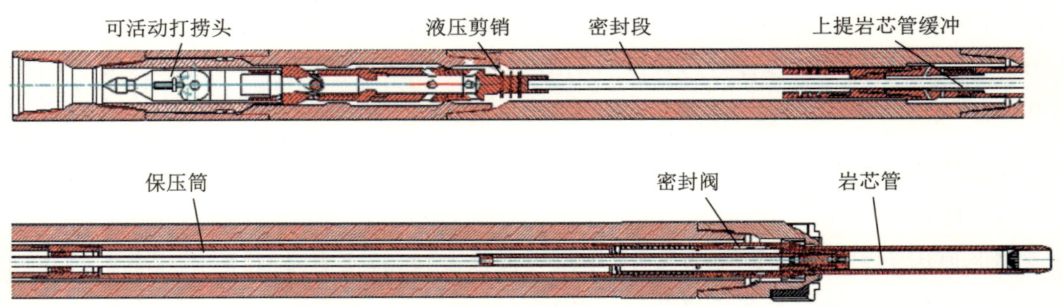

图 4-3-1 液压冲击式保压取样工具示意图

4.3.2　改进后取样工具室内功能性试验

1）试验目的

检验冲击取样工具的密封、尺寸配合与各项功能的实现情况，尤其是保压取样工具的实施情况。

2）设备及工具准备

（1）设备：9⅝ in 试验井筒（图 4-3-2）、钻井泵。

（2）介质：清水。

（3）组装好的工具（图 4-3-3）：

① 非保压冲击式取样工具；

② 保压冲击式取样工具；

③ 保压旋转式取样工具；

④ 底部钻具组合（图 4-3-4）。

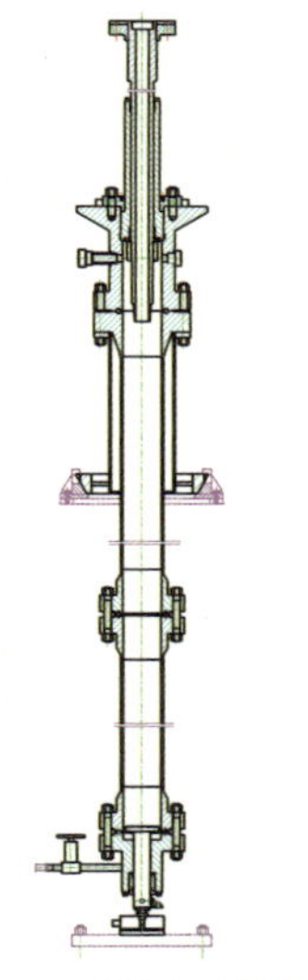

图 4-3-2　9⅝ in 试验井筒

图 4-3-3　组装好的工具

3）试验内容

（1）2 种密封圈的密封情况；

（2）在同一底部钻具组合下适用非保压冲击式取样工具、保压冲击式取样工具、保压旋转式取样工具及钻进工具；

（3）各种取样工具的功能实现情况；

（4）确定各种剪销的剪断力。

4）试验过程

2014 年 12 月 30 日，组装非保压冲击式取样工具 2 套、保压旋转式取样工具 2 套、板阀保压冲击式取样工具 1 套、钻进模式工具 2 套。

2015 年 1 月 19 日开始进行室内试验，首先将底部钻具组合(BHA)＋钻头接头＋模拟井筒(外径 210 mm，内径 190 mm，长 1 500 mm，作为冲击工具的下行空间，底部密封)放入 9⅝ in 试验井筒内，用安全卡瓦卡紧并坐于 9⅝ in 试验井筒上。

(1) 非保压冲击式取样工具试验。

① 在地面将非保压冲击式取样工具吊起并放入外筒组合内，送到坐封台肩，用释放机构对工具进行释放，提出送入工具(图 4-3-5)，连接循环系统。

图 4-3-4　底部钻具组合

图 4-3-5　送入工具

② 利用小型气泵(图 4-3-6)打压到 3.2 MPa，泵压不再升高，并听到有水滴声时停泵，卸循环系统，用打捞工具将取样工具提出，检查销钉未被剪断(图 4-3-7)，销钉直径为 6 mm，变形，并很难从剪销孔中退出。

图 4-3-6　小型气泵

图 4-3-7　6 mm 销钉未被剪断

③ 2015 年 1 月 20 日继续对非保压冲击式取样工具进行试验，销钉直径 8 mm，钢体台肩直径 98 mm。利用钻井泵(图 4-3-8)进行试验，开始用小排量，当泵压增大到

1.42 MPa 时压力降到 0.9 MPa，接着泵压上升，排量增大，直到 30 L/s，泵压达到 7 MPa 时停泵。卸循环系统，用打捞工具将取样工具提出，检查销钉已断，但 Y 形密封圈丢失。

图 4-3-8　钻井泵

④ 2015 年 1 月 29 日对部分台肩结构改进后的非保压冲击式取样工具进行 2 次试验。

第一次采用 M8 双头螺栓作为销钉，钢级为 8.8 级，采用组合式密封圈，靠工具自重不能到达密封位置，开小排量，压力增大到 0.2～0.3 MPa 时听见响声，再增大排量，泵压随之升高，停泵，提出工具，销钉已断。

第二次采用 M10 双头螺栓作为销钉，钢级为 8.8 级，组合式密封圈未更换，靠工具自重不能到达密封位置，开小排量，压力增大到 0.6 MPa 时听见响声，增大排量到 5 L/s，泵压达到 8 MPa 时停泵，提出工具，销钉未断。

通过这 2 次试验发现，增加排量后泵压升高，分析外筒组合有泄漏，于是在 2015 年 1 月 30 日对外筒组合进行检查，发现在差动装置处未装密封圈，加装 2 道 Y 形密封圈后再次下入试验井筒，用安全卡瓦卡牢固。同时在模拟井筒内添加泥沙，当冲击式工具冲击到底时取芯筒进入泥沙，在试验时能明显看出取芯筒到位的程度。

⑤ 2015 年 1 月 30 日下午继续进行试验，仍是非保压冲击式取样工具，采用 M10 双头螺栓作为销钉，钢级为 8.8 级，组合式密封圈未更换，靠工具自重不能到达密封位置，开小排量，压力增大到 0.5 MPa 时听见响声，继续开泵，泵压不再增大，分析认为销钉已断，停泵，提出工具，销钉已断。经过分析认为，该销钉断是由于坐封台肩到位后将销钉颤断，并不是液压所致。

(2) 保压(板阀)旋转式取样工具试验。

2015 年 1 月 22 日，试验保压(板阀)旋转式取样工具，步骤如下：

① 在地面将保压(板阀)旋转式取样工具吊起并放入外筒组合内，送到坐封台肩，用释放机构释放工具，提出放入工具，连接循环系统。

② 利用钻井泵进行试验，开始用小排量，当排量为 4.6 L/s，泵压增大到 5.3 MPa 时，压力突然降到 0.4 MPa，继续循环压力不变，停泵。销钉直径为 3 mm，承压面直径为

45 mm。

③ 用打捞工具送入释放与回收良好，销钉被剪断，差动实现，板阀关闭，提出工具过程中拉杆弯曲。

(3) 保压(板阀)冲击式取样工具试验。

2015 年 1 月 30 日，试验保压(板阀)冲击式取样工具，采用 M10 双头螺栓作为销钉，钢级为 8.8 级，压机试验剪断力为 62 kN，计算泵压为 8.799 MPa，密封圈为单个 Y 形密封圈，靠工具自重到达密封位置，开小排量，压力增大到 8.9 MPa 后突然下降到 0.1 MPa，与计算所需泵压一致，分析认为销钉已断，停泵，提出工具，差动实现(图 4-3-9)，板阀关闭。

图 4-3-9 销钉被剪断后实现差动

5) 试验结果

(1) 采用单个密封圈，压力剪销明显，板阀关闭正常，冲击工具能够实现保压；

(2) 选定的剪销实际剪断力与计算值相符；

(3) 几个过渡台肩不适应起下的需要，已修改合适；

(4) 确定了刚体密封间隙。

6) 结 论

通过 2 周多次的液力冲击试验，达到了试验目的，证明改进后的工具能够实现保压取样的功能。

(1) 试验最后取得成功在于冲击取样工具能够自动到达外筒密封点，冲击后差动机构工作正常，2 个关键机构的成功保证了保压功能的实现；

(2) 保压(球阀)取样工具部件正在进行修改，完成后再进行室内试验。

4.3.3　改进后取样工具海上功能性试验

1）海试目的

（1）检验各种取样工具、底部钻具组合和取芯钻头与 708 船钻具的适配性；

（2）检验取样工具保压机构的实现情况与工具的取样情况；

（3）通过实际海试取样，对取样工艺和 708 船与取样工具配套的适应性进行一次检验，并对试验结果进行总结、分析，完善工具功能，提高工具可靠性，为目标区的试验奠定基础。

2）海试方法

利用海洋石油 708 船的钻井作业模式进行海试。船用定位方式，在合适的水深，不用隔水管，可用基座，按一定深水取样方式进行试验。

3）海试时间

2015 年 4 月 7 日人员、设备按要求到达指定位置；4 月 8 日上午进行水合物钻探取芯样机海试方案论证，下午人员登船清点工具及配件；4 月 11 日 15:00 出港抵达万山群岛锚区；4 月 12 日在 708 船会议室进行现场方案细化讨论；4 月 12 日至 4 月 17 日分 3 个站位进行海试作业。

4）海试地点

站位 1～3 均在万山群岛附近。

5）海试概况

2015 年 4 月 7—19 日，使用 708 船进行了 1 个航次、3 个站位、14 次工具功能性试验，达到了预期目的。

笔者研究团队于 2013 年开始开展了适用于国内 708 船、多种结构的保压及非保压取样工具研制，取芯工艺技术研究，带压转移、岩样储存与冷藏装置的研制，并研究与开发了取样与全面钻孔转换技术，自主完成了天然气水合物钻探取样工具、配套装备设计及样机试制等，试制多套样机并于 2014 年进行了 2 个航次、3 个站位的浅海试验，试验达到了与 708 船对接和发现问题的目的。本次是对上次试验改进后的工具功能性再试验。

6）试验过程

为了保证试验顺利进行，在避风处对试验前的设备与 708 船进行了简易的对接：打捞设备与船上的钢丝绳进行对接，工具总成与钻铤螺纹进行对接，取样设备通过顶驱与钻具进行对接。

（1）站位 1 的取样试验。

时间：2015 年 4 月 12 日 14:00—次日凌晨。

地点：万山群岛海域（水深约 32.3 m）。

4 月 12 日上午召开项目启动会，对取样工具海试流程进行了梳理和讨论，因工区天气和海况原因，决定先在锚地附近浅水区域进行取样工具测试。随后，708 船起锚航行至水深约 32.3 m 处，约 14 时开始进行取样工具的测试，持续至次日凌晨结束。

主要进行了冲击式、旋转式非保压取样工具和钻进模式工具的测试。

① 非保压冲击式取样工具测试。

钻杆内解卡和打捞测试 3 次均成功，最后解卡、憋压取样、打捞，整个流程功能性测试成功，取得 60 cm 左右样品。取样器内衬管（图 4-3-10）长 4 m，取样器回收至甲板后测量的活塞杆伸出长度约 3.3 m。在回收甲板过程中，取样器由垂直状态转成水平状态时活塞杆因太长略有弯曲变形。

图 4-3-10 第一航次非保压冲击式取样器内衬管

② 钻进模式工具测试。

将绳索送入解卡后，钻进约 3 m，打捞不成功；经多次打捞均未能将工具提出，决定起钻，拆卸钻杆及底部钻具组合后将工具取出。

③ 非保压旋转式取样工具测试。

第一次将绳索送入后解卡，取出解卡器后直接打捞，成功；第二次将绳索送入解卡后钻进 2 m，再打捞，未成功，多次尝试打捞，缓慢提升绞车，均失败，因此决定起钻，拆卸底部钻具组合后取出取样器，取得约 2 m 样品。

问题：八方差动之间间隙小，棘爪被压紧后，上提收缩空间不够，所以提不出来，因此应改进八方杆。

（2）站位 2 的取样试验。

时间：2015 年 4 月 14 日 12:30—次日凌晨 3:00。

地点：万山群岛海域（水深约 33 m）。

4 月 14 日 12 时 30 分左右，708 船在万山锚地附近进行第二航次的取样工具测试，水深约 33 m，持续至 15 日凌晨 3 时左右结束，共进行了 6 个回次的测试。

在测试开始前，对八方短接进行了更换，更换后继续进行取样工具的测试。取样工具具体试验情况如下：

① 第一回次：钻进模式工具测试。

在仅有底部钻具组合和接一根短钻杆的情况下，对该工具进行解卡、打捞测试，成功。之后下钻至海底泥面，带着钻进模式工具进行钻进，开始打捞，打捞失败，多次尝试提升绞车，提不动；之后起钻，在底部钻具组合中对钻进模式工具反复提升、下放，寻找原因，分析认为工具锁定装置（悬挂台肩）需略做调整，可利用 708 船上车床进行打磨修改。

② 第二回次:非保压冲击式取样工具测试。

钻杆内绳索送入解卡后憋压取样,泵压至 1 MPa 后不继续上升,成功打捞,取得 50 cm 左右样品(图 4-3-11),取样工具的密封圈脱落。

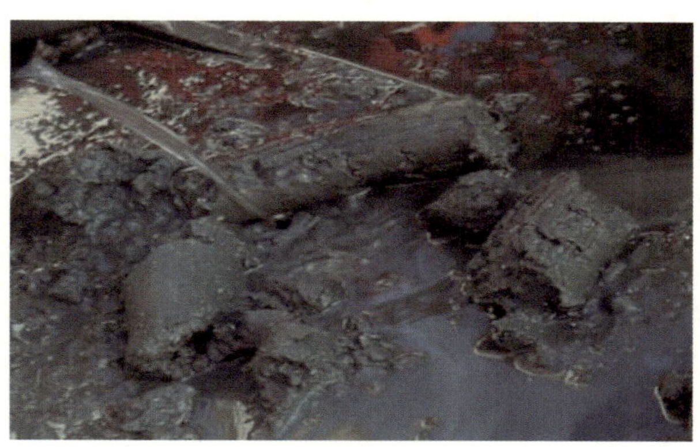

图 4-3-11　第二航次第二回次非保压冲击式取样工具取得的样品

③ 第三回次:非保压冲击式取样工具测试。

更换密封圈后,继续对非保压冲击式取样工具进行测试。钻杆内绳索送入解卡后憋压取样,憋压至 8.6 MPa(使用 M10 销钉)后压力下降,开始打捞,整体联动功能性测试成功,取得 50 cm 左右样品(图 4-3-12)。

图 4-3-12　第二航次第三回次非保压冲击式取样工具取得的样品

④ 第四回次:保压取冲击式样工具测试。

钻杆内绳索送入解卡后憋压取样,但泵压始终处于 0.3～0.4 MPa 之间,估计销钉已被剪断,开始打捞,4 次打捞均未捞起,提升打捞器并检查后继续打捞,仍无法捞到,略提钻并冲洗钻杆内壁后再尝试打捞,依旧无法打捞到取样工具。最后起钻,拆卸底部钻具组合,取出取样工具,经检查发现打捞头正常,推测打捞工具未到位。提起后板阀未关闭,对取样器进行拆解后发现保压取样器内部元件生锈,活塞杆差 2 cm 未完全进入密封腔内,导致板阀不能关闭。

⑤ 第五回次:保压冲击式取样工具测试。

维修完毕之后,继续测试。钻杆内绳索送入解卡后,憋压时泵压仅为 0.2～0.3 MPa,然后开始打捞,且打捞成功。打捞至甲板后发现板阀已关闭;打开岩芯内筒,约有 50 cm 土样,整体流程测试成功。

⑥ 第六回次:非保压旋转式取样工具测试。

利用 708 船上车床对取样工具锁定装置(悬挂台肩)打磨修改后,继续进行试验。钻杆内绳索送入解卡后加压钻进 2 m,然后开始打捞。打捞初始提升绞车受力较大,稍微放松提升钢缆后,稍提钻杆,再提升打捞器,打捞成功,取得约 1.5 m 样品,工具机构联动测试成功。

在站位 2 取样工具测试过程中,对失利原因进行了分析,对工具进行了相应的调整和维修,最后机构联动功能性测试取得成功,保压冲击式取样工具的憋压弹射、机构联动及板阀关闭等功能得到了实现。

问题:转动式工具(包括钻进模式,上部结构一样)由于台肩处倒角小,且打捞头直径偏小,致使提起工具时不居中,遇有台肩处受阻,利用船上的车床修改后,保压旋转式取样工具能够提出就足以说明这一问题。

(3) 站位 3 的取样试验。

时间:2015 年 4 月 17 日 14:00—22:30。

地点:万山群岛海域(水深约 33 m)。

4 月 17 日 14:00 708 船抵达万山锚地附近,动力定位后开始下基盘准备测试,水深 33 m 左右。本次主要对保压冲击式取样工具和保压旋转式取样工具进行试验,持续至 22:30 左右测试结束。

① 第一回次:保压冲击式取样工具测试。

下放取样器后,绳索送入解卡,憋压至 8.9 MPa,压力下降,开始打捞并打捞成功。打捞工具至甲板后对取样器进行检查,发现岩芯管未收回至保温保压筒内,板阀关闭,拆开取样器,发现与活塞杆相连的岩芯管挂钩损坏,导致岩芯管未能与活塞杆一起差动进入保温保压筒,取得约 80 cm 样品,如图 4-3-13 所示。

图 4-3-13 第三航次第一回次保压冲击式取样工具取得的样品

② 第二回次:冲击式保压取样工具测试。

更换岩芯管,下入取样工具,解卡,憋压至 8.0 MPa,压力下降,开始打捞并打捞成功。打捞工具至甲板后对取样器进行检查,发现板阀关闭,功能性试验成功,取得约 96 cm 样品,如图 4-3-14 所示。

③ 第三回次:保压冲击式取样工具测试。

下放取样工具后,解卡,憋压至 8.1 MPa,压力下降,开始打捞并打捞成功。打捞工具至甲板后对取样工具进行检查,发现内筒已收回至保温保压筒内,板阀关闭,功能性试验

图 4-3-14 第三航次第二回次保压冲击式取样工具取得的样品

成功，取得约 90 cm 样品，如图 4-3-15 所示。

图 4-3-15 第三航次第三回次保压冲击式取样工具取得的样品

④ 第四回次：保压旋转式取样工具测试。

下放取样工具后解卡，钻进 1 m 后开始打捞，首次打捞不成功，第二次打捞成功。打捞工具至甲板后对取样工具进行检查，发现取样器顶部释放塞未到位，差动未能实现，导致板阀未关闭。取得 80 cm 土样，如图 4-3-16 所示。更换新内筒并卸掉释放塞上的密封圈后重新组装，准备下一次测试。

图 4-3-16 第三航次第四回次保压旋转式取样工具取得的样品

⑤ 第五回次：保压旋转式取样工具测试。

将取样工具从井口送入，怀疑工具未到位，解卡后将工具一起带起，从井口自由下放，钻进 1 m，没有剪销显示，估计工具仍未到位，开始打捞并打捞成功。打捞工具至甲板后对取样器进行检查，发现释放塞上的销钉未被剪断，岩芯爪处很干净，分析认为工具未到井底。

问题：

(1) 保压冲击式取样工具岩芯管连接头要求安全可靠，其整体结构成功实现保压取样，尤其取样较好；

（2）保压旋转式取样工具各台肩倒角太小，也可能因打捞头外径小而使工具易偏斜，致使台肩挂住钻具，导致提升失败。

7）取样工艺设计

主要针对现场的实际情况和取样设备试验的要求进行现场工艺设计，先组织现场技术人员对方案提出意见，再根据现场情况调整试验步骤顺序。

作业流程的关键环节是分析本次取样成功与否及存在的问题，并在此基础上决定是否继续该取样工具的作业。如果存在问题，根据情况给出该工具的修改方案，现场对取样工具进行修改、维护后继续测试；如果取样工具首次测试后功能达到设计要求，且取样效果没有问题，则可继续重复测试 2～3 次。

8）发现问题

（1）非保压取样工具单筒作业最长进尺为 4 m，导致差动拉杆过长，打捞后在从二层台到地面的放置过程中发生弯曲。因此，需加强拉杆强度或减少最长进尺（即减小拉杆长度），以保证拉杆的平直度。

（2）三组合的憋压用密封圈较好，连用 3 次未更换。

（3）取样工具径向突出部位需要增大倒角，防止取样工具在外筒或钻具变径位置发生挂卡而无法打捞。

（4）关键密封部位需变更材料，防海上潮湿生锈，以便于维护。

（5）工具要尽量在使用前现场组装，防止运输过程、潮湿环境对工具造成破坏。

（6）钻进模式用的小钻头水眼易堵，可封闭水眼并在边缘加工流道。

9）结　论

本次试验主要是与 708 船进行适应性对接试验以及取样试验，共进行了 3 个站位、14 次工具试验，冲击式保压和非保压工具取样功能良好；旋转式工具由于上部结构复杂，台肩较多且倒角不合适，致使工具提不出，但其取样功能较好，每次均获得较多的岩样。通过取样试验获得了极软的海洋地表岩样，同时根据现场试验设计出适应 708 船的具体作业措施，因此该次试验达到了预期目的。

第 5 章
带压转移装置研究

5.1 带压转移装置工作原理

在绳索取芯结束后，为带压转移取得的岩芯，要有一套带压转移装置。带压转移装置一般有以下 2 种方案：

(1) 以油缸驱动活塞杆将待转移岩芯管顶出待转移容器并顶入转移仓中。其缺点是活塞杆与待转移岩芯管的连接难以对中，在长行程运动过程中容易偏心、卡滞。

(2) 以油缸驱动活塞杆将待转移岩芯管拉出待转移容器并拉入转移仓中。其优点是活塞杆与待转移岩芯管的连接可以浮动对中，在长行程运动过程中不易偏心、卡滞。

转移试验时需要将待转移岩芯管平移约 1 200 mm 的距离，使得活塞杆长度很长，在这种情况下活塞杆的对中和稳定移动在刚性连接下是很难实现的，显然第(1)种驱动方案的结构形式很难满足要求。因此，采用液压油缸驱动活塞杆对待转移岩芯管进行拉出平移是较为合理的一种方案。

根据保温保压筒的设计方案，采用液压拉出岩芯管进入带压转移装置的方案，如图 5-1-1 所示。带压转移装置与保温保压筒通过法兰连接，由液压油缸推动活塞拉动岩芯管经过法兰和密封的球阀进入储存装置，球阀关闭后，储存装置脱离带压转移装置，然后转移至冷藏柜，进行冷藏保存。该装置的设计难点在于保持保温保压筒与储存装置的压力平衡。

5.1.1 工作原理

通过操纵电气系统控制面板上的开关、调节器、指示灯、数字显示表等，将电能转换为液压能，通过液压油缸将液压能转换为机械动能，最终实现待转移岩芯管的转移动作。

通过对平移油缸的控制实现对转移仓内待转移岩芯管的平移拉出，通过电磁换向阀以及电液比例溢流阀和电液比例调速阀对油缸运动过程进行调节，以满足对待转移岩芯管的拉出控制。油缸拉伸杆端和待转移岩芯管连接杆端均设置可自动对中的浮动连接装

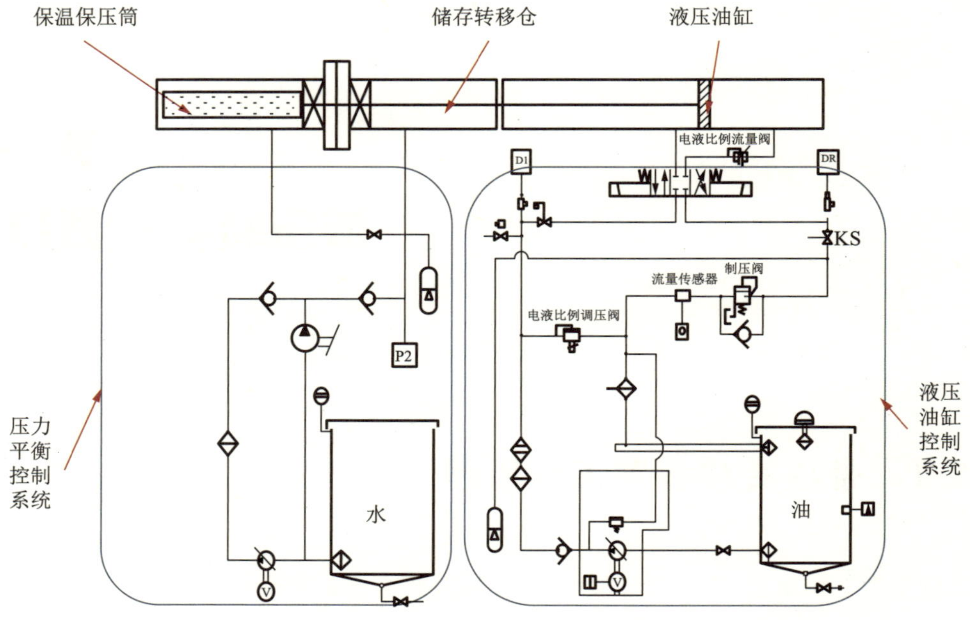

图 5-1-1　带压转移装置工作原理图

置，以实现拉出过程中待转移岩芯管的动作平稳，不会卡滞。待转移岩芯管和转移仓通过球阀连接，在待转移岩芯管完全进入转移仓后关闭球阀。通过平衡阀平衡储存转移仓和待转移容器中的压力，当平移油缸回拉时，转移仓的介质通过平衡阀回流至待转移容器中，实现左右压力平衡。

5.1.2　泵源流量控制回路

电液比例流量阀按输入的控制指令信号（2～20 mA 或 0～10 VDC），将油泵电机组提供的经过预处理的工作介质（YH-10）转换为线性对应的输出流量（5～20 L/min），驱动平移油缸按所需速度前进或后退。

5.1.3　泵源压力控制回路

电液比例调压阀按输入的控制指令信号（2～20 mA 或 0～10 VDC），将油泵电机组提供的经过预处理的工作介质（YH-10）转换为线性对应的输出压力（1.0～21 MPa），将该压力提供给电液比例流量阀及其他需要该液压源的试验装置。

5.1.4　工作介质温度控制回路

带压转移系统的回油均汇集到风冷冷却装置热端，经过散热后回到油箱。温度传感器设置在油箱内部，用于输出信号以控制冷却装置的启停。

5.1.5　自循环清洗回路及污染度控制、报警装置

带压转移系统中有自循环清洗回路，即将“压力控制输出口”与“回油口”直接短接或经过其他需要清洗的产品后回到油箱。此回路要经过两级油滤，可进行油箱油液自循环清洗以及对其他产品或装置进行清洗。

另外，带压转移系统中的两级油滤均有信号发生装置，当油滤被污染时，操作面板上的“污染”指示灯亮，提醒工作人员应清洗或更换油滤。同时，设置了取样阀，以方便工作人员取样检查系统清洁度。

5.1.6　超压安全防护措施

带压转移系统中设置了 3 种超压安全措施：

(1) 在油泵电机组设置有安全阀，当系统压力超过安全阀压力设定值(22 MPa 待定)时，安全阀工作泄压。

(2) 设置有压力传感器超压报警停机系统，当系统超压时，变频器会自动停机。这种设置基于系统自动判断和控制，以防无人值守或工作人员反应过慢而发生安全事故。

(3) 在电气控制面板上设置有“紧急停机”蘑菇头按钮。按下该按钮时，油泵电机组立即停止工作；紧急情况解除后，通过旋转蘑菇头按钮复位，此时系统才能再次进入工作准备状态。

5.2　带压转移装置设计

整套带压转移装置包括显示屏、控制柜、液压缸、泵源、桁吊、冷藏柜和空调等，为方便整体吊装，均放在一个集装箱中，如图 5-2-1 所示。控制柜内主要有电气和液压控制开关、阀门等，用于控制液压缸的运动和压力平衡控制系统工作。液压缸是拉动岩芯管运动的主要驱动件。设置桁吊是为了在储存装置向冷藏柜中转移或进行部件安装调试时更加省时省力。空调可用于在南海高温环境中保持集装箱内一直处于低温状态。

集装箱式隔热保温带压转移装置的机械机构由两大部分组成：集装箱及转移系统。

5.2.1　集装箱

集装箱由标准集装箱、室内装修、室内家具、电器等组成。

(1) 室内配备 360 V 和 220 V 配电箱，确保照明、空调和设备用电需要，顶部配备低能耗 LED 吸顶照明灯；

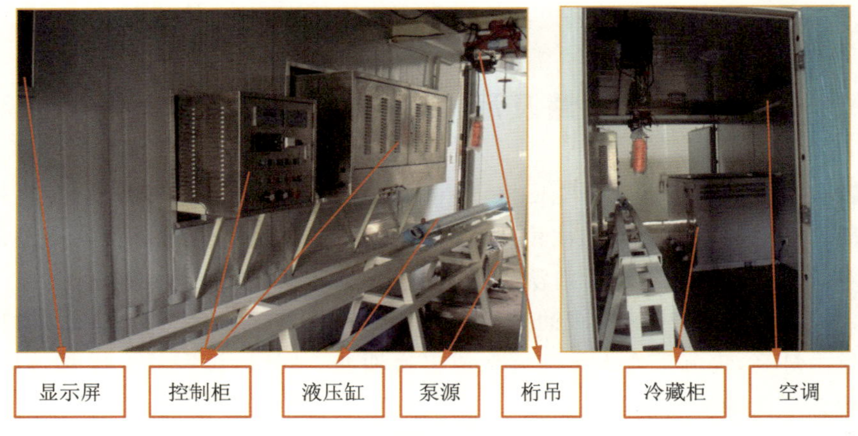

图 5-2-1　带压转移装置样机

(2) 门窗玻璃为真空隔热玻璃；

(3) 配备一级能耗的直流变频大 1.5 匹节能空调；

(4) 配备办公桌 1 张、多功能文件工具柜 1 个、人体工程转椅 2 把、沙发 1 张。

5.2.2　转移系统

转移系统由操作台支架、平移水缸、平移油缸、壁挂式显示器、不锈钢油箱、不锈钢水箱、泵源功能器件、壁挂式控制箱等组成。

(1) 操作台支架、平移水缸、平移油缸：平移水缸和平移油缸由抱箍安装在支架上，可通过螺钉调节及紧固。平移油缸相应位置设置有位置传感器，能感应活塞的行程，方便确认待转移岩芯管是否完全进入平移水缸中。

(2) 壁挂式显示器：2 台壁挂式显示器，节约空间。

(3) 不锈钢油箱：设计总容积 80 L，有效容积 65 L。油箱上安装有液位计、空气滤清器、温度变送器，设置有加油口、放油口等。

(4) 不锈钢水箱：设计总容积 30 L，有效容积 25 L。水箱上安装有液位计、空气滤清器，设置有加水口、放水口等。

(5) 泵源功能器件：包括 7.5 kW 的油泵电机组、5.5 kW 的水泵电机组、3 台过滤器、风冷冷却装置、隔膜式蓄能器、电液比例调压阀、电液比例流量阀、安全阀、单向阀、针阀开关、背压阀、平衡阀、3 个压力变送器、1 个温度变送器等。

(6) 壁挂式控制箱：电气控制箱内安装有电气配电系统、直流配电系统、泵源电机主电路及控制电路、信号调理及断线检查模块、比例驱动控制模块等；电气控制箱面板上安装有泵源系统、3 台压力显示仪表、1 台温度显示仪表及各种状态指示灯、控制开关等器件。操作台采用壁挂式置于墙上，若以后加长平移油缸，则可以通过侧面的门伸出集装箱，大大加强了操作台的扩展性，并节约了空间。

5.3　带压转移装置主要设备参数

1）泵源系统

（1）油泵泵源系统输出功率：不小于 7.5 kW。
（2）水泵泵源系统输出功率：不小于 5.5 kW。
（3）压力脉动：不超过额定工作压力±1 MPa。
（4）油液固体颗粒污染度：不大于 GJB 420B 标准中的 6 级。
（5）工作介质温度：系统工作时泵源壳体回油温度不超过 60 ℃。
（6）环境温度：实验室环境温度。
（7）散热形式：风冷散热装置。
（8）使用电源：交流电源（AC），220 V/380 V；直流电源（DC），24 V。
（9）其他指标：
① 系统可一次连续工作 8 h 以上；
② 当泵源壳体回油温度超过 70 ℃时，泵源系统超温报警；
③ 当泵源系统出口压力超过额定工作压力的 10%时，泵源系统超压报警；
④ 污染控制油滤同时带有电子或机械式压差指示器；
⑤ 具有故障状态一键断电功能的紧急停止按钮。

2）驱动装置

平移油缸：行程大于 1 200 mm，耐压 21 MPa。

3）系统安装

接口要求：试验系统外部接口规格应与工作对象匹配。

4）系统相关参数

（1）系统关键参数。
输出油压：1～21 MPa。
输出水压：1～31 MPa。
环境温度：－30～60 ℃。
工作介质温度：10～60 ℃，连续工作 8 h，不超过 70 ℃。
外形参数：6 060 mm（长）×2 440 mm（宽）×2 590 mm（高）。
整台设备质量：约 5 000 kg。
（2）设备功率。
输入电源：380 V/50 Hz±15%。
油泵源电机功率：7.5 kW。
水泵源电机功率：5.5 kW。
冷却装置功率：1 kW。
集装箱电气系统功率：5 kW。
系统总功率：约 20 kW。

(3) 测量显示精度。

压力显示精度:1%FS±1 字。

流量显示精度:1%FS±1 字。

温度显示精度:1%FS±1 字。

(4) 主控系统(无)。

若以后需要扩展功能,可加入嵌入式触控系统,含触控屏、可编程逻辑控制器(PLC)等。

5.4 带压转移装置可靠性、安全性、维护性分析

5.4.1 可靠性分析

带压转移装置所采用的技术及成品件的可靠性是经过验证并长期运用的。

(1) 电液比例流量控制技术及电液比例压力控制技术等精密液压系统控制技术是工业控制领域内采用的常规控制技术,保证了液压系统参数调节的可靠性。

(2) 液压系统所用成品件均为进口高质量品牌厂家或国内军品生产厂家的产品。通过硬件优选直接保证了液压系统工作的可靠性。

(3) 电气系统及控制系统成品件选用进口及国内品牌企业的产品,如施耐德电气有限公司的开关、指示灯、接触器、继电器。通过硬件优选保证了电气系统及控制系统工作的可靠性。

5.4.2 安全性分析

安全性主要体现在以下 3 个方面:

(1) 系统安全性。首先,液压系统设计时考虑了两种硬件安全措施,即泵源出口设置安全阀及紧急情况下的紧急卸荷;其次,电气系统设计时考虑了电源监视保护系统,直流电源输出短路保护、超压保护、过流保护,系统还可在紧急情况下自动紧急卸荷及紧急停机;再次,在电气操作面板上设置“紧急停机”蘑菇头按钮,紧急情况下按下该按钮后,系统将完全停机;最后,电气系统整机接地,即使发生漏电、短路等故障,也不会造成人身伤害。

(2) 结构安全性。一方面,将液压系统和电气系统进行完全隔离,并将电气系统封装在箱体内;另一方面,对油泵电机输出轴进行加强防护,即使出现断轴等极端情况也不会造成设备或人员的伤害。

(3) 操作提示、警示。首先,在设备壳体的相应位置设置操作提示牌及操作说明;其次,在有可能出现危险操作的地方设置警示牌,警示危险操作行为;最后,在封闭的电气控制箱内强电裸露位置设置危险警示牌,警示操作或维修人员应在断电情况下对设备进行测试或检修。

5.4.3　维护性分析

维护性主要体现在以下两个方面：

一是硬件设计的可维护性。一方面，结构设计时整个车体结构合理、美观，预留检测维护的空间；另一方面，电气系统设置信号调理和检测箱，以方便操作人员及技术人员对设备进行检测和维护。

二是使用维护说明书中给出的故障模式分析。编写使用维护说明书时对系统故障模式进行了详细分析，故障模式分析包含故障现象、故障原因及故障排除方法等要素。

5.5　带压转移装置环境适应性设计

应考虑将带压转移装置转化为外场维护设备时的各种环境适应要求。

1）环境适应性分析

带压转移装置设计之初应对其环境适应性要求进行分析，主要考虑因素有：

（1）机械元件、部件的材料；

（2）机械元件、部件的表面处理方法；

（3）机械元件、部件的表面处理工艺；

（4）液压元件、非标部件的材料及“三防”工艺；

（5）电气元件、非标部件的材料及“三防”工艺。

2）环境适应性设计原则

（1）液压、电气系统成品件尽量选用优质的进口及军品成品件；

（2）非标部件设计时优先选用不锈钢材料，非不锈钢材料必须采用热镀锌、喷漆的“三防”工艺；

（3）接口均采用军标防尘防水的航空接插件。

5.6　带压转移装置液压缸测试

5.6.1　带压转移装置液压缸密封性测试

1）试验目的

检验改造后的液压缸是否存在压力泄漏。

2）试验过程

（1）将装配好的液压缸放置在测试设备上并固定；

（2）所有组件都装配好后，通过油缸上接头充油进行憋压测试；

（3）在油缸另一端装压力表，观察表的示数。

3）试验结果

憋压 30 MPa，4 h 无泄漏现象。

5.6.2 带压转移装置液压缸控制调试

1）测试目的

检测液压缸的电气系统能否控制液压缸灵活运动，并实时显示控制压力，如图 5-6-1 所示。

图 5-6-1 液压缸控制调试

2）测试过程

在液压缸一端缓慢充液压油，观测液压杆运动情况，并实时观测液压控制系统中能否数字显示压力，并将其与液压缸自带的压力表示数进行对比。

3）测试结果

经过测试，电气系统能够控制液压缸灵活运动，并能实时显示控制压力，且数字显示压力与压力表显示压力相同。

5.6.3 带压转移装置液压控制系统耐压测试

1）测试目的

检测带压转移装置液压控制系统（图 5-6-2）是否存在压力泄漏。

图 5-6-2 液压控制系统

2）测试过程

从油缸开始，沿液压管路将第一个阀门关闭，向管路中打压，保持 5 min，观测压力表数值是否有变化，如果无变化，打开阀门，向下一个阀门移动。通过每一段管路的检测，确定整个管路有无压力泄漏。

3）测试结果

整个液压控制系统管路没有压力泄漏。

5.6.4 带压转移装置转移仓密封性测试

1）测试目的

检测带压转移装置转移仓的球阀和上端密封情况，如图 5-6-3 所示。

2）测试过程

将转移仓下端的球阀和上端的密封机构人为关闭，通过转移仓的泄压口打液压 30 MPa，通过泄压口处压力表实时观测压力变化情况。

图 5-6-3 转移仓的密封性测试

3）测试结果

转移仓密封良好，能满足 30 MPa 压力密封要求。

5.6.5 带压转移装置与保温保压筒整体功能性试验

1）试验目的

试验取芯管在带压力的情况下向转移仓转移的情况（图 5-6-4）。

图 5-6-4 带压转移装置与保温保压筒整体功能性试验

2）试验过程

（1）将保温保压筒与取芯管上端固定密封后，向保温保压筒内注水；

（2）关闭保温保压筒的球阀，从泄压口向保温保压筒内打 30 MPa 水压，注意排气；

(3) 连接好液压缸拉杆与取芯管拉杆后，连接带压转移装置与保温保压筒；

(4) 保温保压筒泄压口连接到压力平衡控制系统，并在泄压口处安装压力表；

(5) 向转移仓中打水压至与保温保压筒压力相同；

(6) 向液压缸拉杆另一端注入液压到比计算平衡压力略低；

(7) 松开保温保压筒上端固定取芯管的卡块，使取芯管在压差作用下通过密封面连通保温保压筒和转移仓；

(8) 在通过密封面后，及时向转移仓中补充压力，并缓慢减小液压缸另一端的压力，使取芯管自动由保温保压筒向转移仓运动，直至液压缸拉杆到达极限位置，正好完成取芯管带压力情况下向转移仓的转移。

3) 试验结果

经过 30 余次试验，采用液压缸拉动与压差推动取芯管相结合的方式，实现了岩样从保温保压筒向转移仓的带压转移。

第6章
海上浅层水合物钻探取芯工程方案制订

天然气水合物勘探和开发研究的关键之一是取芯技术，在天然气水合物取芯中，因为海域天然气水合物多赋存于洋底深层，所以深水深层取芯十分重要。深水浅层取样器在洋底取芯深度不超过 30 m，即使能取得天然气水合物岩芯，也无法准确判断整个天然气水合物储层的埋藏深度、规模以及岩石稳定性等重要信息，只有进行洋底深部钻探，才能取得矿床评价所需真实信息。因此，利用钻探工程获取岩芯是深海天然气水合物勘探和开发取得突破的关键，也是计算水合物储量、制订开发方案的重要依据。

深水钻探取芯作业需要考虑以下问题：

(1) 选择合适的深水钻探平台。在深海海域天然气水合物钻探取芯中，钻探船是主要设备，其性能应满足天然气水合物海域钻进、取芯、试验测试等特殊要求，具有钻井液冷却循环系统，具有相应的续航能力，并满足海域施工条件的要求。

(2) 采用深水保压绳索取芯技术。利用保压技术防止在提取岩芯过程中温压改变引起天然气水合物分解；采用绳索取芯钻进方法，减少钻具升降时间和次数和抽吸作用对井壁产生的损坏，防止因长时间停止钻井液循环导致井内温度上升进而引起天然气水合物分解。

(3) 在天然气水合物钻探取芯前，首先开展钻井设计，根据相关资料预测地层压力和地层破裂压力，确定是否采用隔水管，确定钻井液密度；其次根据热力场资料，通过研究、计算，建立钻井导热模型、井内温度模型、钻井液温度模型、天然气水合物分解速度及再生速度模型，作为钻井取芯设计的依据。

(4) 采用低温钻井液和低温循环系统。要求钻井液在低温下具有良好的流变性能，向井内注入冷却的钻井液以抑制天然气水合物的分解；在钻井液中加入添加剂，以改变天然气水合物的特性曲线，抑制天然气水合物再生；通过低温循环系统进行冷却，防止天然气水合物层温度在取芯钻进时上升，将相平衡维持在天然气水合物分解抑制状态。

(5) 在钻进主井眼前，预先钻进先导井，预测浅层异常压力和井喷；采用遥测水下摄像装置并利用随钻压力测量和随钻测井技术，取得岩石密度、电阻率等参数，预测天然气水合物存在的深度、厚度，以确定主井取芯层位。

6.1　海上浅层水合物钻探取芯基本方案

参照大洋钻探及辉固公司在中国南海神狐海域的天然气水合物取芯作业方案，在勘探部门给出的井位处钻两口井，其中一口为先导井，另一口为主井。先导井完成钻进后实施电测，根据电测结果分析水合物的层位分布情况，确定是否存在水合物，并根据分析结果制订取芯作业计划。主井可视为先导井的邻井，地层相同，按照据先导井电测结果制订的取芯计划进行钻井，到达水合物层上部后停止钻进，准备取芯作业。

本次天然气水合物钻探设计只有一开作业。先导井和主井采用相同的结构，但由于钻井目的不同，因此设计深度不同。基本钻井作业程序相同，钻具组合为：240 mm PDC 取芯钻头＋底部钻具组合＋209 mm 钻铤（内通径大于 104 mm）×8 根＋127 mm 特殊接头钻杆（内通径大于 104 mm）。

6.1.1　先导井电测

根据勘探部门给出的井位，先进行先导井的钻井作业。根据油藏部门给出的目的层深度，考虑地层的不确定性以及电测工具需要井底预留口袋，先导井的设计深度要预留口袋 100 m。按照先导井的钻井程序钻进至设计深度，泵入膨润土浆携岩清洗井眼，用海水循环干净，泵入膨润土浆充满裸眼井筒，维持井筒稳定；检查井筒稳定性，进行测井准备工作。可采用钻杆内电测和裸眼电测两种电测方式。

电测作业完成后，现场进行电测数据分析，根据分析结果确定水合物层的深度范围及品质，制订主井取芯的作业计划，同时钻井人员进行主井钻井作业的准备工作。

先导井钻进及电测基本作业程序为：

（1）定位。深水勘察船航行到设计钻位后，投放声呐信标到海底，校正船位，启动船底的 4 个定位推进器，完成定位工作。

（2）计算水深。将钻具组合下钻到距离海底泥线以上 10 m 左右处，从勘察船上用钢丝绳开始下放海底基座（seabed frame）。海底基座下放至海底以后，海底基座上的 CTD（盐度、温度、深度、水平度）探测器通过数据传输钢缆向船上发回海底基座的水平度数据（作业要求海底基座最大斜度不超过 6°），计算并记录水深。

（3）钻井作业。下放钻具至泥面。通过海底基座上的声呐确认基座位置在设计钻位误差允许的范围内，开钻，使用海水钻进，控制钻速不超过 15 m/h，钻压为 0～30 kN，转速为 70～80 r/min，排量为 800～900 L/min，每钻完一柱替入膨润土浆 3 m^3（黏度 60～70 s^{-1}），然后倒划眼一次。钻至设计深度后，替入膨润土浆清扫井眼，用海水循环 3 个井内环空体积以上，注入膨润土浆填充裸眼环空。短起钻至泥线下 40～50 m，检验井壁的稳定性，从钻杆内下钢丝工具打捞浮阀。下钻到底，注入密度 1.19 g/cm^3、黏度 70 s^{-1} 的膨润土浆填充裸眼环空，用于支撑井壁。

(4) 钻杆内测井。保持钻头在井底的状态，从钻杆内下入电测工具，进行测井作业。

(5) 裸眼测井。钻杆内测井结束后，起出电测工具，然后起钻到泥线以下 50～100 m，再从钻杆内下入电测工具进行裸眼测井。电测结束后，根据电测情况决定是否钻主井取芯。

6.1.2 主井取芯

确定主井取芯作业之后，准备移船至主井井位进行钻井作业。上提海底基盘至海底泥线以上 50 m，上提钻具至泥线以上 10～30 m，起动勘察船使之移动 10～20 m 至主井井位，启动动力定位系统完成勘察船定位。采用与先导井相同的钻井作业程序进行主井的钻井作业，主井的钻井深度设计为水合物上覆岩层顶部，可以根据电测结果确定水合物上覆层段的深度。

6.2 主井取芯方案

钻至设计目的层深度后，泵入膨润土浆携岩清洗干净，再泵入膨润土浆填满裸眼井筒，维持井壁稳定，然后进行主井取芯。主井取芯可采用以下两种方法：

(1) 钻杆取芯。起钻，甩钻具，更换取芯钻具，下钻取芯。

(2) 绳索取芯。保持钻具在井底的位置，海底基盘夹紧钻柱，利用钢丝作业通过钻具下入绳索取样工具，进行取芯作业。

两种取芯方法都能够实现井下取芯目的。钻杆取样工具可靠性较强，可实现连续取芯，单趟取芯长度超过 10 m，但是由于钻杆取芯需要起下钻具，因此单趟取芯时间较长；绳索取芯无须起下钻具，直接在钻杆内下入绳索取样工具，取芯结束后可以快速回收，绳索取样工具受到钻具和取芯筒长度的限制，单趟取芯长度一般不超过 10 m，绳索保温保压取芯单趟取芯长度一般在 1 m 左右。由于水合物的存在要求环境高压、低温，但水合物从井下提升至平台，随着环境条件的变化会发生分解。采用绳索取芯的方法可以减少钻具升降时间和次数，减少抽吸作用对井壁产生的损坏，防止因长时间停止钻井液循环后井内温度上升而导致水合物分解。因此，考虑提高回收速度，减少水合物的分解，推荐采用绳索取芯。

绳索取芯分为保压取芯和非保压取芯。保压工具结构复杂，单趟取芯长度一般在 1 m 左右，非保压工具单趟取芯长度可达 3～10 m。根据电测结果制订取芯计划，根据不同层位性质决定采用何种绳索取样工具。

(1) 非保压取样工具：电测结果显示，无水合物异常显示的层段水合物含量较低，以岩土为主，可以采用非保压取样工具，可实现单趟长岩芯的快速取芯。

(2) 保压取样工具：电测结果显示水合物异常的层段，水合物含量较高，为了防止水合物岩芯分解和保证取芯回收率，需要采用保压取样工具。

6.3　深水勘察船设备配置

6.3.1　主要技术参数

深水勘察船设备主要技术参数见表 6-3-1。

表 6-3-1　深水勘察船设备主要技术参数

<table>
<tr><th colspan="2">参数名称</th><th>取　值</th></tr>
<tr><td colspan="2">名义钻深(5 in 钻杆)/m</td><td>3 200</td></tr>
<tr><td colspan="2">最大工作钩载/kN</td><td>2 250(4×5 绳系)</td></tr>
<tr><td colspan="2">绞车额定功率/kW</td><td>1 600</td></tr>
<tr><td colspan="2">绞车挡数 I+IR 交流变频驱动</td><td>无级调速</td></tr>
<tr><td colspan="2">提升系统轮系</td><td>4×5</td></tr>
<tr><td colspan="2">钻井钢丝绳直径/mm</td><td>35</td></tr>
<tr><td colspan="2">提升系统滑轮外径/mm</td><td>1 270</td></tr>
<tr><td colspan="2">顶驱中心管通径/in</td><td>2⅛</td></tr>
<tr><td colspan="2">钻井泵组型号及台数</td><td>F-500，2 台</td></tr>
<tr><td colspan="2">井架有效高度/m</td><td>36</td></tr>
<tr><td colspan="2">动力传动方式</td><td>AC-DC-AC 全数字变频</td></tr>
<tr><td colspan="2">交流变频电动机台数×功率</td><td>2×800 kW(绞车)
2×400 kW(钻井泵)</td></tr>
<tr><td colspan="2">输入电压(AC)</td><td>690 V</td></tr>
<tr><td colspan="2">输出电压、频率</td><td>0～690 V，0～200 Hz(可调)</td></tr>
<tr><td colspan="2">MCC 系统</td><td>690 V/400 V/230 V，50 Hz</td></tr>
<tr><td colspan="2">高压管汇</td><td>ϕ102 mm×35 MPa</td></tr>
<tr><td colspan="2">储气罐/m^3</td><td>2.5+2.5</td></tr>
<tr><td colspan="2">气源压力/MPa</td><td>1</td></tr>
<tr><td rowspan="2">井架抗风能力(最大风速)</td><td>自存工况/($m \cdot s^{-1}$)</td><td>55</td></tr>
<tr><td>正常作业/($m \cdot s^{-1}$)</td><td>36</td></tr>
<tr><td colspan="2" rowspan="3">远洋迁移</td><td>横摇 30°</td></tr>
<tr><td>纵摇 10°</td></tr>
<tr><td>周期 10 s</td></tr>
</table>

6.3.2 井架及内部部件

井架为散件,由船厂负责组装,供货方提供安装指导。

HJJ225/36-T 井架为海洋动态井架,在海上钻井过程中用以安装提升设备和工具,以及进行起下钻柱等作业。HJJ225/36-T 井架为塔形结构,井架体是一个横截面为矩形的可拆卸、栓装封闭式钢结构。该井架主要由井架体、天车人字架、天车台、天车梁、立管台和笼梯等部件组成,设有检修顶驱、取样作业等的走台。井架体由 H 形工字钢作立柱,整个井架体由 4 根立柱和若干横斜腹杆经高强度螺栓连成一个整体。

井架安装在第一甲板上,其主要技术参数见表 6-3-2。

表 6-3-2 井架主要技术参数

参数名称		取 值
最大工作钩载(4×5 轮系)/kN		2 250
井架有效高度/m		36
底部开裆(正面)/(m×m)		9.8×7.77
井架前大门高度/m		12.5
井架抗风能力(最大风速)	自存工况/($m \cdot s^{-1}$)(kn)	55(107)
	正常作业/($m \cdot s^{-1}$)(kn)	36(70)
远洋迁移		横摇 30°
		纵摇 10°
		周期 10 s
配套天车型号		TC-225H
理论自重/kg		82 000

井架上安装顶驱轨道,可防止游车组发生横向移动,同时也将反扭矩从顶驱传导到井架结构上。

工作台安装在第一甲板上,其形式为中间一个液压向下翻转的月池活动门,两侧为液压侧开门。下放井口基盘时,推开活动门,打开两侧侧开门;钻井作业时,关上侧开门和活动门,形成一个台面。在活动门井口处设有一个相当于转盘的钻杆通道。

工作台承受最大工作载荷为 2 250 kN,侧开门尺寸为 7 200 mm×1 650 mm(两套),推拉门尺寸为 7 200 mm×4 000 mm。

冲管通向顶驱的顶部,并且在顶部设计一个喇叭口,装有可远程控制开闭的球阀,用于钻井过程中需要从顶驱的顶部通过冲管内部和钻杆起放勘察取样工具。

6.3.3 钻井泵系统

钻井泵数量 2 台,安装在第一甲板下。建造方建造钻井泵底座并安装,同时负责输入和输出管线的连接。

钻井泵系统主要部件清单见表 6-3-3，主要技术参数见表 6-3-4。

表 6-3-3　钻井泵系统主要部件清单

序　号	名称规格	数　量	备　注
1	F-500 钻井泵/台	2	
2	小链轮总成/套	2	
3	大链轮总成/套	2	
4	大底座/套	2	
5	链条箱/套	2	
6	链条/套	2	
7	交流变频电机/台	2	
8	缸套/套	2	用户选择

表 6-3-4　钻井泵系统主要技术参数

参数名称	取　值
额定功率/hp(kW)	500(373)
冲程/mm	191
额定冲次/(r·min^{-1})	165
齿轮传动比	4.286∶1

6.3.4　钻杆处理系统

钻杆处理系统整体安装在第一甲板上。建造方提供底座和安装，并完成系统间的管线连接。

钻杆处理机械手主要技术参数为：适用钻具范围 2⅞～10¾ in，最大起升质量 3 000 kg，适用钻具最大长度 10 m，液压驱动方式。

钻杆盒系统主要技术参数为：容纳钻杆数量 4×87 根(5 in 钻杆)，适用钻具最大长度 10 m。

钻杆存放在钻杆盒中，由上部的抓管机根据程序顺序取出，然后通过抓管机移动将钻杆送入机械手中，机械手的两侧分别放置 2 个钻杆盒。

配套范围：钻杆盒 4 套，钻杆移动装置 2 套。

6.4　取样工具技术规格

1) 通用底部钻具组合(BHA)

通用底部钻具组合如图 6-4-1 所示，主要由取芯钻头、外筒组合等组成，上端与取芯钻具连接(6⅝FH 螺纹)，下端与取芯钻头连接(6⅝FH 螺纹)。钻头内通径为 94 mm。

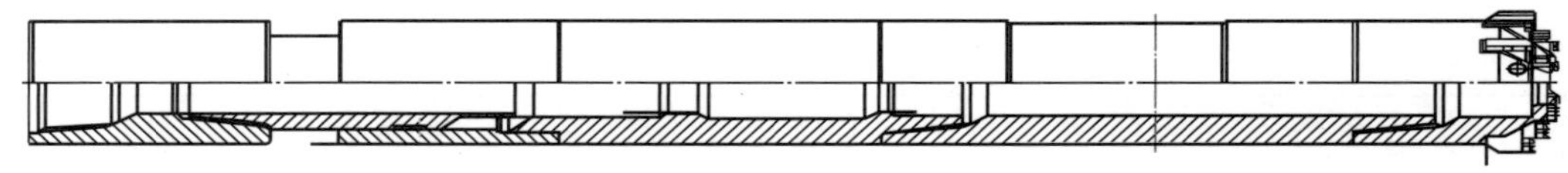

图 6-4-1　底部钻具组合示意图

2) 取样工具

取样工具主要有保压取样器、非保压取样器、钻进模式工具、外筒组合、取芯钻头等，见表 6-4-1。

表 6-4-1　取样工具规格列表

取样工具型号	工具最大外径/mm	取样直径/mm	取样长度/m	工具总长/m	备　注
保压取样器	97	30～50	1	工具长度见试验作业流程	射入和旋转取芯
非保压取样器	89	68	2～4		射入和旋转取芯
钻进模式工具	92				旋　转
外筒组合	209			5.8	
取芯钻头	240			0.34	取芯钻头内径为 94 mm

6.5　主井操作规程

6.5.1　航前准备

(1) 708 船依据中海油服勘察中心作业安全部下达的任务书及中海油服物探事业部 QHSE 管理体系的规定安排本船各部门做好航前准备。

(2) 工程取样人员准备各种取样工具与配套设备。

(3) 中海油服勘察中心作业安全部负责对通用《海洋石油 708 船工程地质钻探作业应急预案》进行审核，如该应急预案不能完全涵盖本次作业，应提请 708 船修改完善并获得审核确认。

(4) 708 船负责按中海油服物探事业部 QHSE 管理体系要求对参与海试的非本船人员进行例行安全教育、提示。

(5) 现场项目经理(708 船队经理兼任)负责组织由全体出海人员参加的航前动员会，会议内容包括但不限于：

① 本航次任务、作业海区、计划工期；

② 项目技术交底及参与单位任务分工；

③ 本航次项目作业各项工作安全风险分析(JSA)要点回顾。

6.5.2　钻前准备

(1) 根据作业海区的水深、钻进深度等情况，拟订作业方案(包括钻井液的配备、钻具组合方案等)，丈量钻具长度，设计下钻程序，准备钻探及取样工具和其他辅助工具等。

(2) 提前半小时给钻井系统设备供电。供电前须先启动钻井配电间空调并将温度调节至约 21 ℃，同时须提前给变频柜通风。

(3) 启动散料系统和钻井液混合系统，根据需要配备浓度与数量合适的钻井液。

(4) 启动钻井设备，用海水冷却泵。

(5) 按操作规程启动高/低压空压机及干燥器，给气瓶预充气。

(6) 根据作业水深给基盘氮气工作气瓶预充气。

(7) 启动组合液压站和基盘绞车液压站，做好开启月池门、下放海底基盘的准备。

(8) 启动管子处理系统液压站，做好下钻抓取钻杆的准备。

(9) 启动主/被动补偿液压站，做好下钻进行作业的准备。

(10) 启动变频器给主绞车、顶驱及钻井泵电机供电并启动相应的工作电机。

(11) 启动钻机绞车盘刹液压站。

(12) 启动并测试钻井泵的上水情况，检查并测试钻机指重表，调节顶驱补偿器，测试防碰天车以及钻机刹车系统，运转检查顶驱，测试海底液压钳，测试轨道液压大钳及鹰爪机和抓管机等设备。

(13) 配备 1 m 和 2 m 长的短钻杆各 3 件，以便取样时调整方余长度。

(14) 在月池附近安装一个鼠筒，以备拆卸取样工具。

6.5.3　下　钻

下钻步骤为：

(1) 船舶确认定位后，操作基盘绞车将基盘提升到合适的高度，打开月池门，再将基盘下放至水面下合适的高度(最少要下放 5 m)；关闭月池门，然后慢速将基盘提升至有利于下钻的高度，将基盘绞车停住并刹住车。

(2) 在未启动顶驱主动补偿器的情况下，将主/被动补偿油缸完全收缩，然后锁住隔离阀，根据海区水深及设计下钻程序，利用顶驱、抓管机、鹰爪机、轨道大钳等设备互相配合开始下钻作业。

(3) 接好最后一根钻杆后，提起钻柱，拉起卡瓦，调整补偿器气压，然后将钻柱下放至离海床约 1 m 的位置停住，准备下放基盘。

(4) 基盘下放之前，将定位测试好的声呐信标安装在合适的位置。

(5) 先给张力补偿器预充一定的氮气(该压力可根据作业水深的参数值偏大一点)，

下放基盘;待基盘下放至离海床约 20 m 位置时暂停,重新调整氮气压力;然后继续下放基盘,直至张力补偿杆伸出约中间位置并起到张力功能时停止下放。

6.5.4 取样作业

取样作业步骤为:

(1) 钻至设计深度后,打开钻井液球阀。

(2) 在不启动主动补偿器的情况下锁住海底钳。

(3) 操作取样绞车将选定的取样器提起,井架工及钻工在不同位置分别负责扶稳取样器,待取样器进入中心孔后,继续下放取样绞车钢丝绳,直至预定位置。

(4) 投放解卡器,将打捞器提离中心孔。

(5) 根据不同土层的土质情况按照不同类型取样工具的使用说明书要求操作钻井系统进行取芯;作业时在现场取芯工程师的指导下进行取芯操作。

(6) 取样完毕后,操作取样绞车下放打捞器并将取样器打捞出来,将取样工具放入鼠洞,用卡瓦卡在密封圈下边,平稳放置在钻台上,并按岩芯出筒操作程序进行取样器的拆卸。

(7) 现场地质录井测试组技术人员负责按相关要求对每次获取的岩土样品进行现场测量、试验、照相、记录描述及包装处理(试验时本条不需要)。

(8) 重复上述取样作业,直至取样作业完毕。

6.5.5 起钻作业

起钻作业步骤为:

(1) 根据钻进深度可先起出部分钻杆(注意不能起离海床)。

(2) 操作基盘绞车将基盘提升至月池门底部。注意:基盘将要到达船体底部时,要小心操作,时刻观察绞车及月池门等周边的动态,发现有触碰、刮边等情况时要马上停止操作,分析状况后采取合适方法重新提起基盘,不能采取硬拉等危险操作。

(3) 待基盘起至月池门底部合适高度后停住并刹住车,然后按步骤继续进行起钻作业。

(4) 起钻完毕后,将基盘下放至水面下 5 m 或更深的深度,打开月池门,将基盘提升至钻台,直至月池门能关闭的高度,关闭月池门,将基盘坐放在月池门上并固定好。

(5) 最后停掉相关运行设备,固定移动设备,并关掉所有电源。

6.6 取芯工作质量统计

岩芯出井后需初步进行取芯工作质量的统计记录,进一步的分析工作应在岩芯实验室内完成。根据保压和非保压工具的特点，保压水合物岩芯需要记录其直径和长度，而非保压水合物岩芯因为不能在常温常压下稳定存在，所以不便将保压内筒取出进行测量，只需记录是否取到岩芯及取芯成功率。

取样工具质量记录包括但不限于：

(1) 708 船作业日报；

(2) 作业定位报告；

(3) 钻井取芯作业班报；

(4) 现场取样记录；

(5) 钻井及取样设备状态检查表；

(6) 钻井设备运转记录表；

(7) 钻井作业交接班记录表；

(8) 钻井作业故障记录。

6.7　钻井液要求

当钻进井段遭遇地层复杂、坍塌及遇水膨胀、井筒异常高温等工艺难题时，要求钻井液具有耐低温及护壁保芯的性能。为了维持井壁稳定性，防止钻开的水合物层分解，必须保证钻井液具有良好的稳定孔壁和冷却性能，为此需要在钻开水合物层之前专门配制防水合物高温分解的低温钻井液或者在入井之前对钻井液进行冷却。

6.8　冷冻储存设备

1) 井口水合物冷却装置

水合物取出井筒后，常规地面环境不利于水合物的稳定存在，绳索取样工具将取芯筒提出井筒至甲板后，应迅速在井口对其进行冷却，因此在井口需要准备冷却或转移装置。冷却材料可以使用固体二氧化碳(干冰)，转移装置采用带压转移装置，如图 6-8-1、图 6-8-2 所示。

2) 水合物储存室

水合物储存室用于储存水合物岩芯。一般认为，常压下天然气水合物的平衡温度为 −76 ℃。挪威科技大学的 Gudmundsson 在 1990 年首先提出：在常压下将天然气水合物冷冻到水的冰点以下(−15～−5 ℃)，并保持完全绝热，水合物就可保持稳定。1994 年，Gudmundsson 等在常压下把水合物样品分别保存在 −5 ℃，−10 ℃，−18 ℃的容器中，对 10 d 内水合物的分解进行测试，发现水合物几乎不分解。当温度为 −18 ℃时，10 d 内水合物的气体释放量仅为其包含气体量的 0.85%。

图 6-8-1　取芯筒冷却

图 6-8-2　带压转移装置

3）水合物的带压转移

当保压筒到达地面后，首先对保压筒进行测压，发现有水合物岩芯后将保压筒与转移装置连接，把水合物岩芯带压转移到转移仓内，放入冷冻箱内进行低温储藏。

6.9　岩芯实验室

钻获的天然气水合物岩芯需要进行全面分析和测试，以获取可靠的地下地质信息和水合物物性。结合探测井信息资料，能够确定天然气水合物赋存区的位置、深度、面积、产状、规模、物性，以便进行矿床评价及储量计算；研究天然气水合物的成因、烃类来源、微生物活动以及对天然气水合物形成和分解的影响；研究海底模拟反射层（BSR）及其特性；研究含有天然气水合物的沉积层的稳定性及产生滑坡的可能性，以便在钻探施工及开采时采取相应的措施。

天然气水合物岩芯的主要测试内容包括：

（1）沉积岩类型、岩石稳定性、剪切强度、孔隙度、渗透性、有机物含量；

（2）海底地层水与沉积物孔隙水中的甲烷含量和盐度（氯离子异常）、孔隙水压力和同位素组成；

（3）水合物岩样的温度、压力、声速、透光率、晶体结构、水气比、气体物质组成与含量、气体同位素组成、天然气水合物在岩石样品中的饱和度。

测试工作可以在岩芯实验室（图 6-9-1）内完成，岩芯实验室可以为活动集装箱（高度为 10 ft，1 ft=0.304 8 m），箱内放置一些岩芯分析的测试仪器。为了防止水合物快速分解，实验室内温度应恒定在 6 ℃以下。

（1）利用改进的 IODP 压力取芯系统（PCS）及铝高压腔体、立式多传感器岩芯测试仪（MSCL-V）系统、多传感器岩芯测试仪-压力（MSCL-P）系统、X 射线扫描装置以及 PCS 抽气装置，配置岩芯记录系统，并通过冷却和提升装置完成压力岩芯的记录、分析、处理和转移，如图 6-9-2 所示。

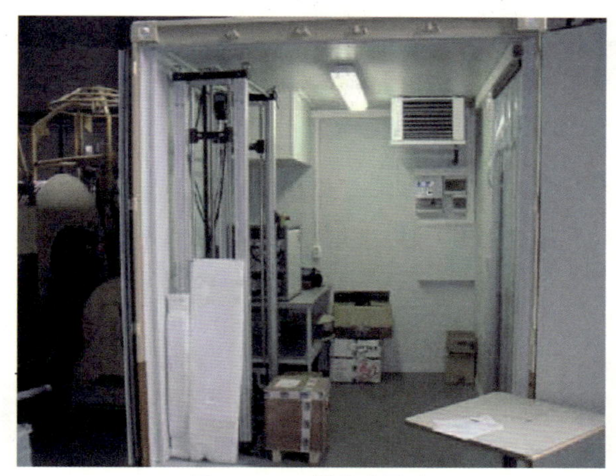

图 6-9-1　岩芯实验室

图 6-9-2　岩芯压力测量

（2）通过抽气实验测量释放出气体的成分和含量（图 6-9-3），进行现场原位压力和降压过程的岩芯无损测量，获取水合物存在信息，有助于解释区域地震数据。

图 6-9-3　利用分支管获取岩芯释放的气体

（3）通过改进红外热成像追踪系统（图 6-9-4），获得连续的岩芯温度数据。

图 6-9-4 红外热成像扫描

（4）利用X射线系统对压力岩芯进行扫描（图 6-9-5），在现场和取芯之后立即评价整个岩芯中所含的水合物数量和空间分布，并迅速提供无损地层结构信息，有利于补充多传感器岩芯记录仪所获取的信息。

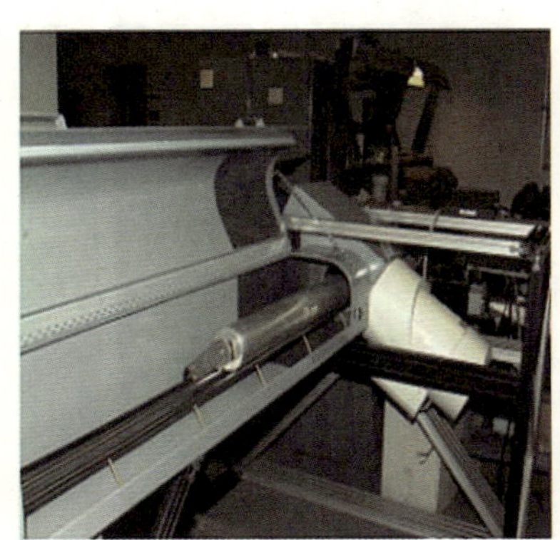

图 6-9-5 岩芯X射线扫描

（5）利用立式多功能岩芯测试仪（图 6-9-6）实现电阻率、波速、密度的测量。

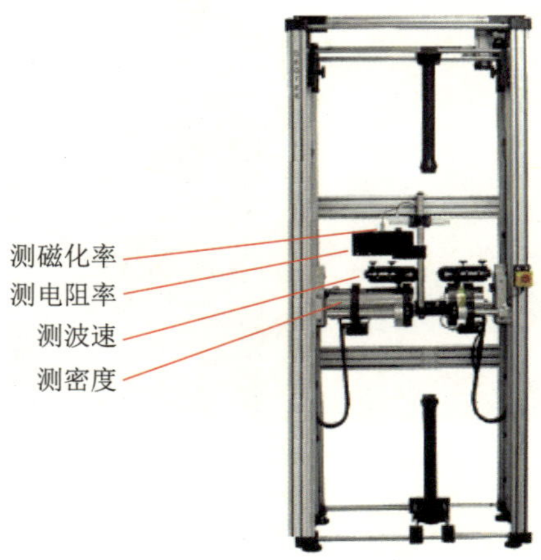

图 6-9-6 立式多功能岩芯测试仪

6.10　海上浅层水合物钻探取芯工程方案实施

6.10.1　施工组织

海上浅层天然气水合物钻探取样需要联合多家单位，为了施工安全和完成施工任务，成立了取样工具施工领导小组，领导小组的职责为：

(1) 安排海上施工的具体任务和目标；

(2) 确定施工井位；

(3) 协调施工单位合作事宜；

(4) 安排工具(设备)、人员的动迁事宜；

(5) 确定取芯井段、取芯层位、取芯类型；

(6) 审查施工方案和技术措施；

(7) 指挥、组织突发事件的处理。

6.10.2　施工分工

施工分工如下：

(1) 施工任务、目标及井位由勘探方确定；

(2) 船队靠港时间由管理部门确定并通知各单位；

(3) 船队实施设备动员及准备工作由管理部门完成；

(4) 取样工具的包装、运输由取样技术方完成，并按要求安全运抵指定码头；

(5) 工具、人员动迁时间由施工领导小组统一安排；

(6) 取芯施工前召开技术交底会议，施工人员相互了解工艺流程及技术措施；

(7) 取出的岩芯由地质录井人员按要求整理、包装、储存、运输；

(8) 施工结束后由指定方负责施工报告的编写，由施工领导小组确定施工总结会议时间，与会人员交流本次施工成果并提出改进意见。

6.10.3　安全要求

(1) 试验工作开始前和交接班时要召开全体参与调试人员的工作会议，主要包括但不限于以下会议内容：

① 明确试验目的和任务；

② 明确岗位职责分工和交接班制度；

③ 明确作业流程和各项设备的操作规程及注意事项；

④ 进行风险评估，总结预防措施；

⑤ 可能的设备故障原因分析和处理方法。

(2) 除严格执行公司安全管理规定外，还必须做以下几项工作：

① 试验前组织一次安全会议，确保所有参与人员在试验期间对安全问题有充分的认识；

② 在试验过程中所有无关人员必须撤离调试现场；

③ 所有参加试验的人员的穿戴应符合有关安全规定；

④ 检验所有安全绳索和卸扣已经正确安装；

⑤ 所有参与人员必须意识到调试的所有阶段都存在潜在的环境隐患，确保采取防范措施以降低任何潜在环境隐患；

⑥ 在调试过程中，当调试存在危险或将要发生危险时，任何参与调试人员在任何时间均有权通知停止调试；

⑦ 现场应配备多个便携式无线电通信设备，以便调试人员之间联系，并对任何远程控制设备的调试进行指导；

⑧ 现场要配备医务人员和急救箱，以便人员受伤时立即实施救治。

6.10.4 应急预案

(1) 取芯施工人员执行 708 船的生活安全规定，服从 708 船的管理，发生意外时服从 708 船的组织并执行 708 船应急预案。

(2) 取芯施工作业按预先设计的方案操作执行，若发生意外事件则按 708 船应急预案执行。在任何状态下，应以保证所有施工人员、井下和设备的安全为主，在此前提下应尽最大可能、最大限度地确保取样工具安全和岩芯质量。

(3) 取芯施工人员无权干涉钻井船对突发事件的处置并服从统一指挥。

6.10.5 注意事项

(1) 由于取样工具较长，在上提工具时可能受到顶驱上面的空间限制，因此每次的方余不能超过 3 m；

(2) 平台配 3 根以上短于 3 m 的钻杆；

(3) 大门空间尺寸矮，工具下放时使用滑车；

(4) 配有专用鼠洞时，可以先将取样工具放入鼠洞，然后进行工具拆卸。

第7章
钻探过程水合物分解规律研究

天然气水合物的分解受到温度、压力、钻井液组分及类型的影响。目前国外在天然气水合物钻探中推出的钻井液类型主要有水基钻井液和油基钻井液两大类。本实验分别用水基钻井液和油基钻井液两大体系研究天然气水合物在不同温度、压力、抑制剂作用下的分解规律，从而优选出适用的钻井液体系。海底的天然气水合物地层温度一般为0～4 ℃，为了确保钻井安全尽量采用低温钻井液，所用循环钻井液体系温度通常在0～6 ℃之间。

7.1 实验流程

(1) 把制备好的水合物沉积物试样放入主体实验筒中。

(2) 连接好所有相关仪器设备，并将事先冷却好的温度达到实验要求的钻井液放入钻井液循环筒中，同时查看设备是否有泄漏。

(3) 打开氮气瓶阀门及左侧循环筒进气口阀门和右侧连通广口瓶的通气口阀门进行循环，广口瓶对应通气管有气泡产生即循环开始，每隔5 min依次读取波形并记录主体实验筒3对探头(探头①、探头②及探头③)的纵波波速。

(4) 当广口瓶中对应通气管不再有气泡冒出时，一次循环结束。打开右侧循环筒进气口阀门和左侧连通广口瓶的通气口阀门，进行循环，广口瓶对应通气管有气泡产生即循环开始，每隔5 min依次读取波形并记录主体实验筒3对探头的纵波波速。

(5) 重复步骤(3)和(4)得到整个循环反应过程中所测的全部数据。

利用水作为循环液体进行实验，用于检查设备的完整密封性。保持循环水温度为3 ℃，实验所用水合物试样饱和度为70%，冷库温度设为0 ℃，试样加压系统施加的压力为13 MPa，进行循环实验，记录3对探头所测数据并绘制图形，如图7-1-1所示。

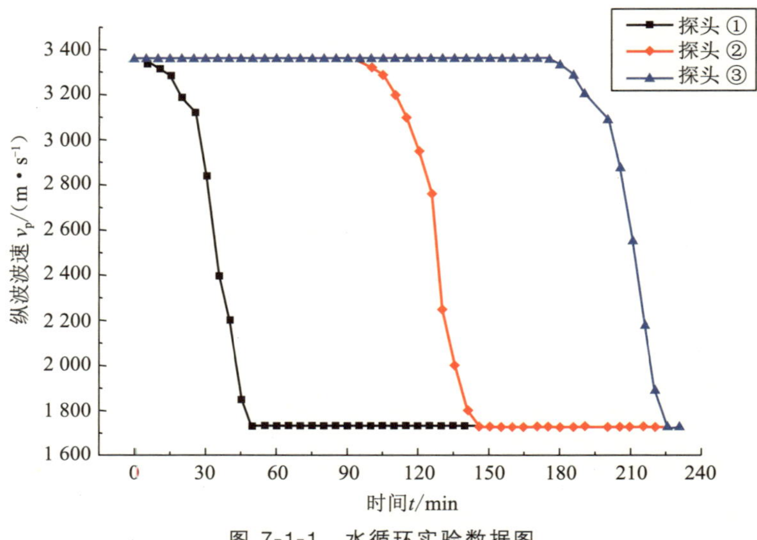

图 7-1-1 水循环实验数据图

7.2 水基钻井液体系实验

以下实验均以水基钻井液体系为循环液体，模拟钻井液在地层中的循环，改变不同的条件以探究温度、压力及不同抑制剂对天然气水合物沉积物分解的影响规律。在确定天然气水合物层中的天然气水合物饱和度的前提下进行实验，设定冷库温度为 0 ℃。

7.2.1 不同温度的水基钻井液循环实验

为了模拟水合物层实际条件，结合实验设备的性能，将此钻井液循环实验的条件设定为：加压系统施加轴向压力 13 MPa，水基钻井液不添加抑制剂，所用钻井液温度分别为 1 ℃，3 ℃和 5 ℃，水合物饱和度分别为 70%，50%和 30%，通过温控系统保持钻井液温度基本恒定。模拟不同温度水基钻井液在地层中的循环，测得声波波速随时间变化的数据，如图 7-2-1～图 7-2-3 所示。

对于水基钻井液温度为 1 ℃的实验组（图 7-2-1），实验初始时刻测得的声波波速为 3 359 m/s，随着循环实验的进行，此后每隔 5 min 点击测量各个探头的波速值。探头 ① 的波速值在 15 min 时开始变化，并且在 120 min 时变为 1 735 m/s，随后的实验过程中，此值基本稳定。随着钻井液的不断渗透，探头 ② 的测量声波波速从 150 min 开始变化，并且在 255 min 时稳定为 1 735 m/s。探头 ③ 的测量声波波速从 285 min 开始变化，稳定时刻为 390 min。3 对探头的波速趋于稳定，表明钻井液已经循环渗透完整个实验筒体。

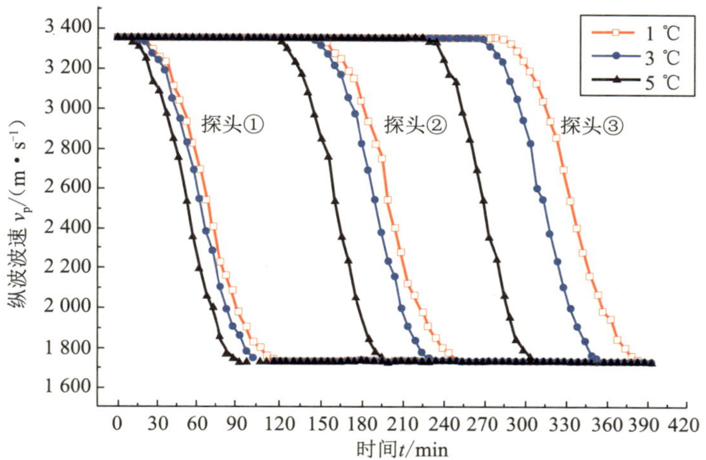

图 7-2-1　不同水基钻井液温度下 70% 饱和度试样的纵波速度随时间的变化

注：每个温度条件下的 3 条曲线分别为 3 对探头所测的纵波波速值，以下温度实验数据图均按照此规则。

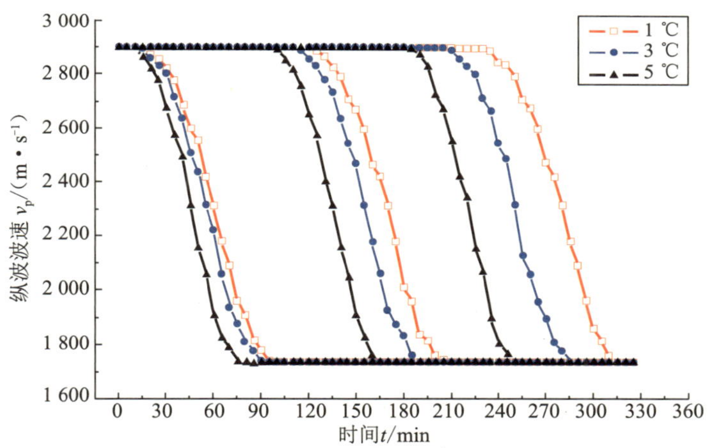

图 7-2-2　不同水基钻井液温度下 50% 饱和度试样的纵波速度随时间的变化

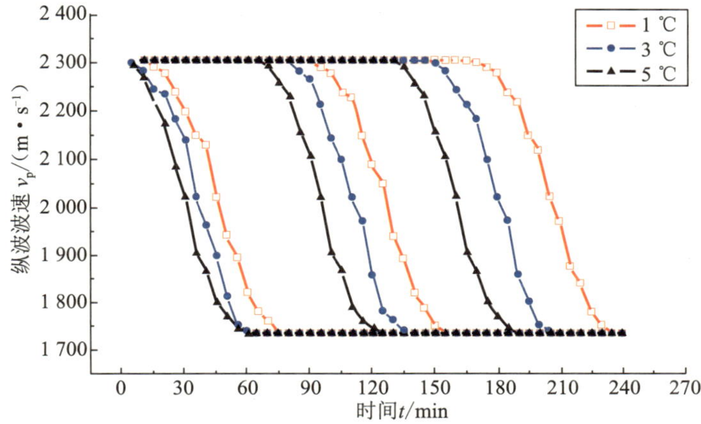

图 7-2-3　不同水基钻井液温度下 30% 饱和度试样的纵波速度随时间的变化

对于水基钻井液温度为 3 ℃的实验组(图 7-2-1)进行相同的循环实验，此时所用水合物沉积物试样与之前的试样一致，因此探头测得的初始波速相同。在实验进行到 105 min 时，探头 ① 的波速测量值稳定在 1 735 m/s；探头 ② 的波速测量值在 235 min 时稳定在 1 735 m/s，探头 ③ 的波速稳定时刻为 360 min。对于水基钻井液温度为 5 ℃的实验组，进行相同的循环实验，所用水合物沉积物试样与之前的试样一致，探头测得的初始波速相同。在实验进行到 90 min 时，探头 ① 的波速测量值稳定在 1 735 m/s，探头 ② 的波速在 200 min 时稳定为 1 735 m/s，探头 ③ 的波速稳定时刻为 310 min。

图 7-2-2 所示为水合物饱和度 50%的试样在不同温度水基钻井液作用下 v_p 随时间变化曲线。探头测得的初始波速为 2 895 m/s，低于试样水合物饱和度为 70%时的初始波速。由图可以得出，温度对水合物分解的影响趋势依然是温度越高，水合物分解越快。对比图 7-2-2 与图 7-2-1 可以发现，循环反应时间比试样水合物饱和度为 70%时有所缩短，主要原因是水合物试样中所含水合物的量减少了。

对于水基钻井液温度为 1 ℃的实验组，实验初始时刻测得的声波波速为 2 895 m/s，随着循环实验的进行，此后每隔 5 min 点击测量各个探头的波速值。探头 ① 的波速值在 100 min 时变化为 1 735 m/s，随后的实验过程中，此值处于基本稳定状态，说明钻井液完全渗透过探头 ① 所处的深度。随着钻井液的不断渗透，试样中的水合物分解，探头 ② 的测量声波速度也开始变化，并于 210 min 时稳定为 1 735 m/s；探头 ③ 波速稳定的时刻为 320 min。3 对探头的波速趋于一致且稳定，表明钻井液已经循环渗透完成实验筒体，实验筒体中的水合物完全分解。钻井液温度为 3 ℃的实验组进行相同的循环实验，此时所实验的水合物沉积物试样与之前的试样一致，因此探头测得的初始波速相同。实验进行 95 min 时，探头 ① 的测量值稳定在 1 735 m/s，探头 ② 则在 195 min 时稳定为 1 735 m/s，探头 ③ 波速稳定的时刻为 290 min。对于钻井液温度为 5 ℃的实验组，进行相同的循环实验，所用水合物沉积物试样与之前的试样一致，因此探头测得的初始波速相同。实验进行到 80 min 时，探头 ① 的测量值稳定在 1 735 m/s，探头 ② 则在 170 min 时稳定在 1 735 m/s，探头 ③ 波速稳定的时刻为 255 min。

对于水合物饱和度为 30%的试样，实验初始时刻探头测定的声波波速为 2 308 m/s(图 7-2-3)，每隔 5 min 用声波仪测定即时波速，并记录数值。当钻井液温度为 1 ℃时，探头 ① 的波速测量值在 80 min 时达到 1 736 m/s，并且趋于稳定；探头 ② 的波速测量值在 160min 时稳定在 1 736 m/s；探头 ③ 的波速测量值在 240 min 时稳定在 1 736 m/s。当钻井液温度为 3 ℃时，探头 ① 的波速测量值在 65 min 时达到 1 736 m/s，并且趋于稳定；探头 ② 的波速测量值在 140 min 时稳定在 1 736 m/s；探头 ③ 的波速测量值在 210 min 时稳定在 1 736 m/s。当钻井液温度为 5 ℃时，探头 ① 的波速测量值在 60 min 时达到 1 736 m/s，并且趋于稳定；探头 ② 的波速测量值在 125 min 时稳定在 1 736 m/s；探头 ③ 的波速测量值在 190 min 时稳定在 1 736 m/s。由于水合物饱和度较低，试样水合物含量较少，在较短时间内钻井液使试样中的水合物完全分解，所以该实验中循环时间小于水合物饱和度为 50%和 70%的试样的循环时间。

温度影响钻井过程中天然气水合物沉积物的分解，从而影响钻井中水合物沉积物层的井壁稳定。下面分析水基钻井液温度对地层水合物分解时间的影响。实验条件设置同前，其中水合物饱和度取为 50%，以探头 ② 处水合物从分解开始至结束的时间差 Δt_1 来表征水合物分解时间。通过对图 7-2-2 的实验数据进行拟合，得到探头 ② 处水合物分解时间 Δt_1 与钻井液温度 T 的关系式为：

$$\Delta t_1 = -2.5T + 87.5 \tag{7-2-1}$$

同时，取探头 ② 处水合物开始分解的时间来分析不同温度时水基钻井液对地层侵入影响的情况，以此研究井筒处水基钻井液对地层的浸泡时间对地层水合物分解的影响。通过数据分析，得到水基钻井液侵入地层波及探头 ② 的时间 $t_{初1}$ 与水基钻井液温度 T 的关系式为：

$$t_{初1} = -7.5T + 134.17 \tag{7-2-2}$$

由式(7-2-1)可以看出，随着钻井液温度的增加，水合物分解时间变短，即分解速率变大。同时，从图 7-2-1～图 7-2-3 中可以看出，不同水合物饱和度及不同探头位置时，地层水合物分解速率与钻井液温度的关系与上述规律相同。因此从维持井壁稳定角度来看，当钻遇天然气水合物层时，应尽量采用低温钻井液。

7.2.2　不同轴向压力的水基钻井液循环实验

变轴向压力实验条件为：水基钻井液温度为 3 ℃，通过温控系统保持水基钻井液温度基本恒定，水基钻井液不添加抑制剂，设定水合物试样的轴向压力分别为 10 MPa，13 MPa，16 MPa，模拟钻井液对不同埋藏深度天然气水合物层分解的影响规律，结果如图 7-2-4 所示。

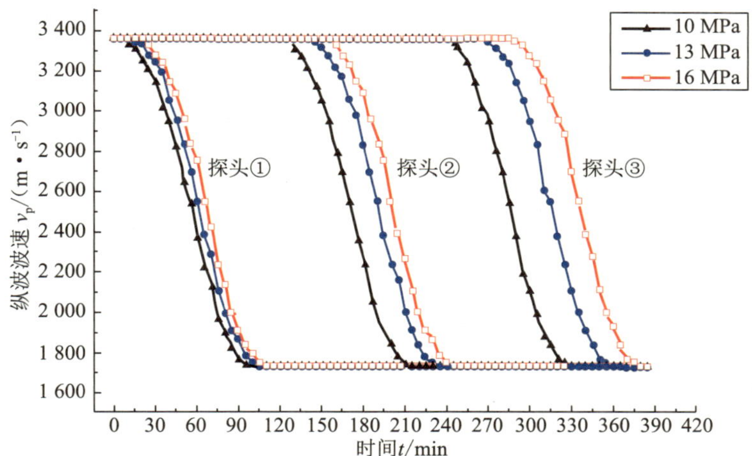

图 7-2-4　不同轴向压力作用下 70% 饱和度试样的纵波波速随时间的变化

注：每个压力条件下的 3 条曲线分别为 3 对探头所测的纵波波速值，以下压力实验数据图均按照此规则。

当对试样施加的轴向压力为 10 MPa 时，实验初始时刻测得的声波波速为 3 359 m/s (图 7-2-4)，随着循环实验的进行，每隔 5 min 测量并记录各探头的波速值。探头 ① 的波速值最先出现波动下降，并且在 100 min 时达到 1 735 m/s，后续实验中基本稳定，说明水基钻井液完全渗透过探头 ① 所处的深度。随着实验的继续进行，探头 ② 的波速测量值也开始变化，并且于 215 min 时稳定在 1 735 m/s；探头 ③ 波速稳定的时刻为 330 min。3 对探头的波速趋于稳定，表明水基钻井液已经循环渗透完整个实验筒体。对于试样施加的轴向压力为 13 MPa 的实验组，循环实验情况与之前温度实验中温度 3 ℃、压力 13 MPa 的情况相同，因此不必进行重复实验。对于试样施加的轴向压力为 16 MPa 的实验组，当实验进行到 110 min 时，探头 ① 的测量值稳定在 1 735 m/s，探头 ② 则在 245 min 时稳定为 1 735 m/s，探头 ③ 波速稳定的时刻为 380 min。

下面分析在水基钻井液作用下不同埋深的上覆岩层压力对地层水合物分解时间的影响。实验条件设置同前，其中水合物饱和度取为 50%，以探头 ② 处水合物从分解开始至结束的时间差 Δt_2 来表征水合物分解时间。通过对图 7-2-5 所示实验数据进行拟合，得到探头②处水合物分解时间与不同埋深的上覆岩层压力 p 的关系式为：

$$\Delta t_2 = 0.83p + 67.5 \tag{7-2-3}$$

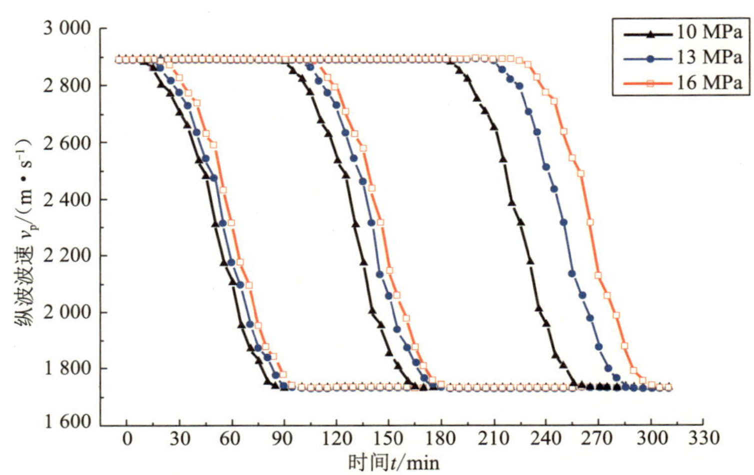

图 7-2-5　不同轴向压力作用下 50% 饱和度试样的纵波波速随时间的变化

同时，取探头 ② 处水合物开始分解的时间来分析不同埋深的上覆岩层压力作用时水基钻井液对地层侵入影响的快慢情况，以研究井筒处水基钻井液对地层的浸泡时间对地层水合物分解的影响。通过数据分析，得到水基钻井液侵入地层波及探头 ② 的时间 $t_{初2}$ 与不同埋深的上覆岩层压力 p 的关系式为：

$$t_{初2} = 1.67p + 78.33 \tag{7-2-4}$$

由式(7-2-3)可以得出，随着上覆岩层压力增加，水合物分解时间增长，即分解速率变小。同时，由图 7-2-4～图 7-2-6 可以得出，不同水合物饱和度及不同探头位置时地层水合物分解速率与上覆岩层压力变化具有相同的规律。由上述图形对比可以明显得出：低饱和度的试样水合物含量较少，整个循环所用时间随水合物饱和度递减而递减。深度较浅的水合物层，压实程度较低，为防止井壁坍塌，浅层水合物层钻井更应该注意钻井液选取和钻井工艺的选择。

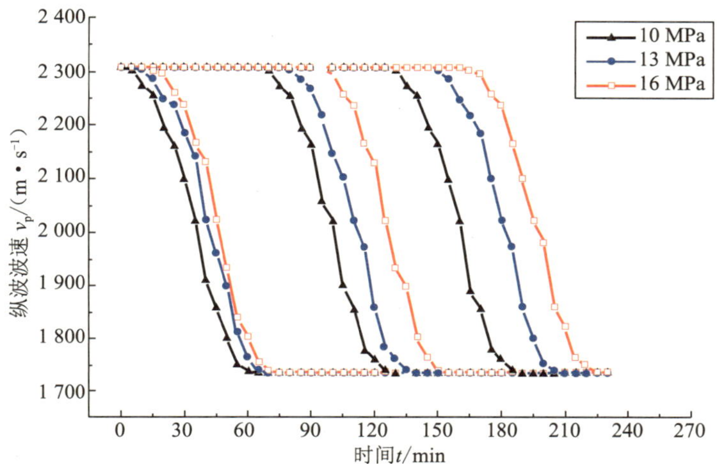

图 7-2-6　不同轴向压力作用下 30% 饱和度试样的纵波波速随时间的变化

7.2.3　添加抑制剂的水基钻井液循环实验

以 NaCl 和乙二醇为例研究常规水合物抑制剂对水合物沉积物试样分解的影响规律。

1）原浆中添加 NaCl 循环实验

以 NaCl 为抑制剂的实验：钻井液温度为 3 ℃，主体实验筒轴向压力为 13 MPa，分别在原浆中添加质量分数为 0，10%，15%的 NaCl，进行钻井液循环实验。测得声波波速随时间变化的数据，如图 7-2-7～图 7-2-9 所示。

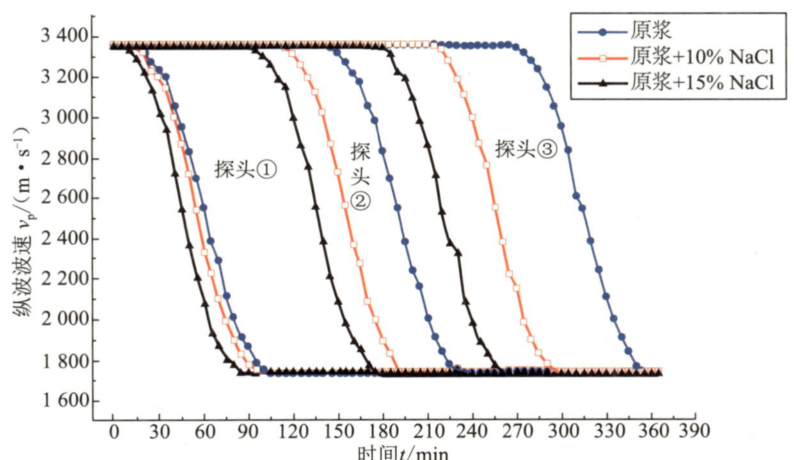

图 7-2-7　添加 NaCl 的水基钻井液作用下 70% 饱和度试样的纵波波速随时间的变化

注：每个抑制剂条件下的 3 条曲线分别为 3 对探头所测的纵波波速值，以下抑制剂实验数据图均按照此规则。

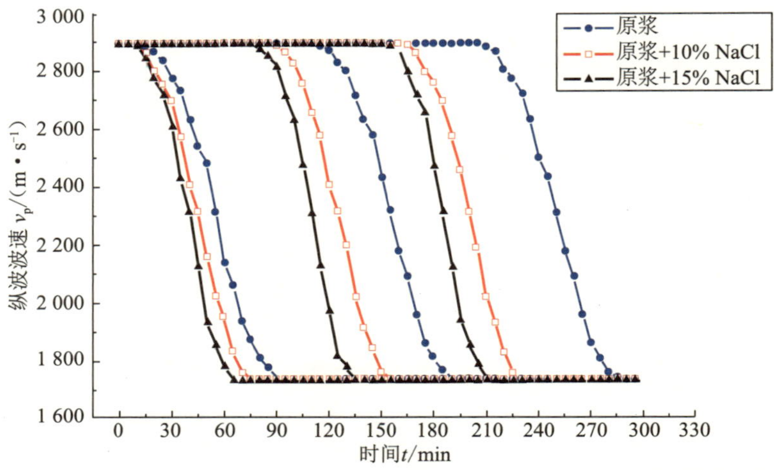

图 7-2-8　添加 NaCl 的水基钻井液作用下 50% 饱和度试样的纵波波速随时间的变化

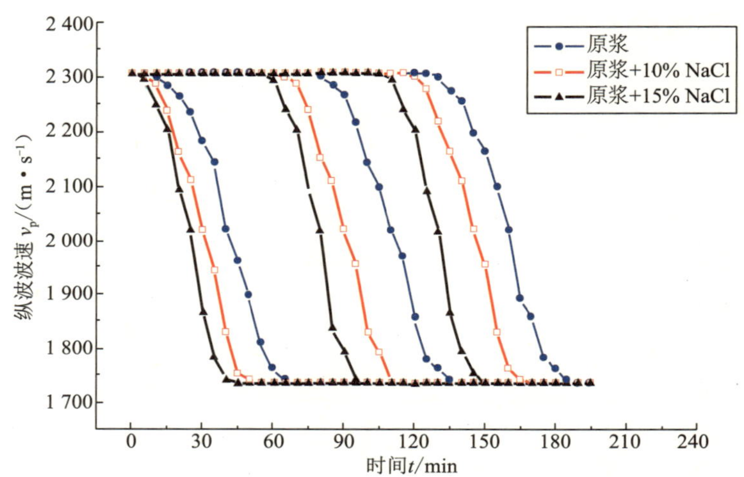

图 7-2-9　添加 NaCl 的水基钻井液作用下 30% 饱和度试样的纵波波速随时间的变化

对于饱和度为 70% 的水合物试样，实验中水合物沉积物的总分解时间分别为：360 min（不添加 NaCl）、295 min（添加 10%NaCl）以及 265 min（添加 15%NaCl），实验时间明显变短。这说明添加 NaCl 的钻井液对水合物沉积物分解起促进作用。

由图 7-2-7～图 7-2-9 对比可以看出，随着水合物试样饱和度的降低，总实验时间呈减小趋势，饱和度越低，水合物分解的总时间越短。钻井液中 NaCl 的添加，可以明显缩短循环实验的反应总时间，NaCl 对水合物分解具有显著的促进作用。

2）原浆中添加乙二醇循环实验

该钻井液循环实验的钻井液温度为 3 ℃，主体实验筒的轴向压力为 13 MPa，分别在原浆中添加质量分数为 0，10%，15% 的乙二醇。测得的声波随时间变化的数据如图 7-2-10～图 7-2-12 所示。

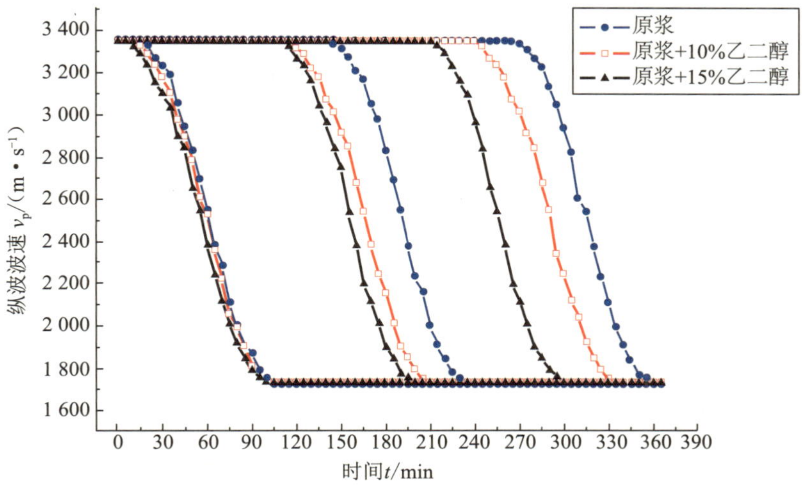

图 7-2-10　添加乙二醇的水基钻井液作用下 70% 饱和度试样的纵波波速随时间的变化

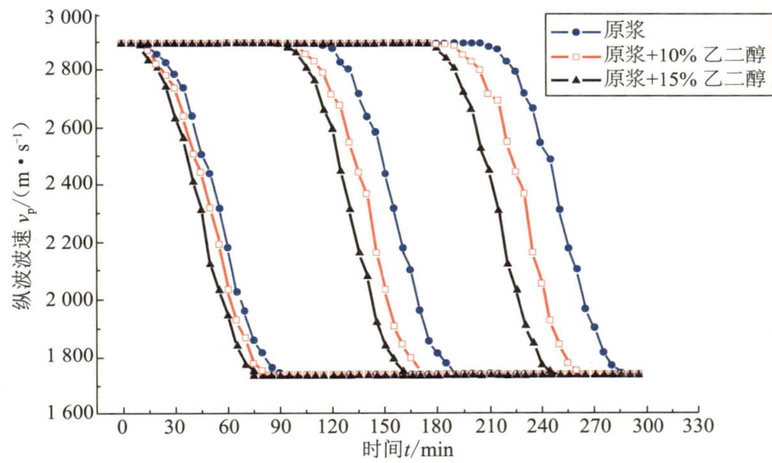

图 7-2-11　添加乙二醇的水基钻井液作用下 50% 饱和度试样的纵波波速随时间的变化

对于饱和度为 70% 的水合物试样，实验中水合物沉积物的总分解时间分别为 360 min（不添加乙二醇）、335 min（添加 10%乙二醇）以及 300 min（添加 15%乙二醇），实验时间明显变短。这说明添加乙二醇的钻井液对水合物沉积物分解起促进作用。

由图 7-2-10～图 7-2-12 对比可得，随着水合物饱和度的降低，总反应时间逐渐减少；乙二醇的添加量增大时，水合物分解所需时间减少。与图 7-2-7～图 7-2-9 对比发现，乙二醇对水合物分解的促进作用弱于 NaCl 对水合物分解的促进作用。热力学抑制剂中盐类水溶液中离子的存在，会增加与水分子的竞争，使得水的结晶构成被破坏，水和烃分子之间的热力学平衡条件改变，水合物不稳定；醇类在水中的含量增加同样会使水的组织结构和笼形包含物被破坏，从而使水合物稳定所需温度降低。

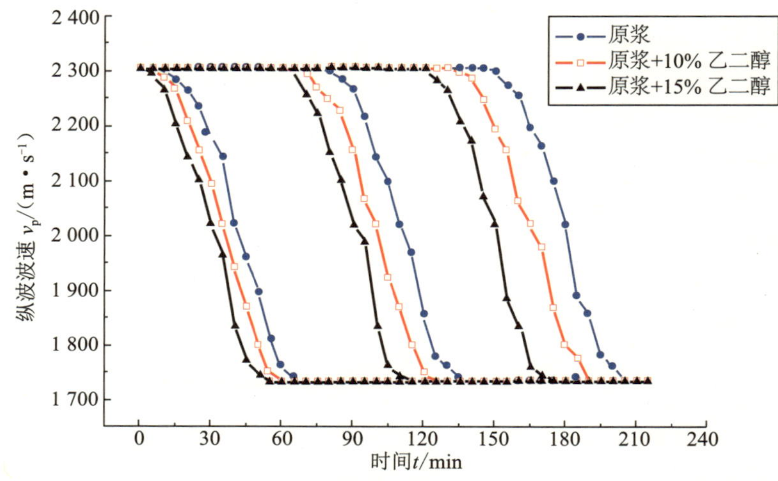

图 7-2-12　添加乙二醇的水基钻井液作用下 30% 饱和度试样的纵波波速随时间的变化

7.3　油基钻井液体系实验

油基钻井液体系是指以白油＋2％RJ-1＋2％RJ-2＋0.7％TJ-1＋5％LF-1 为原浆的钻井液体系。以下实验主要是以该体系为循环液体，模拟钻井液在地层中的渗透作用，改变不同的条件以探究温度、压力及不同抑制剂对天然气水合物沉积物分解的影响规律。在确定天然气水合物层中水合物饱和度的前提下进行实验，设定冷库温度为 0 ℃。

7.3.1　不同温度的油基钻井液循环实验

不同温度油基钻井液循环实验的条件设定为：加压系统施加轴向压力 13 MPa，钻井液不添加抑制剂，所用油基钻井液温度分别为 1 ℃，3 ℃和 5 ℃，水合物饱和度分别为 70％，50％和 30％，通过温控系统保持钻井液温度基本恒定。模拟不同温度油基钻井液在地层中的循环，测得声波波速随时间变化的数据，如图 7-3-1～图 7-3-3 所示。

对于钻井液温度为 1 ℃的实验组（图 7-3-1），实验初始时刻测得的声波波速为 3 359 m/s，随着循环实验的进行，此后每隔 5 min 点击测量各个探头的波速值。探头 ① 的波速值最先开始变化，115 min 时测量值变为 1 730 m/s，随后的实验过程中，此值基本稳定，说明油基钻井液完全渗透过探头 ① 所处的深度。随着油基钻井液的不断渗透，探头 ② 的测量声波波速也开始变化，并于 235 min 时稳定为 1 730 m/s，探头 ③ 波速稳定的时刻为 350 min。3 对探头的波速趋于稳定，表明钻井液已经循环渗透完整个实验筒体。

对于油基钻井液温度为 3 ℃的实验组，进行相同的循环实验，水合物沉积物试样与之前的试样一致，因此探头测得的初始波速相同。在实验进行到 100 min 时，探头 ① 的波速测量值稳定在 1 730 m/s，探头 ② 则在 215 min 时稳定在 1 730 m/s，探头 ③ 波速稳定时刻为 320 min。

对于油基钻井液温度为 5 ℃的实验组，进行相同的循环实验，水合物沉积物试样与之前的试样一致，因此探头测得的初始波速相同。在实验进行到 90 min 时，探头 ① 的波速测量值稳定为 1 730 m/s，探头 ② 则在 190 min 时稳定为 1 730 m/s，探头 ③ 波速稳定时刻为 285 min。

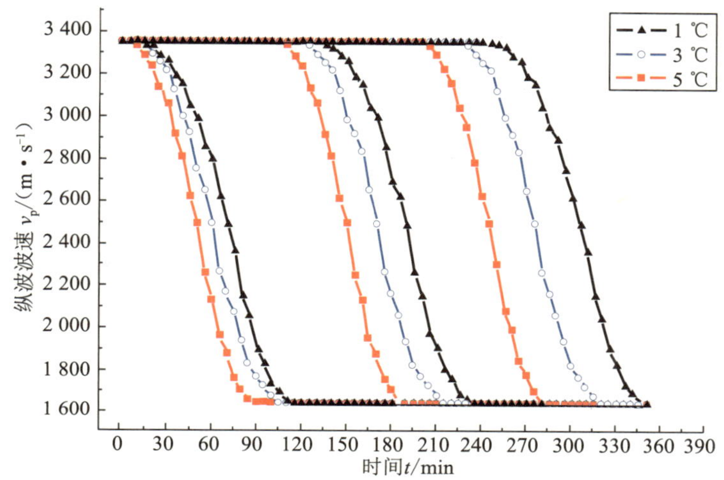

图 7-3-1　不同油基钻井液温度下 70% 饱和度试样的纵波波速随时间的变化

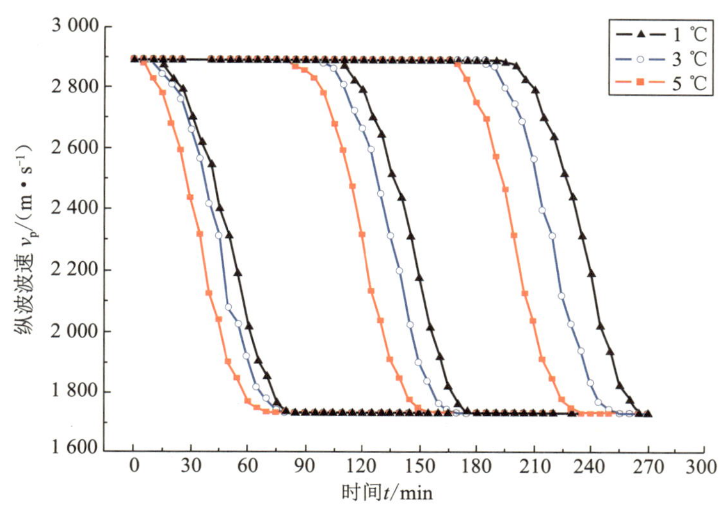

图 7-3-2　不同油基钻井液温度下 50% 饱和度试样的纵波波速随时间的变化

图 7-3-2 所示为水合物饱和度 50% 的试样在不同油基钻井液温度下纵波波速 v_p 随时间变化曲线。探头测得的初始波速为 2 895 m/s，低于试样水合物饱和度为 70% 时的初始波速。

水合物饱和度为 30% 的试样实验初始时刻探头测定的声波波速为 2 308 m/s（图 7-3-3）。当油基钻井液温度为 1 ℃时，探头 ① 的波速测定值在 70 min 时达到 1 730 m/s，并且趋于稳定；探头 ② 的波速测定值在 140 min 时稳定在 1 730 m/s；探头 ③ 的波速测定值在 210 min 时稳定在 1 730 m/s。当油基钻井液温度为 3 ℃时，探头 ① 的波速测定值在 60 min 时达到 1 730 m/s，并且趋于稳定；探头 ② 的波速测定值在 130 min 时稳定在 1 730 m/s；探头 ③ 的波速测定值在 195 min 时稳定在 1 730 m/s。当油基钻井液温度为 5 ℃时，探头 ① 的波速测定值在 55 min 时达到 1 730 m/s，并且趋于稳定；探头 ② 的波速测定值在 120 min 时稳定在 1 730 m/s；探头 ③ 波速的测定值在 180 min 时稳定在 1 730 m/s。由图 7-3-3 可以看出，温度升高对水合物分解起促进作用；由于水合物饱和度较低，试样水合物含量较少，在较短时间内钻井液使试样中的水合物完全分解，所以该实验的循环时间小于水合物饱和度为 50％和 70％的试样的循环时间。

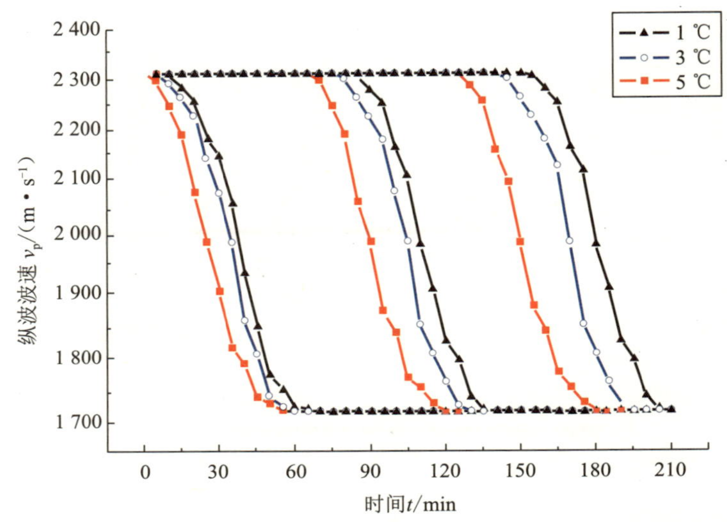

图 7-3-3　不同油基钻井液温度下 30% 饱和度试样的纵波波速随时间的变化

实验条件设置同前，其中水合物饱和度取为 50％，以探头 ② 处水合物从分解开始至结束的时间差 $\Delta t_1'$ 来表征水合物分解时间。通过对图 7-3-2 的实验数据进行拟合，得到探头 ② 处水合物分解时间与钻井液温度 T 的关系式为：

$$\Delta t_1' = -3.75T + 79.58 \tag{7-3-1}$$

同时，取探头 ② 处水合物开始分解的时间来分析不同温度时油基钻井液对地层侵入影响的情况，以此研究井筒处油基钻井液对地层的浸泡时间对地层水合物分解的影响。通过数据分析，得到油基钻井液侵入地层波及探头 ② 的时间 $t'_{初1}$ 与油基钻井液温度 T 的关系式为：

$$t'_{初1} = -5T + 111.67 \tag{7-3-2}$$

从式(7-3-1)中可以得出，随着油基钻井液温度的增加，水合物分解时间变短，即分解速率增大。同时，由图 7-3-1～图 7-3-3 可以得出，不同水合物饱和度及不同探头位置时，地层水合物分解速率与油基钻井液温度的关系与上述规律相同。

7.3.2　不同轴向压力的油基钻井液循环实验

试样水合物饱和度为 70%，油基钻井液不添加抑制剂，设定钻井液温度为 3 ℃，分别变化主体实验筒的轴向压力为 10 MPa，13 MPa，16 MPa，结果如图 7-3-4～图 7-3-6 所示。

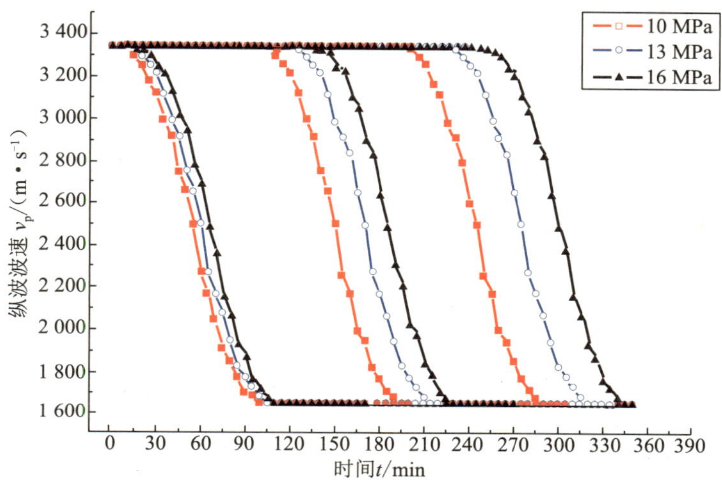

图 7-3-4　不同轴向压力作用下 70% 饱和度试样的纵波波速随时间的变化

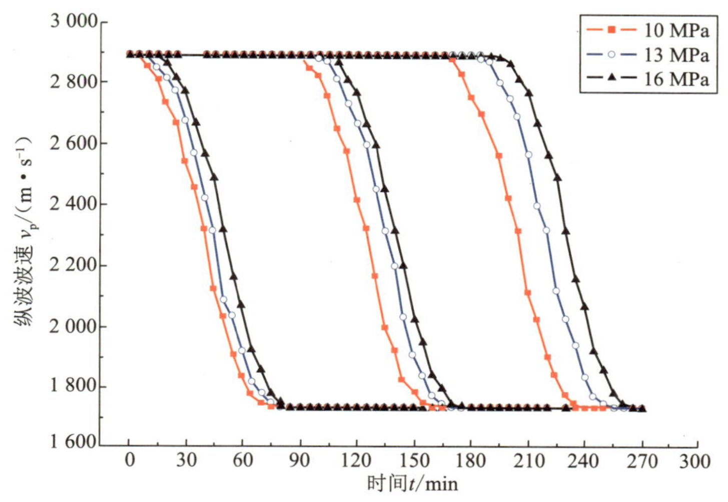

图 7-3-5　不同轴向压力作用下 50% 饱和度试样的纵波波速随时间的变化

当对试样施加的轴向压力为 10 MPa 时，实验初始时刻测得的声波波速为 3 359 m/s(图 7-3-4)，随着循环实验的进行，此后每隔 5 min 测量并记录各探头的波速值。探头 ① 的波速值最先出现波动下降，并且在 100 min 时达到 1 730 m/s，后续实验中基本稳定，说明油基钻井液完全渗透过探头 ① 所处的深度。随着实验的继续进行，探头 ② 的波速测量值也开始变化，并且于 195 min 时稳定为 1 730 m/s，探头 ③ 波速稳定的时刻为 290 min。3

对探头的波速趋于稳定，表明油基钻井液已经循环渗透完整个实验筒体。对于试样施加的轴向压力为 13 MPa 时的试验组，循环实验情况与之前温度实验中温度 3 ℃、压力 13 MPa 的情况相同，因此不必进行重复实验。当对试样施加的轴向压力为 16 MPa 的实验组，实验进行到 110 min 时，探头 ① 的波速测量值稳定在 1 730 m/s，探头 ② 则在 230 min 时稳定为 1 730 m/s，探头 ③ 的波速稳定的时刻为 345 min。

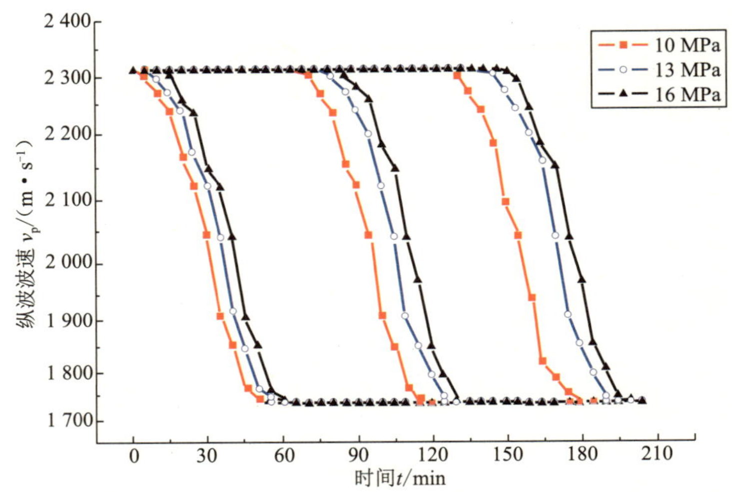

图 7-3-6　不同轴向压力作用下 30% 饱和度试样的纵波波速随时间的变化

下面分析在油基钻井液循环作用下不同埋深的上覆岩层压力对地层水合物分解时间的影响。实验条件设置同前，其中水合物饱和度取为 50%，以探头 ② 处水合物从分解开始至结束的时间差 $\Delta t_2'$ 来表征水合物分解时间。通过对图 7-3-5 的实验数据进行拟合，得到探头 ② 处水合物分解时间与不同埋深的上覆岩层压力 p 的关系式为：

$$\Delta t_2' = 1.67p + 43.33 \tag{7-3-3}$$

同时，取探头 ② 处水合物开始分解的时间来分析不同埋深的上覆岩层压力作用时油基钻井液对地层侵入影响的快慢情况，以研究井筒处油基钻井液对地层的浸泡时间对地层水合物分解的影响。通过数据分析，得到油基钻井液侵入地层波及探头 ② 的时间 $t'_{初2}$ 与不同埋深的上覆岩层压力 p 的关系式为：

$$t'_{初2} = 2.5p + 69.17 \tag{7-3-4}$$

从式(7-3-3)可以看出，随着上覆岩层压力增加，水合物分解时间增长，即分解速率变小。同时，由图 7-3-4～图 7-3-6 可以看出，不同水合物饱和度及不同探头位置时地层水合物分解速率与上覆岩层压力变化具有相同的规律。由上述图形对比可以明显得出：低饱和度的试样水合物含量较少，整个循环所用时间随水合物饱和度递减而递减。

7.3.3　添加抑制剂的油基钻井液循环实验

$CaCl_2$ 是一种常见的水合物抑制剂。下述实验中油基钻井液油水比为 9∶1(质量比），选取 30％的 $CaCl_2$ 作为油基钻井液添加剂进行实验。设定油基钻井液温度为 3 ℃，主体实验筒轴向压力为 13 MPa，油基钻井液添加 $CaCl_2$ 的质量分数分别为 0 和 30％。测得实验数据如图 7-3-7～图 7-3-9 所示。

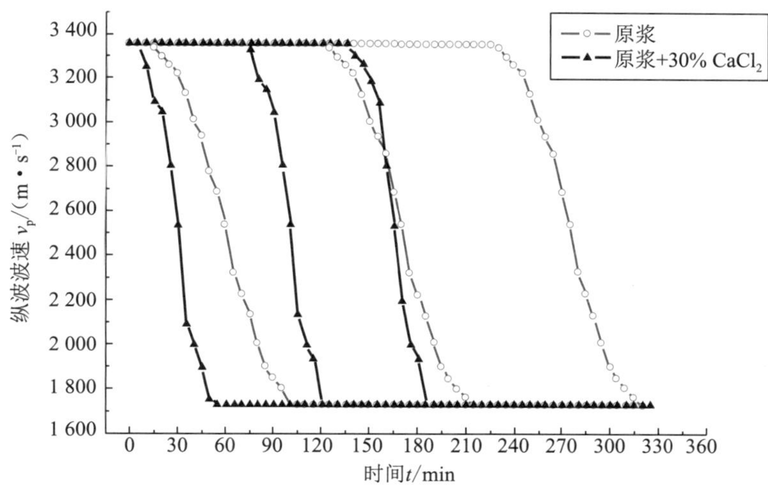

图 7-3-7　添加 $CaCl_2$ 的油基钻井液作用下 70% 饱和度试样的纵波波速随时间的变化

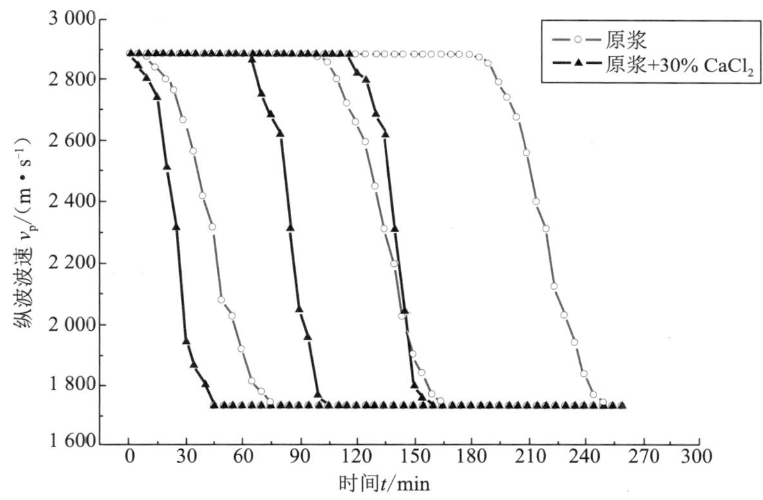

图 7-3-8　添加 $CaCl_2$ 的油基钻井液作用下 50% 饱和度试样的纵波波速随时间的变化

对于饱和度为 70％的水合物试样，试验中水合物沉积物的总分解时间分别为 320 min（不添加 $CaCl_2$）、185 min（添加 30％$CaCl_2$），实验时间明显变短。这说明添加 $CaCl_2$ 的钻井液对水合物沉积物分解起促进作用。

由图 7-3-7～图 7-3-9 对比可知，水合物试样饱和度分别为 70％，50％和 30％时，油基钻井液中添加 $CaCl_2$ 对于水合物分解均起到促进作用。$CaCl_2$ 是一种热力学水合物抑制剂，它是一种电解质，其离子会引起水的结晶构成破坏和分子键能的变化，改变水合物的热力学平衡条件，使得水合物的分解曲线向较低温度和较高压力移动，从而促进水合物分解。

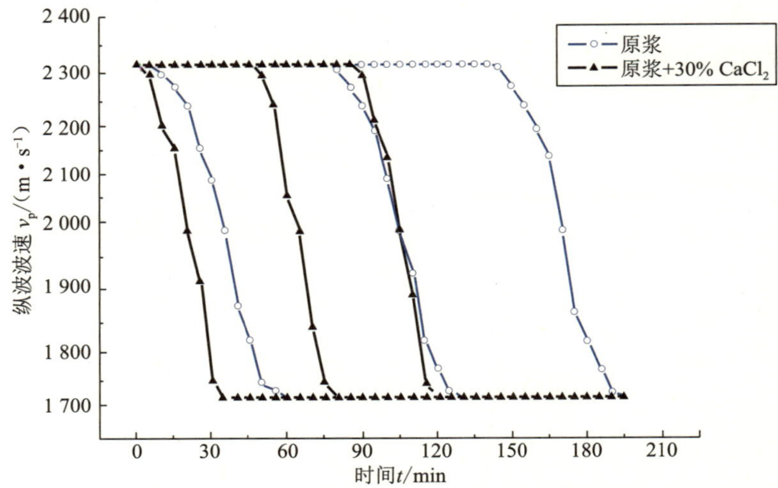

图 7-3-9　添加 $CaCl_2$ 的油基钻井液作用下 30% 饱和度试样的纵波波速随时间的变化

第 8 章 水合物地层钻探风险评价

8.1 水合物地层岩石稳定性计算模型

根据孔隙弹性介质理论，流固耦合的水合物地层井壁稳定性力学分析模型包括地层孔隙介质平衡方程、应变-位移方程、弹性本构方程、孔隙流体扩散方程（即渗流方程）、水合物分解与温度方程、状态方程、辅助方程、相关的定解条件（初始条件与边界条件）以及相应的强度判断准则（剪切坍塌和拉伸破裂准则）。

1）孔隙介质平衡方程（忽略体积力）

$$\sigma_{ij,j}+f_i=0 \tag{8-1-1}$$

式中 $\sigma_{ij,j}$——应力张量；

f_i——体积力张量。

2）应变-位移方程

$$\varepsilon_{ij}=\frac{1}{2}(u_{ij}+u_{ji}) \tag{8-1-2}$$

式中 ε_{ij}——应变张量；

u_{ij}, u_{ji}——位移张量。

3）弹性本构方程

$$\sigma_{ij}=2G\varepsilon_{ij}+\lambda e+ap\delta_{ij} \tag{8-1-3}$$

式中 G——剪切模量；

λ——拉梅常数；

e——体积应变；

a——Biot 系数；

δ_{ij}——Kronecker 算子。

4）渗流方程

$$S_h\rho_h\frac{\partial e}{\partial t}+\phi\frac{\partial(S_h\rho_h)}{\partial t}=-m_h \tag{8-1-4}$$

$$S_w\rho_w\frac{\partial e}{\partial t}+\phi\frac{\partial(S_w\rho_w)}{\partial t}-\nabla\cdot\left(-\frac{\rho_w kk_{rw}}{\mu_w}\nabla p_w\right)=m_w \tag{8-1-5}$$

$$S_g\rho_g\frac{\partial e}{\partial t}+\varphi\frac{\partial(S_g\rho_g)}{\partial t}-\nabla\cdot\left(-\frac{\rho_g kk_{rg}}{\mu_g}\nabla p_g\right)=m_g \tag{8-1-6}$$

式中 S_h,S_w,S_g——水合物、水、气相饱和度；

ρ_h,ρ_w,ρ_g——水合物、水、气相密度；

$\nabla p_w,\nabla p_g$——水和气相压力梯度；

m_h,m_w,m_g——水合物、水、气相质量。

5）水合物分解与温度方程

$$m_h=m_g+m_w \tag{8-1-7}$$

$$m_g=m_h\frac{M_g}{n_w M_w+M_g} \tag{8-1-8}$$

$$m_g=K'_d A_s M_g[T-T_{eq}(p)] \tag{8-1-9}$$

$$(\rho C)\frac{\partial T}{\partial t}+q_h\frac{m_g}{M_g}=\nabla\cdot T\left[\left(\frac{kk_{rw}\rho_w C_w}{\mu_w}\nabla p_w+\frac{kk_{rg}\rho_g C_g}{\mu_g}\nabla p_g\right)\right]+\lambda_e\nabla^2 T \tag{8-1-10}$$

式中 n_w——水的物质的量；

M_g,M_w——气体和水的摩尔质量；

K'_d——水合物分解速率常数；

A_s——单位体积多孔介质中水合物分解表面积；

T_{eq}——平衡温度；

q_h——水合物相变热；

C,C_w,C_g——水合物、水和气体的比热容；

μ_w,μ_g——水和气相黏度；

λ_e——导热系数。

6）状态方程

前面假设骨架和水合物密度不变，水微可压缩，气体可压缩，因而有如下状态方程：

$$\rho_s=\text{常数} \tag{8-1-11}$$

$$\rho_h=\text{常数} \tag{8-1-12}$$

$$\rho_w=\rho_0[1+c_w(p-p_0)] \tag{8-1-13}$$

$$\rho_g=\frac{pM_g}{ZRT} \tag{8-1-14}$$

式中 ρ_s——骨架密度；

ρ_0——参考压力下的水密度；

c_w——水的等温压缩系数；

p_0——参考压力；

Z——压缩因子；

R——摩尔气体常数。

7）辅助方程

$$p=S_w p_w+S_g p_g \tag{8-1-15}$$

$$S_w+S_g+S_h=1 \tag{8-1-16}$$

$$p_c(S_w)=p_g-p_w \tag{8-1-17}$$

$$k_{rw}=k_{rw}(S_w,S_h) \tag{8-1-18}$$

$$k_{rg}=k_{rg}(S_w,S_h) \tag{8-1-19}$$

式中　p_c——毛管压力。

此外，由于骨架变形，孔隙度 ϕ 和绝对渗透率 k 不再是常量，而是随骨架变形而不断改变。由于目前还无法获知水合物地层孔隙度和渗透率与骨架变形的关系，所以根据前面的假设在这里借用油藏流固耦合中的关系式。1997 年，冉启全利用体积应变概念和 Kozeny-Carman 的毛细管束模型，导出了适用于油藏流固耦合数值模拟的 ϕ 和 k 与体积应变 e 的关系：

$$\phi=\frac{\phi_0+e}{1+e} \tag{8-1-20}$$

$$k=\frac{(1+e/\phi_0)^3}{1+e}k_0 \tag{8-1-21}$$

式中　ϕ_0，k_0——初始孔隙度和初始绝对渗透率。

8）定解条件（二维）

（1）变形场的边界条件。

井壁处：

$$\sigma=a p_f \tag{8-1-22}$$

式中　p_f——液柱压力。

井眼外边界：

$$\sigma=\sigma_{ij} \tag{8-1-23}$$

式中　σ_{ij}——原始地应力张量。

（2）渗流场的初始和边界条件。

初始条件：

$$p=p_0,\quad S_w=S_{w0},\quad S_g=S_{g0},\quad S_h=S_{h0} \tag{8-1-24}$$

井壁处：

$$p=p_f,\quad S_w=1 \tag{8-1-25}$$

井眼外边界处：

$$p=p_0 \tag{8-1-26}$$

式中　p_0——初始压力；

S_{w0}，S_{g0}，S_{hC}——初始含水、含气、含水合物饱和度。

（3）温度场的初始和边界条件。

初始条件：

$$T=T_0 \tag{8-1-27}$$

井壁处（$r=R$）：

$$T=T_f \tag{8-1-28}$$

井眼外边界处：

$$T=T_0 \tag{8-1-29}$$

式中 T_0——储层初始温度；

T_f——井筒流体温度。

9）强度判断准则

强度判断准则包括坍塌破坏准则和拉伸破裂准则。

（1）坍塌破坏准则有摩尔-库仑准则和德鲁克-普拉格准则，可选择其中一种进行判断。

摩尔-库仑准则：

$$\sigma_1=\frac{1+\sin\varphi}{1-\sin\varphi}\sigma_3+\frac{2c\cos\varphi}{1-\sin\varphi} \tag{8-1-30}$$

式中 σ_1，σ_3——第一、三主应力；

φ——内摩擦角；

c——内聚力。

德鲁克-普拉格准则：

$$J_2^{1/2}-RI_1-K_f=0 \tag{8-1-31}$$

式中 J_2——偏应力第二不变量；

R——与岩石内摩擦角有关的实验系数；

I_1——主应力第一不变量；

K_f——与岩石内聚力有关的实验系数。

（2）拉伸破裂准则：

$$f=\sigma_{min}-S_t \tag{8-1-32}$$

式中 f——抗拉强度；

σ_{min}——最小主应力；

S_t——安全系数。

以上方程构成了完整的流固耦合水合物地层井壁力学稳定分析模型。

8.2 水合物层钻探条件下取样风险评价方法

8.2.1 水合物取芯风险因素识别

1）风险因素的识别方法

在风险识别过程中一般要借助一些技术和工具，这不但会提高风险识别的效率，而且操作规范，不易产生遗漏。原则上，风险识别可以由原因查结果，也可以反过来由结果找原因。在具体应用过程中，应结合项目的具体情况，组合运用这些工具和技术。项目风险识别的方法有很多，任何有助于发现风险信息的方法都可以作为风险识别的工具。

常用的风险识别方法可分为两大类。一类是从主观信息源出发的方法，如头脑风暴法、德尔菲法、情景分析法。头脑风暴法（brain storming）也称集体思考法，是以专家的创造性思维来获取未来信息的一种直观预测和识别方法；德尔菲法（Delphi method）又称专家调查法，它是依靠专家的直观能力对风险进行识别的方法，其应用已遍及经济、社会、工程技术等多个领域；情景分析法（scenario analysis method）是根据发展趋势的多样性，通过对系统内外相关问题的系统分析，设计出多种可能的未来前景，然后用类似于撰写电影剧本的手法对系统发展态势作出自始至终的情景和画面的描述，但其操作过程比较复杂，目前在我国的具体应用还不多见。另一类是从客观信息源出发的方法，如核查表法、流程图法、故障树分析法、因素分析法、财务报表法等。

目前在国内工程项目风险识别中用到的较为有效的方法主要有核查表法、分解分析法（WBS-RBS）、故障树分析法、因素分析法。

（1）核查表法。

人们在自身先前的工程项目管理中，或者在他人类似工程项目的管理实践中，对工程项目可能出现的风险因素及成功的经验和失败的教训进行归纳、总结，这些归纳、总结的资料是识别工程项目风险的宝贵资料。可以把这些资料列成表（即核查表），然后将当前工程项目各方面的因素与其进行比较，分析可能出现的风险。核查表也存在一定的局限性：① 日常使用的核查表是根据一般工程项目情况编制的，对于特定的工程项目，可能存在特殊的风险因素，使用常规核查表难以揭示出这些风险因素；② 使用核查表只能揭示出潜在风险因素，难以确定实际风险事故的起因及影响范围。

（2）分解分析法。

在 WBS-RBS 中，WBS（work breakdown structure）是指作业分解树，其中每个独立的单位就是一个作业包（work package）；RBS（risk breakdown structure）是指风险分解树。该方法为工程风险识别提供了新的分析工具。

WBS-RBS 风险识别是指从工程施工作业和工程风险两个角度分别进行分解。第一步，构建作业分解树。进行作业分解时，按照各层次作业包在施工工艺和工程结构上的关系将其逐级分解，一直分解到出现最佳风险识别单元为止。所谓最佳风险识别单元，是指最底层的作业包的规模比较适于风险识别，能够借鉴其他类似工程项目的子作业包的风险分析资料和风险识别经验对目标作业包进行风险识别。第二步，构建风险分解树。根据风险识别标的工程的风险状况，预测可能存在的风险，并将风险逐层分解，一直细化到各类风险的属性类似为止。第三步，将作业分解树和风险分解树交叉构建 WBS-RBS 矩阵。将作业分解树的最下层作业包和风险分解树的最下层风险分别作为矩阵的列或行，构建风险识别矩阵。

（3）故障树分析法。

故障树分析由顶事件开始找出引发此事件的各种风险的组合，寻找项目失败的可能方式。此法不仅能识别出导致事故发生的风险因素，还能计算出风险事故发生的概率，利用它既可以做定性分析，也可以做定量分析。例如，某地下工程涌水风险的故障树分析法分析了施工出现的因果关系，在前期预测和识别各种潜在风险因素的基础上，运用逻辑推理的方法分析了该风险产生的路径。在施工实践中，施工可以根据现有的人员、设备情况和以往的施工经验求出其发生的概率，并据此提供各种控制风险因素的方案。

(4) 因素分析法。

因素分析法又称因子分析法，近些年已被用于许多领域的风险管理，如经济学、社会学等，且都取得了显著的成绩。因素分析法是把一些具有错综复杂关系的变量归结为少数几个无关的新的综合因子的一种多变量统计分析方法。它的基本思想是根据相关性大小对变量进行分组，使同组的变量之间相关性较高，不同组的变量之间相关性较低。因素分析法具有以下优点：

① 解决了回归分析中常见的多重共线问题；

② 通过因子分析对变量进行压缩，然后对压缩后的变量进行逐步回归分析；

③ 选择出与被解释变量相关度较高的若干变量，最后得出由影响被解释变量的多个解释变量组成的线性回归模型。

风险识别是项目风险管理的一个重要环节，在实际应用过程中可同时应用从主观和客观信息源出发的方法来识别风险，以便减轻风险被主观夸大或缩小的程度，并减小风险被遗漏的可能性。例如，项目负责人可根据流程图法和核查表法，大概拟出项目各个环节可能出现的风险列表，在各个环节实施之前再应用头脑风暴法补充和完善该风险列表。

2) 海上天然气水合物取芯风险因素识别及分析

风险识别是工程风险分析的第一步。风险识别的基础是历史数据、经验和洞察力。

与一般的取芯工程项目相比较，海上天然气水合物取芯工程在作业环境、地质条件、取样工具、作业思路、工艺设计、管理、作业人员经验素质及取芯后续处理方面有其自身的特点，而且目前世界上海上水合物取芯作业次数相对很少，经验不足，参考数据更是匮乏，这就使得海上天然气水合物取芯作业的难度非常大。海上水合物取芯工程项目从其启动、实施过程到后续岩芯储存与处理，再到项目竣工，一直受到各种不确定性因素的影响，见表 8-2-1。

表 8-2-1 海上天然气水合物取芯风险因素及对应典型风险事件

风险因素		对应典型风险事件
技术性风险	勘 探	地质条件很难准确查明，基本设计参数的确定也带有很大的人为主观性
	设 计	设计内容不全面，存在缺陷、错误和遗漏，未考虑施工
	施 工	施工工艺落后，方案和技术不合理，施工安全措施不当，新技术、新方法应用失败
	参数配合	施工过程中钻具组合、全面钻进钻头转换机构、钻进参数等配合不合理
	其 他	工艺设计等未达到先进性指标，工艺流程不合理，安全性考虑不周全
非技术性风险	自然环境	地震、台风、潮汐、海啸等不可抗拒的自然力量，不明的水文气象条件，恶劣的气候等
	地 质	浅层灾害、井壁失稳等
	管 理	安全教育、专业培训、规章制度的执行不到位
	人 员	设计人员、监理人员、工人、技术员、管理者的素质(能力、效率、责任心)良莠不齐
	材 料	原材料、成品、半成品的供货不足或拖延、数量短缺、质量规格有问题，特殊材料和新材料的使用有问题等
	设 备	施工设备供应不足、类型不配套、出现故障、安装失误，新型设备实用性差等

利用相应风险识别方法，将海上天然气水合物取芯工程项目所面临的风险因素进行辨识划分。在进行风险识别时，首先要查找风险源，即风险来自何处。海上天然气水合物取芯工程历史作业经验不足，情况复杂，可参考的资料很少，这给风险识别带来了很大的难题。在寻找风险源时，应该将整个工程项目分成若干个子系统，对每个子系统进行风险识别；还应该预先熟悉各个施工程序和采用的技术措施，然后按照施工顺序逐项查找风险源。

通常要从多角度、多方面罗列风险因素，形成对项目风险的多方位透视，以考虑周全。风险因素分析可以采用结构化分析方法，即由总体到细节、由宏观到微观，层层分解。通常可以从以下几个角度进行归结：

(1) 自然环境风险。

自然环境风险是指由自然力的非规则运动所引起的自然现象或物理现象导致的风险，是客观存在的恶劣的自然条件、气候环境以及现场条件等，是普遍存在的一种风险因素。水文、气候状况与变化均对工程项目的建设有重大影响。具体包括：

① 自然条件。自然条件是影响工程项目正常实施的重要制约因素，如浓雾、火山、地震、潮汐等。由这些因素引发的自然灾害，轻则对在建工程造成破坏，重则完全摧毁整个工程。

② 气候条件。恶劣的气候是指偶尔发生的超出正常规律的气候变化，如飓风、暴雨、洪水、沙尘暴、台风、海啸等。气候条件虽然是一种潜在的风险因素，但一旦发生，其后果是相当严重的。

(2) 地质风险。

中国南海的海洋地质条件非常复杂，工程施工造成的异常工程地质条件的突变也会对工程项目的建设带来极大的危害。

(3) 工程技术风险。

工程技术风险是指由科学技术发展所带来的某些不利因素导致的风险。现阶段海上水合物取芯技术尚不成熟，其工程技术风险在总风险中的不确定性尤为突出。工程技术风险主要集中在勘探、设计、施工和新技术的应用及成熟度等。

(4) 机械设备风险。

机械设备风险也是海上天然气水合物取芯工程风险的一个重要因素，其中保温保压取样工具的设计及实用性、钻探船的海上作业情况、设备的稳定性等都是影响取芯作业的风险因素因素。

(5) 管理风险。

在项目的实施过程中，施工人员的素质、规章制度的执行、安全教育、专业培训同样是影响取芯工程成功与否的潜在风险因素。

8.2.2　水合物层钻探取芯风险评价方法

1) 风险评估的总体思路

风险评估的总体思路为：首先由风险评估人员对工程项目进行深入细致的调查、研究和分析，识别出工程项目评估范围内的诸多风险；然后根据业主风险评估的需要，制定合理的风险等级评定准则以及相应的风险决策；最后利用科学可靠的风险评估方法，得出衡量风险水平的具体指标(如风险系数、风险量等)，进而划分风险等级，确定相应的风险监控措施。

风险评估的目的是逐步深入认识工程项目中可能发生的风险水平，对诸多风险事件进行评价，进而规避和减缓风险，达到风险控制和管理的目的。

这里主要采用层次分析法、专家打分法与蒙特卡洛模拟相结合的综合集成法进行风险评估。利用专家打分法便于操作，能够充分利用专家系统的优点；在风险量估计的基础上引入风险系数的概念，利用层次分析法(AHP)中各层次风险权重的排序，在风险发生可能性、风险发生后后果重要性权重两个方面来衡量风险水平的大小，并对风险重要性权重的排序进行一致性的科学检验，从而弥补单纯专家打分法主观性较强的缺陷和不足。

2) 风险评估的步骤

从广义来看，风险分析是任何一种评估风险对决策情况影响的方法，包括定性和/或定量方法。风险分析也可采用定性和定量技术混合的方法。任何分析方法的目的都是帮助决策者选择一种行动方案，以便更好地理解可能发生的结果。

风险分析是一种量化方法，寻求以概率分布确定决策情况的结果。它主要包括以下4个步骤：

(1) 开发模型。通过软件定义问题或情况。

(2) 识别不确定性。针对模型中的不确定性变量，用概率分布方法确定变量的可能值，并确定期望进行分析的不确定工作表结果。

(3) 用模拟方法分析模型。确定工作表结果的所有可能结果的范围和概率。

(4) 结果分析。

用模拟(有时称为蒙特卡洛模拟)方法进行风险分析，这种意义上的模拟是指用一种方法让计算机反复计算工作表，并生成可能的结果分布，每次以随机方式选择不同的值组合，获得单元格值和公式的概率分布。事实上，计算机会尝试所有有效的输入变量值组合，以模拟所有可能的结果。这就像同时在工作表中运行数百次或数千次假设分析。最后，输出结果的概率分布显示每种可能结果发生的相对可能性，而不仅仅是一个单一的值。

3) 风险评估的指标

为了比较各种因素变化时风险的大小，需要一个数字来描述风险，即需要一个风险的度量指标来衡量风险的大小。常用的风险度量指标有敏感性指标、波动性指标和概率类指标。

(1) 敏感性指标：用于衡量工程风险对某一风险因子的敏感性。这类指标的一个缺点是无法知道对整体的绝对影响。比如在拳击比赛中，人们不仅想知道对方打一拳的重量有多重，还希望知道对方一共可能打几拳，合起来的重量有多少。

(2) 波动性指标：用以衡量工程风险相对于期望值的偏离程度，常用标准差(σ)度量。然而以标准差来表示风险不太符合实务需求，因为大部分波动的观念植根于风险对称的假设，而这种假设不但在学术界仍有争议，而且不符合实务上重视负面损失的表述。

(3) 概率类指标：用以衡量某一结果发生可能性大小的度量。风险与损失虽然存在密切的关系，但概率在其中扮演着重要的角色，如某一损失虽然很大，但发生的概率却非常低，则该损失的期望损失将很低，该损失的实际风险可能并没有表象上那么大，因而单独考虑概率一项指标往往并不全面。

纵观以上 3 种度量指标，单独考虑某一种都存在一定的缺陷。在此将概率、损失、对整体的绝对影响统一成一个综合指标，即工程项目风险值。

海上天然气水合物取芯工程项目实施过程中因受到各种不确定因素的影响而充满了风险，因此对地质工程项目的风险进行评价的指标应能从各个侧面较完整地反映项目风险，构建对地质项目风险进行综合评价的体系。

$$R = LS \tag{8-2-1}$$

式中　R——风险值；

L——可能性，L 采用 1～5 级；

S——后果的严重程度(现有的预防、检测、控制措施)。

根据图 8-2-1 的模型结构，对可能导致项目风险的原因进行分析，构建对取芯工程项目风险进行综合评价的指标体系。该体系结构有 4 个层次：目标层、次目标层、因素层和指标层。其中，目标层是指项目的综合风险值，次目标层是目标层中所用到的各个变量，因素层是指各个方面的风险，指标层包含和反映了各个风险因素的细化指标。

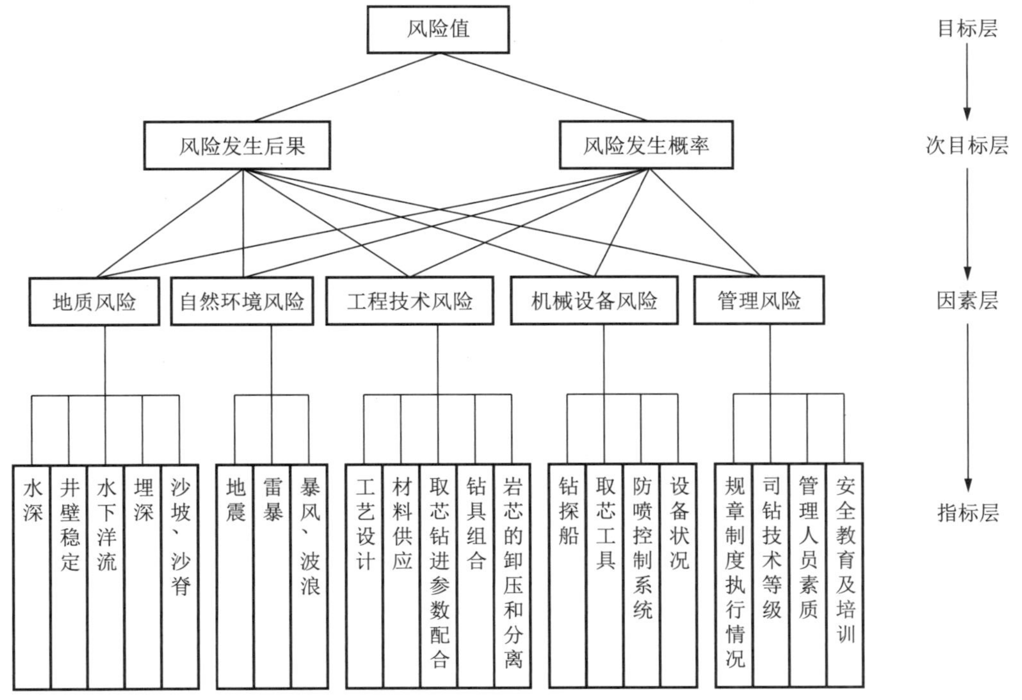

图 8-2-1　海上天然气水合物取芯工程项目风险评价结构图

8.2.3 取芯风险因素发生可能性估计

1）风险发生可能性估计方法

工程风险评价的目的是得出系统状态的危险程度。从安全评价指标体系中可以看出，指标的意义和表现形式各不相同，指标间不具有可比性、综合性，因此必须对定量指标进行无量纲化处理，即把性质、量纲各异的指标转化为可以综合的一个相对数——量化值。

工程风险评价指标的风险可能性隶属函数的建立是一项关键工作，它直接影响评价结果的质量，决定着评价结果的科学性和准确性。一般而言，对风险进行概率估计的方法为：根据大量试验或历史资料来确定，用统计的方法进行计算，这种方法所得数值是客观存在的，不以人的意志为转移，称为客观概率。常用的方法有统计概率分析法、蒙特卡洛模拟法、控制区间和记忆模型（controlled interval and memory models，CIM）等。当项目管理人员没有足够的历史资料来确定风险事件的概率分布时，可以利用理论概率分布或主观概率进行风险估计。

由于海上天然气水合物取芯工程自身的复杂性和多样性，很难采用统一的概率分布模式，这使得函数的建立比较困难。尽管目前国内外许多学者对此进行了大量研究，也提出了一些理论和方法，但从总体上看仍然处于研究阶段。目前常用的可能性隶属函数模型的建立方法有模糊统计法、对比排序法、专家评判法和基本概念扩充法等。

实际应用中，隶属函数的类型是多种多样的。人们常常根据实际情况选定某些带参数的函数表示某种类型的模糊概念的隶属函数（论域为实数域 R），然后通过实验确定参数。常用的分布类型有：

（1）正态分布

$$A(x)=\mathrm{e}^{-k(x-a)^2}\quad (k>0) \tag{8-2-2}$$

（2）柯西分布

$$A(x)=\frac{1}{1+\alpha(x-a)^{\beta}}\quad (\alpha>0,\beta\text{ 为正偶数}) \tag{8-2-3}$$

式中 k——不确定性常数；

α——定义分布峰值位置的参数；

β——尺度参数；

a——位置参数。

（3）梯形分布

$$A(x)=\begin{cases}0 & (0\leqslant x\leqslant a-c)\\ \dfrac{x+c-a}{c-b} & (a-c<x<a-b)\\ 1 & (a-b<x\leqslant a+b)\\ \dfrac{c-x+a}{c-b} & (a+b<x<a+c)\end{cases} \tag{8-2-4}$$

式中，a，b，c 组合用于表示分布区间起始点和终点。

(4) 岭形分布

$$A(x)=\begin{cases}0 & (x\leqslant -b)\\ \dfrac{1}{2}+\dfrac{1}{2}\sin\dfrac{\pi}{b-a}\left(x-\dfrac{a+b}{2}\right) & (-b<x\leqslant a)\\ 1 & (-a<x\leqslant a)\\ \dfrac{1}{2}-\dfrac{1}{2}\sin\dfrac{\pi}{b-a}\left(x-\dfrac{a+b}{2}\right) & (a<x\leqslant b)\end{cases} \tag{8-2-5}$$

式中　a，b——分布区间起始点和终点。

对于探井或初探井，由于无法获取大量数据来确定风险发生可能性的隶属度函数类型，故为简化计算，直接采用专家的评判结果作为隶属度函数，即专家评判法。对于海上天然气水合物取芯工程中风险发生可能性的函数模型，可根据历年事故记录和统计分析、相关经验和专家判断、仪器设备的检测结果以及相关文献研究来综合确定。

2) 水合物取芯风险因素不确定性评价

进行水合物取芯工程项目风险分析时，所遇到的事件经常不可能做试验，而且事件是将来发生的，不可能做出准确的分析，因此很难计算出客观概率。但由于决策的需要，必须对事物出现的可能性做出估计，于是由有关专家对事件的概率给出一个合理的估计，这就是主观概率。主观概率并不是凭空得来的，通常是建立在以往类似项目所获得的知识和经验的基础上，由一个团体使用德尔菲法等技术反复修正得出的。这里采用主观概率估计的方法即三角分布法，建立海上水合物取芯作业时风险因素发生可能性的预测方法。

从理论上来说，不同种类风险所形成的风险性成本的概率分布是不同的，因此如果一个个地将每个具体活动的具体分布找出来，并且使用这些分布去计算一项具体活动的风险性成本是不现实的。因此，人们开始研究如何通过简化来使这一问题能够采用统一且相对简单的办法解决。英国的 Stephen Grey 等研究发现，这些各不相同的风险性成本分布最可行的简化办法，也是人们最能够接受的方法是将它们统一简化成一种三角分布，通过三角分布可预测最大、最小及最可能的值，其中靠近最大值和最小值的值出现的可能性要小于靠近最可能值的值(图 8-2-2)。由于应用方便，所以三角分布得到广泛的应用。

这种对项目具体活动风险性成本的简化可将各种复杂分布简化成非常简单而又统一的三角分布。三角分布的数据量大大减少，主要需要“最小值”“最可能值”和“最大值” 3 组数据，而且这些数据易于通过分析判断来确定。项目具体活动风险性成本的确定者只要根据现有的信息或自己的经验判断给出项目具体活动的“最小值”“最可能值”和“最大值”以及“最可能值”的概率，就可以通过简单计算或借助计算机仿真得到各个项目具体活动的风险性成本期望值。项目具体活动风险性成本的三角分布虽然是一种对实际情况的简化，但是这种简化所损失的信息量较小，而且由此所得到的结果与真实情况相差不大。三角分布不但可以用于各种项目具体活动风险性成本的分析与计算，而且可以用于对项目具体活动确定性成本的分析与计算。因为当确认某项具体活动的成本确定要发生时，

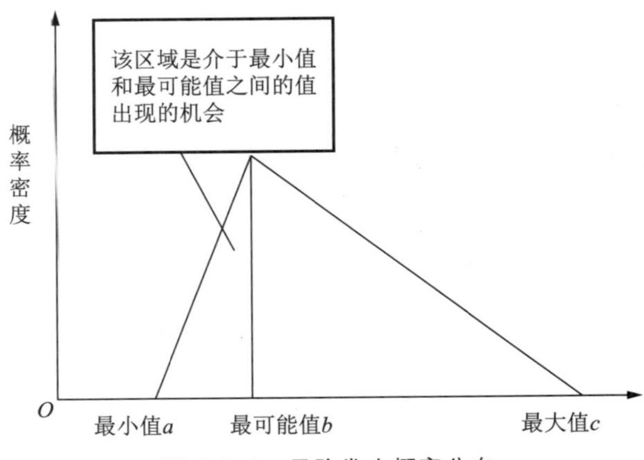

图 8-2-2 风险发生概率分布

该活动的最小、最大和最可能成本都聚集到一点，变成了同一数值，而且这一数值的发生概率为 1。因此，三角分布简化模型可被同时用于对项目具体活动的确定性成本和风险性成本两种成本的全面计算。由图 8-2-2 可以看出，对于工程项目风险性成本而言，其总成本的分布也得以简化。

若假定风险变量 x 的最小值、最可能值、最大值分别为 a，b，c，则风险变量 x 的概率密度函数 $f(x)$ 为：

$$f(x)=\begin{cases}\dfrac{2(x-a)}{(b-a)(c-a)} & (a\leqslant x\leqslant b)\\ \dfrac{2(c-x)}{(b-a)(c-a)} & (b<x\leqslant c)\\ 0 & (x<a,x>c)\end{cases} \tag{8-2-6}$$

相应的分布函数 $F(x)$ 为：

$$P=F(x)=\begin{cases}\dfrac{(x-a)^2}{(b-a)(c-a)} & (a\leqslant x\leqslant b)\\ \dfrac{b-a}{c-a}+\dfrac{(c-b)^2-(c-x)^2}{(c-b)(c-a)} & (b<x\leqslant c)\end{cases} \tag{8-2-7}$$

式中 P——分布概率。

三角分布的数字特征：

$$\begin{cases}\mu=\dfrac{a+4b+c}{6}\\ \sigma=\sqrt{\dfrac{(c-a)(c^2-ac+a^2)-bc(c-b)-ab(b-a)}{18(c-a)}}\end{cases} \tag{8-2-8}$$

式中 μ——期望值；

σ——标准差。

对于海上天然气水合物取芯工程风险，考虑风险发生的频率或概率，从以下几个方面来考虑风险发生的可能性：

（1）历年事故记录和统计分析；

（2）相关经验和专家判断；

（3）仪器设备的检测结果；

（4）相关文献研究。

由此可确定各风险因素可能性概率分布的分布参数，进而采用蒙特卡洛模拟方法，通过各风险因素的统计模型进行多次随机抽样模拟计算，从而求得项目目标在风险事件影响下的近似概率分布。工程风险评估过程如图 8-2-3 所示。

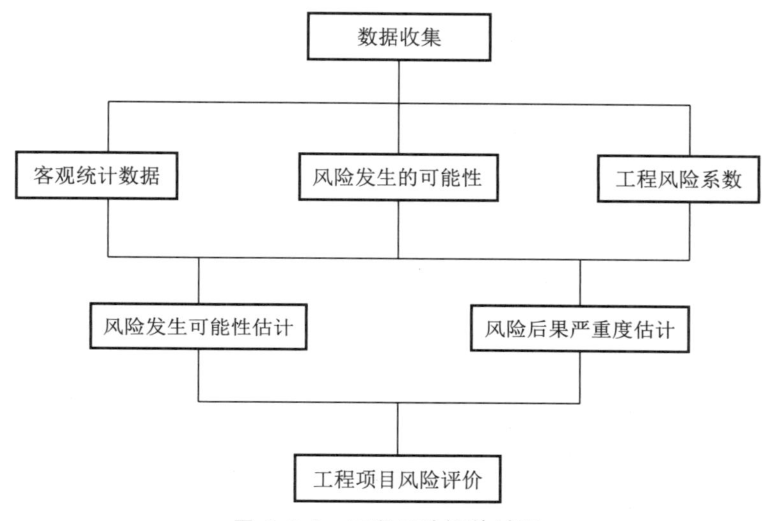

图 8-2-3　工程风险评估过程

另外，在以取得含水合物岩芯为目的的取芯作业中，由于地震预测的海底水合物层的准确度不一定为 100%，因此在取芯工程风险评估中也需要考虑取芯层位是否真的存在水合物。

3）专家评分标准

对风险发生可能性进行打分，根据风险发生的可能性大小，将风险发生概率人为地在 0～1 之间分成 5 个级别，其具体的打分标准以及相应范围内分值的定性解释见表 8-2-2。

表 8-2-2　专家评分标准及定性解释

风险发生概率分值	定性解释
0.0～0.2	此风险发生的可能性极小
0.2～0.4	此风险不太可能发生
0.4～0.6	此风险可能发生
0.6～0.8	此风险很可能发生
0.8～1.0	此风险几乎肯定会发生

事件发生可能性等级划分见表 8-2-3。

表 8-2-3　事件发生可能性等级划分表

可能性等级	说　明	具体发生情况	总体发生情况
A	频　繁	频繁发生	连续发生
B	很可能	经常发生	频繁发生
C	有　时	有时可能发生	发生若干次
D	极　少	不易发生	不易发生，但有理由可预期发生
E	不可能	极不易发生	不易发生

8.2.4　取芯风险事件后果估计

风险事故造成的损失大小要从损失性质、损失范围和损失的时间分布 3 个方面来衡量。损失性质是指损失是政治性的、经济性的还是技术性的。损失范围包括严重程度、变化幅度和分布情况。严重程度和变化幅度可分别用损失的数学期望和方差来表示，而分布情况是指那些项目参与者的损失。损失时间分布是指风险事件是突发的还是随着时间的推移逐渐致损的。

风险事件带来的 3 个方面损失的不同组合使得损失的情况千差万别，要想清楚、准确地对其进行估计需要采用一定的计量标度。定性标度最常用，其费用较低；定量标度实行起来较难，其成本高且耗时长。

风险事件后果严重度的权重计算采用层次分析法。层次分析法通过对评价指标进行两两比较，按重要性大小，在一个九标度表中由各因子数量值构成一个判断矩阵，该矩阵通过一致性检验后，其最大特征值向量为对应水合物取芯施工风险事件的权重向量。该方法的具体计算步骤如下：

1）明确目的，确定系统评价指标体系

首先建立钻井风险层次图，共分为 3 层：

（1）最高层为目标（A）层，确定风险；

（2）中间层为准则（C）层，确定风险的各项条件；

（3）最底层为方案（D）层，确定风险因素。

2）确定准则层对目标层的权重

（1）构造比较矩阵。

由上面的分析可知，确定钻井风险的主要依据是 7 个条件，因此应该确定这 7 个条件对目标层的影响程度，故需对这 7 个条件进行排序。一般以 A 表示目标，C_{ij} 表示因素 C_i 对 C_j 的相对重要性数值（$i=1,2,\cdots,7$），其取值见表 8-2-4。

表 8-2-4　相对重要性取值表

标　度	含　义
1	表示因素 C_i 与 C_j 比较，具有同等重要性
3	表示因素 C_i 与 C_j 比较，C_i 比 C_j 稍微重要
5	表示因素 C_i 与 C_j 比较，C_i 比 C_j 明显重要
7	表示因素 C_i 与 C_j 比较，C_i 比 C_j 强烈重要
9	表示因素 C_i 与 C_j 比较，C_i 比 C_j 极端重要
2,4,6,8	2,4,6,8 分别表示相邻判断 1～3,3～5,5～7,7～9 的中值
倒　数	表示因素 C_j 与 C_i 比较的判断 C_{ji}，则 C_i 与 C_j 比较的判断 $C_{ij}=\frac{1}{C_{ji}}$

C_{ij} 的取值通常由专家根据实践经验来评定。综上，可得判断矩阵 $\boldsymbol{P}$（称为 A-C 判断矩阵）为：

$$\boldsymbol{P}=\begin{pmatrix} C_{11} & C_{12} & \cdots & C_{17} \\ C_{21} & C_{22} & \cdots & C_{27} \\ \vdots & \vdots & & \vdots \\ C_{71} & C_{72} & \cdots & C_{77} \end{pmatrix} \tag{8-2-9}$$

(2) 进行评价因素重要性排序。

权重的计算方法有以下 3 种：

① 平方和法（最小二乘法）。

设 $\boldsymbol{\lambda}=(\lambda_1,\lambda_2,\cdots,\lambda_m)^{\mathrm{T}}$ 为 m 个指标权重的列向量，$\boldsymbol{\lambda}$ 可通过求解如下规划模型确定：

$$\min\sum_{j=1}^{m}\sum_{i=1}^{m}(\overline{a_{ij}}\lambda_i-\lambda_j)^2 \tag{8-2-10}$$

其中必须满足：

$$\begin{cases} \sum\limits_{i=1}^{m}\lambda_i=1 \\ \lambda_i\geqslant 0 \end{cases} \tag{8-2-11}$$

式中　$\overline{a_{ij}}$——判断 $\overline{\boldsymbol{A}}$ 的矩阵元素（张量）。

通过对上述规划模型进行变换，获得求解方程组，从而确定权重的列向量 $\boldsymbol{\lambda}$。

$$\begin{cases} \sum\limits_{i=1}^{m}\lambda_i=1 \\ \boldsymbol{B\lambda}=\boldsymbol{C} \end{cases} \tag{8-2-12}$$

其中：

$$\boldsymbol{B}=\begin{pmatrix} \sum\limits_{i\neq 1}(\overline{a_{i1}^2}+m-1) & -(\overline{a_{12}}+\overline{a_{21}}) & \cdots & -(\overline{a_{1m}}+\overline{a_{m1}}) \\ -(\overline{a_{12}}+\overline{a_{21}}) & \sum\limits_{i\neq 1}(\overline{a_{i2}^2}+m-1) & \cdots & -(\overline{a_{2m}}+\overline{a_{m2}}) \\ \vdots & \vdots & & \vdots \\ -(\overline{a_{1m}}+\overline{a_{m1}}) & -(\overline{a_{m2}}+\overline{a_{2m}}) & \cdots & \sum\limits_{i\neq m}(\overline{a_{im}^2}+m-1) \end{pmatrix}$$

$$\boldsymbol{C}=(-a,-a,\cdots,-a)^{\mathrm{T}}$$

由于方程组(8-2-11)有 $m+1$ 个变量，$m+1$ 个独立方程，故向量 $\boldsymbol{\lambda}$ 的解存在且唯一。

② Satty 的最大特征向量法。

设 $\boldsymbol{\lambda}$ 为权向量，$\beta_{\max}$ 为判断矩阵 $\overline{\boldsymbol{A}}$ 的最大特征值，则通过求解方程

$$\overline{\boldsymbol{A}}\boldsymbol{\lambda}=\beta_{\max}\boldsymbol{\lambda} \tag{8-2-13}$$

获得权向量 $\boldsymbol{\lambda}$，即权向量 $\boldsymbol{\lambda}$ 是判断矩阵 $\overline{\boldsymbol{A}}$ 的最大特征值所对应的特征向量。

③ 几何平均法。

$$\lambda_i=\frac{\alpha_j}{\sum\limits_{i=1}^{m}\alpha_i}$$

即权向量 $\boldsymbol{\lambda}=(\lambda_1,\lambda_2,\cdots,\lambda_m)^{\mathrm{T}}$。

通过以上 3 种方法可对 C_i 构成的判断矩阵 $\overline{\boldsymbol{A}}$ 进行计算，将计算结果求平均值可得权向量 $\boldsymbol{\lambda}=(\lambda_1,\lambda_2,\cdots,\lambda_m)$。

(3) 获得评价值。

总目标的评价值为：

$$A=\sum_{i=1}^{n}\lambda_i^1\left(\sum_{j=1}^{C_{im}}\lambda_j^2 DC_{ij}\right) \tag{8-2-14}$$

其中，λ_i^1 表示 C_i 的权重，λ_j^2 表示 DC_{ij} 的权重，C_{im} 表示 C_i 中 D_i 的个数，DC_{ij} 表示 C_i 中第 j 个 D 的指标值，且 $\sum\limits_{i=1}^{n}\lambda_i^1=1$，$\sum\limits_{j=1}^{C_{im}}\lambda_j^2=1$

3) 一致性检验

以上得到的特征向量即所求权数，那么权数的分配是否合理呢？这需要对判断矩阵进行一致性检验，检验公式为：

$$CR=CI/RI \tag{8-2-15}$$

其中，CR 称为判断矩阵的随机一致性比率；CI 称为判断矩阵的一般一致性指标，它由 $CI=\frac{1}{6}(\lambda_{\max}^{-7})$ 给出；RI 称为判断矩阵的平均随机一致性指标，对于 1～9 阶判断矩阵，RI 值列于表 8-2-4 中。

当 $CR<0.10$ 时，认为判断矩阵具有令人满意的一致性，说明权数分配合理，否则需要调整判断矩阵，直到取得令人满意的一致性为止。

表 8-2-5　判断矩阵的 RI 值表

阶数 n	1	2	3	4	5	6	7	8	9
RI	0.00	0.00	0.58	0.90	1.21	1.24	1.32	1.41	1.45

4）组合权重

以上仅是同一层次各元素相对相邻上一层次某元素的重要性排序。此外，还应计算最低层次各元素对最高层（总目标）相对重要性的排序，称为总排序。假定上一层次所有元素为 $C_1,C_2,\cdots,C_m$，其层次总排序权值为 $\lambda_{C1},\lambda_{C2},\cdots,\lambda_{Cm}$；相邻下一层次 D 包含 n 个因素 $D_1,D_2,\cdots,D_n$，与 C_j 对应的 D 层次元素 $D_1,D_2,\cdots,D_n$ 的单排序权值为 $(\lambda_{D1j},\lambda_{D2j},\cdots,\lambda_{Dnj})^{\mathrm{T}}$。当 D_k 与 C_j 无关联时，$\lambda_{Dkj}=0$，此时 D 层次总排序权值如下：

$$\sum_{j=1}^{m}\lambda_{Cj}\lambda_{D1j},\sum_{j=1}^{m}\lambda_{Cj}\lambda_{D2j},\cdots,\sum_{j=1}^{m}\lambda_{Cj}\lambda_{Dnj}$$

$$\sum_{i=1}^{n}\sum_{j=1}^{m}\lambda_{Cj}\lambda_{Dij}=1 \tag{8-2-16}$$

也需要检验 D 层总排序结果的一致性：

$$RI=\frac{\sum_{j=1}^{m}\lambda_{Cj}\cdot CI_j}{\sum_{j=1}^{m}\lambda_{Cj}\cdot RI_j} \tag{8-2-17}$$

式中　CI_j——与 C_j 对应的 D 层某些元素单排序的一致性指标；

RI_j——与 C_j 对应的 D 层某些元素单排序的随机一致性指标。

当 $RI\leqslant 0.10$ 时，认为 D 层次总排序的结果具有令人满意的一致性。

5）水合物取芯风险权重计算

在一般工程中，由多个专家打分后的权重值取平均作为最终的风险因素的权重。例如，当有 n 个专家时，若每个专家评估的权重值分别为 $\lambda_{1n},\lambda_{2n},\cdots,\lambda_{in}$，则得到的各风险因素权重值的计算公式为：

$$\overline{\lambda}_i=\frac{\sum_{j=1}^{n}\lambda_{ij}}{n} \tag{8-2-18}$$

式中　$\overline{\lambda}_i$——第 i 个风险因素对风险目标的权重；

λ_{ij}——第 j 个专家评价出的第 i 个风险对目标层的权重值。

这种取平均值的方法虽然常用，但是在工程应用中却显得较为单一，无法概括各个可能性组合。将取芯风险的权重值以概率分布的形式表现，作为不确定性因素参与到蒙特卡洛模拟计算中，可使最终结果更全面。但这种方法同样存在一定的缺陷，因为风险权重是由各个专家凭借经验和一些历史数据，再通过构造比较矩阵得到的，将这些数据形成概率分布虽然可以获得较全面的信息，但由于初始得到的数据量有限，所以其拟合误差同样也较大。因此，在具体评价分析过程中，用户可根据实际情况具体选择权重的计算方法。

可采用的权重拟合分布有正态分布、三角分布和贝塔分布 3 种。

8.2.5 海上天然气水合物取芯工程风险总值计算模型

1）风险总值计算模型

确定指标体系各层次的权重值 λ_i 及风险发生可能性的概率值 P_i 之后，采用加权平均综合评价方法计算海上天然气水合物取芯工程的风险总值。

中间准则层的各因素风险系数为：

$$P_{Ci} = \sum \lambda_{Di} p_{Di} \tag{8-2-19}$$

式中 P_{Ci}——中间准则层各因素风险系数；

λ_{Di}——方案层各因素的权重值；

P_{Di}——方案层各因素的风险可能性概率值。

目标层的综合风险总系数为：

$$P_A = \sum \lambda_{Ci} P_{Ci} \tag{8-2-20}$$

式中 P_A——目标层水合物取芯的综合风险总系数，即风险总值；

λ_{Ci}——中间层各因素的权重值。

2）含可信度的风险总值的预测

针对水合物取芯工程情况的不确定性，研究风险分析技术，建立取芯工程不确定性评估方法，为深水钻探取芯工程设计提供更加细致的基础数据。

在海上水合物取芯工程中，由于历史作业资料不丰富，作业经验缺乏，对地层情况掌握程度有限，采用确定性的风险预测方法得出的单一风险值不能表征这种不确定性。因此，研究一种基于多风险因素不确定性因素分析的风险预测技术具有重要意义。该理论思想是：首先对海上取芯风险预测过程中所使用的模型及其参数的不确定性进行分析，利用概率统计理论确定各参数的分布状态，然后采用理论计算或蒙特卡洛方法计算出每一层次风险值的概率分布，最后将不同层次的风险值与权重值结合，计算出取芯工程的风险总值，得出具有某一可信度的工程风险。

（1）蒙特卡洛方法。

① 蒙特卡洛法基本原理。

蒙特卡洛方法又称随机模拟方法，其基本思想为：当所要求解的问题是某种事件出现的概率，或者是某个随机变量的期望值时，首先建立一个概率模型或随机过程，使其参数等于问题的解，然后通过对模型或过程的观察或抽样试验来计算所求参数的统计特征，最后给出所求解的近似值，而解的精确度可用估计值的标准误差来表示。

蒙特卡洛法的基本原理表述如下：假定函数 $Y=f(X_1,X_2,\cdots,X_n)$，其中变量 X_1，X_2，…，X_n 的概率分布已知，利用一个随机数发生器通过直接或间接抽样取出每一组随机变量 X_1，X_2，…，X_n 的值 x_{1i}，x_{2i}，…，x_{ni}，然后按 Y 对于 X_1，X_2，…，X_n 的关系式确定

函数 Y 的值 y_i：

$$y_i = f(x_{1i}, x_{2i}, \cdots, x_{ni}) \tag{8-2-21}$$

反复独立抽样模拟多次($i=1,2,\cdots$)，便可得到函数 Y 的一批抽样数据 $y_1, y_2, \cdots, y_m$，这批数据符合正态分布的特征。当模拟次数足够多时，便可得到与实际情况相近的函数 Y 的概率分布。

② 蒙特卡洛法基本步骤。

首先，确立一个与求解问题有关的概率模型，求解所构建模型的概率分布和数学期望。一般用一个适当的理论分布(如均匀分布、正态分布等)来描述随机变量的经验概率分布。如果没有可直接引用的典型理论分布，就要根据历史统计资料或主观预测来估计一个研究对象的初始概率分布。

其次，建立对随机变量的抽样方法，对模型进行随机抽样，即产生随机变量。为了模拟风险因素的随机变化，随机数的产生非常重要。通常随机数的产生有两种方法：通过现有的随机数表获取，利用计算机按一定的随机数发生程序计算产生。

最后，用算术平均数作为所求解的近似平均值，给出所求解的统计估计值的方差和标准差，即解的精度。具体来说，就是根据每组风险因素的可能值，连同其他有关参数，计算出所求指标，然后根据有限模拟次数的平均值，分析和判断所求指标的期望值。应该指出的是，模拟的次数越多，模拟结果的可靠性越高，指标的平均值越接近其实际值。

(2) 随机变量抽样方法。

随机变量抽样指的是由已知分布的总体中产生简单子样。产生随机数实际上就是由均匀分布总体中产生简单子样，因此它属于随机变量抽样的一种特殊情况。在计算机上用数学方法产生随机数是根据确定的递推公式求得的，存在周期现象，初值确定后所有的随机数便被唯一确定下来，不满足真正随机数的要求，所以常称用数学方法产生的随机数为伪随机数。

这里只讨论实验随机变量抽样的数学方法及其抽样费用，即对于某种抽样方法，只要它的费用小，则不管它的实现如何复杂，都认为它是一种好的方法。其中，抽样费用就是对已知分布函数的随机变量进行抽样时产生每一个子样所需要的平均费用，在计算机上可实现抽样时的运算量的大小。

这里所使用的是复合抽样方法，其基本思想是由 Kahn 提出的。

① 复合抽样方法的一般形式。

复合分布的密度函数 $f(x)$ 为：

$$f(x) = \int_{-\infty}^{+\infty} f_2(x \mid y) \mathrm{d}F_1(y) \tag{8-2-22}$$

式中　$f_2(x \mid y)$——与参数 y 有关的条件分布密度函数；

　　$F_1(y)$——分布函数。

复合分布的复合抽样方法如下：

$$\xi_f = X_{f_2(x|Y_{F_1})} \tag{8-2-23}$$

式中　Y_{F_1}——由分布函数 $F_1(y)$ 中抽样确定；

$X_{f_2(x|Y_1F)}$——由分布函数 $f_2(x|Y_{F_1})$ 中抽样确定；

ξ_f——均布分布的随机数。

对于任意的 x，有下面等式成立：

$$P(x \leqslant \xi_f < x + \mathrm{d}x) = P(x \leqslant X_{f_2(x|TF_2)} < x + \mathrm{d}x) = \int_{-\infty}^{+\infty} f_2(x|y)\mathrm{d}x\,\mathrm{d}F_1(y) = f(x)\mathrm{d}x \tag{8-2-24}$$

由此可知，ξ_f 所服从的分布为 $f(x)$。

② 加分布的复合抽样方法。

复合抽样方法的直接应用便是对加分布所给出的复合抽样方法。加分布的复合抽样方法的一般形式如下：

$$f(x) = \sum_{n=1}^{\infty} P_n f_n(x) \quad (P_n \geqslant 0) \tag{8-2-25}$$

式中　$f_n(x)$——与参数 n 有关的分布密度函数。

根据复合抽样方法的一般结果，选取

$$f_1(x) = \sum_{n<x} P_n \tag{8-2-26}$$

对此分布采用直接抽样方法：

$$\xi_F = x_n \quad \left(\sum_{l=1}^{n-1} P_l < r < \sum_{l=1}^{n} P_l\right) \tag{8-2-27}$$

式中　ξ_F——由总体分布 $F(x)$ 中产生的简单子样，即随机变量序列；

r——随机数。

加分布的复合抽样方法为：

$$\xi_f = X_n \quad \left(\sum_{l=1}^{n-1} P_l < r < \sum_{l=1}^{n} P_l\right) \tag{8-2-28}$$

③ 正态分布的复合抽样方法。

分布一：　$f_1(y) = y\exp\{-y^2/2\} \quad (0 \leqslant y)$

分布二：　$f_2(x) = \dfrac{1}{\pi\sqrt{1-x^2}} \quad (-1 \leqslant x \leqslant 1)$

正态分布可以表示成复合分布形式：

$$f(x) = \int_{-\infty}^{+\infty} \frac{1}{|y|} f_2\left(\frac{x}{y}\right) f_1(y)\mathrm{d}y \tag{8-2-29}$$

整理得到正态分布的复合抽样方法为：

$$\xi_f = \sqrt{-2\ln r_1}\cos 2\pi r_2 \tag{8-2-30}$$

式中　r_1，r_2——正态分布参数。

3）取芯工程风险值预测

每一种风险预测模型都是多个参数的函数。要对工程风险的不确定性进行分析，首先要对每个不确定性参数进行分析。设某一深度处的压力预测模型为：

$$p_t = P_t(X_1, X_2, X_3, \cdots, X_n)$$

式中　p_t——预测的风险值；

t——风险层次，可分别表示中间层（$t=C$）、目标层（$t=A$）；

$P_t(X_1, X_2, X_3, \cdots, X_n)$——表示以 n 个不确定性参数 $X_1, X_2, X_3, \cdots, X_n$ 为变量的函数。

每个参数的概率密度函数的表达式为：

$$px_i(x) = f_i(x_{i1}, x_{i2}, x_{i3}, \cdots, x_{im}) \quad (i=1,2,\cdots,n)$$

式中　$px_i(x)$——参数 X_i 的概率密度分布函数；

$x_{i1}, x_{i2}, \cdots, x_{im}$——此函数的参量，如在正态分布中，共有 2 个参量 x_{i1} 和 x_{i2}，分别表示数学期望 μ 和标准偏差 σ。

工程风险预测模型中每一个变量都具有各自的分布形式。对于变量较少、分布形式简单的模型，可以直接通过概率函数计算方法得出其风险值 p_t 的概率密度分布，从而确定其分布状态；对于变量复杂、由直接理论计算得出的函数形式参数过多、过程过于烦琐的预测模型来说，可用蒙特卡洛方法模拟，寻求较为简单的概率分布函数进行拟合。

通过上述方法，可得到一个累积概率分布，即 $F(p_t)$。用符号 $(p_t)_j$ 表示累积概率分布 $F(p_t)$ 中累积概率为 j 的风险值。当获得累积概率为 j_1 和 j_2（$j_1 \neq j_2$）的风险值曲线 $(p_t)_{j_1}$ 和 $(p_t)_{j_2}$ 后，两条曲线即构成可信度 $\xi = |j_1 - j_2| \times 100\%$ 的风险值范围，它表示所预测取芯工程项目的风险值落在区间[$(p_t)_{hi,j_1}, (p_t)_{hi,j_2}$]中的概率为 $|j_1 - j_2| \times 100\%$。通过这种方法即可建立起含可信度的取芯工程风险大小。

8.3　水合物层钻探风险评价软件

8.3.1　软件概述

利用 Visual Basic 6.0 编程软件编制取芯工程风险分析软件，并对海上天然气水合物钻探取芯工程风险的概率分布形式、参数，单个风险因素或事件的敏感性大小及影响大小等进行分析、预测。该软件的操作和运行方式简单、规范，易于操作；使用数据库对分析过程中的各种数据进行管理，数据结构清晰、直观。

1）操作系统

（1）软件环境。

Windows 98/Windows 2000/Windows XP 系统及以上。

Microsoft Access 数据库管理系统。

Office 2003/XP 办公软件。

(2) 硬件环境。

计算机一台(带鼠标、键盘)。

硬盘:内存 256 MB 以上。

显示设备:显示分辨率至少为 800×600 的 VGA 或 SVGA。

2) 软件结构

将上面的风险分析方法与取芯风险评估模型相结合,编写出适用于海上天然气水合物钻探取芯地质风险分析的程序软件,其结构如图 8-3-1 所示。

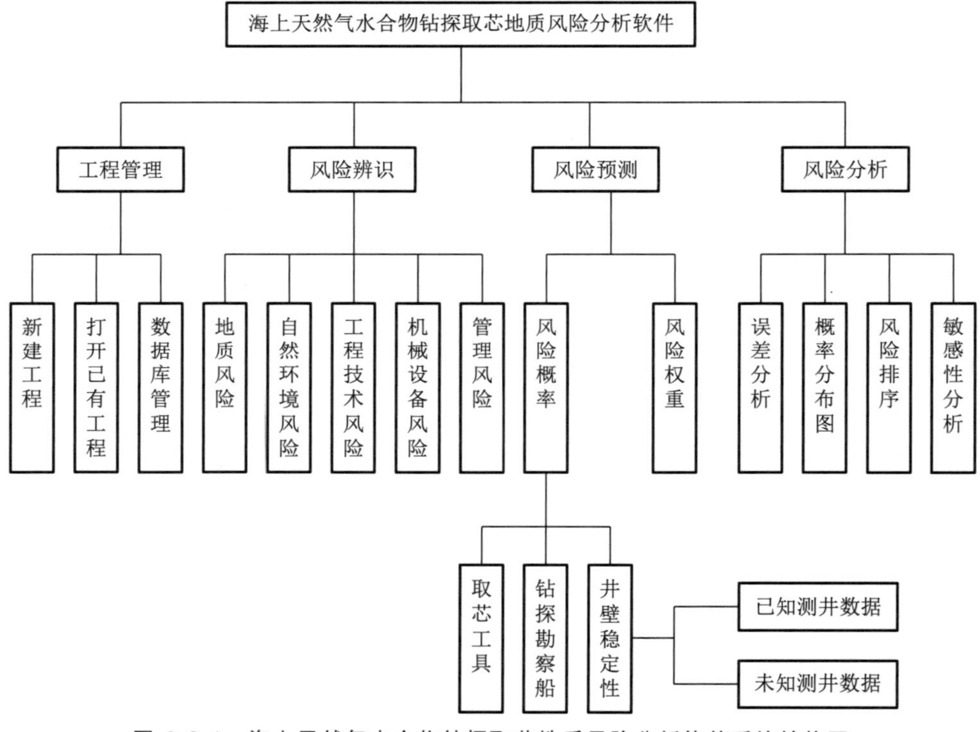

图 8-3-1 海上天然气水合物钻探取芯地质风险分析软件系统结构图

3) 软件流程

图 8-3-2 给出了海上天然气水合物钻探取芯地质风险分析软件的设计和计算流程:① 对取芯工程的风险因素进行识别并建立评价指标层次结构;② 进行风险估计,即对风险发生可能性和风险后果严重度进行估计;③ 进行风险预测计算,即采用蒙特卡洛模拟方法对取芯工程风险进行抽样模拟计算,得到风险值样本;④ 对计算得到的风险样本进行分析,包括概率分析、敏感性分析和重要性分析等;⑤ 将计算结果和数据保存到风险数据库中。

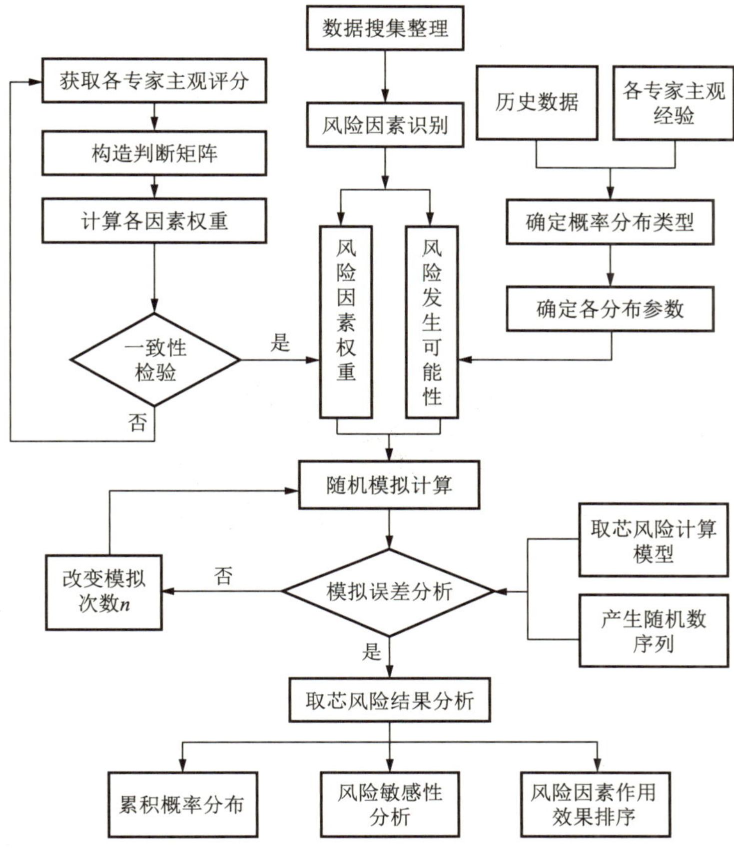

图 8-3-2 海上水合物钻探取芯地质风险分析软件系统流程图

8.3.2 软件功能及界面

1）程序启动和程序主界面

程序启动界面如图 8-3-3 所示。

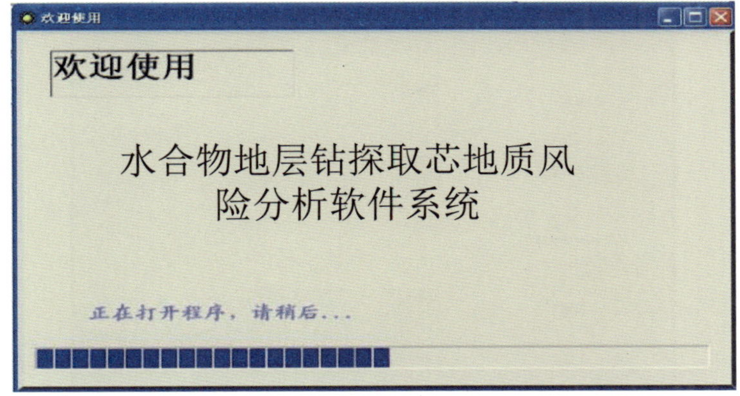

图 8-3-3 程序启动界面

程序主界面如图 8-3-4 所示。功能主菜单包括“工程管理”“取芯风险识别”“风险权重计算”“风险概率计算”“风险分析”“综合分析”等。对于不同的功能模块,会有相应的子菜单栏。

图 8-3-4　程序主界面

2）工程管理模块

图 8-3-5 为工程管理模块的菜单项,包括新建工程、打开已有工程和数据库管理等,可对不同钻探取芯工程的数据进行记录、管理和新工程的计算保存。

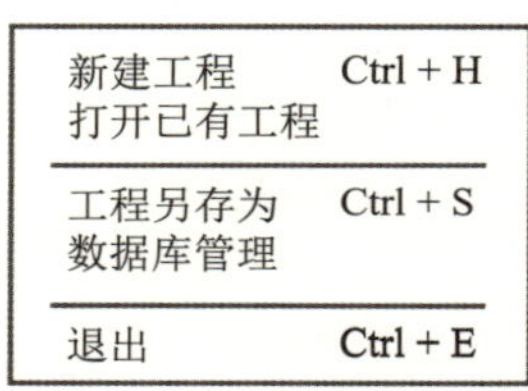

图 8-3-5　文件菜单

(1) 新建工程。点击“新建工程”命令,弹出对话框(图 8-3-6),出现与该新建取芯工程相关的基本资料信息,填写完毕后保存到数据库。新建工程的基本内容需要填写本次工程名称、井号、井别、目标层位、设计井深和日期。

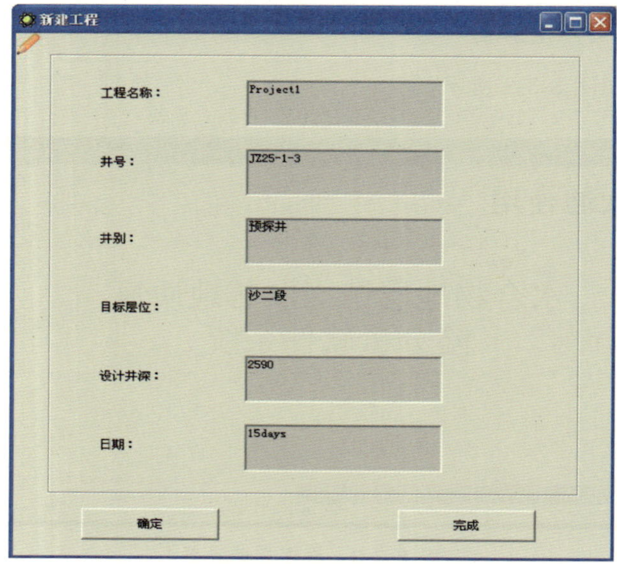

图 8-3-6　新建工程界面

点击“确定”命令按钮，弹出图 8-3-7 所示对话框。输入要保存工程数据文件的名称，该文件将以数据库 Access 的形式保存。

图 8-3-7　创建新数据的保存

(2) 打开已有工程。点击菜单中的“打开已有工程”命令，弹出打开文件对话框，选择所要打开的数据库文件。

(3) 数据库管理。点击菜单中的“数据库管理”命令，弹出对话框如图 8-3-8 所示，可实现对数据库中的风险参数和计算结果进行查看、编辑和删除等操作。

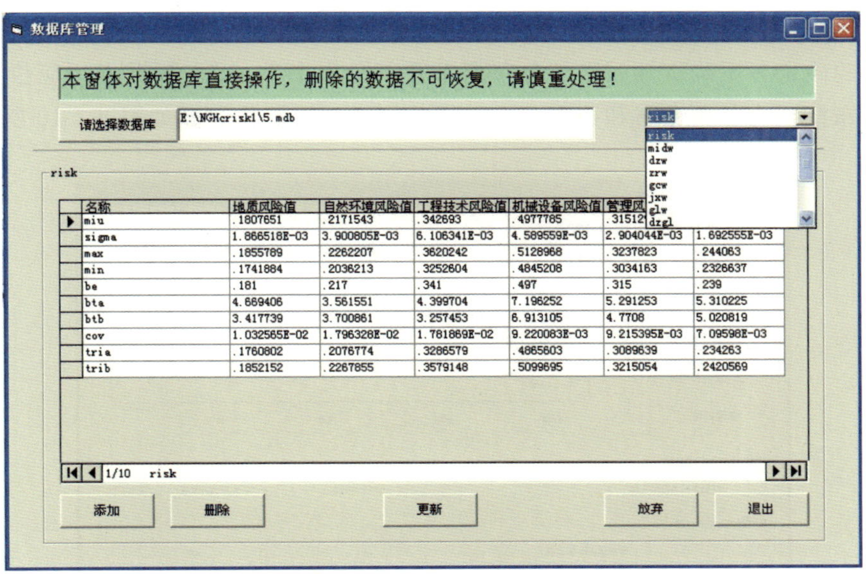

图 8-3-8　数据库管理界面

3）风险识别模块

风险识别模块是选择程序中列出的对本次取芯工程有影响或影响较明显的因素，考虑这些因素对取芯工程的影响，计算工程风险大小。风险识别的目标层是取芯工程整体的风险大小；中间层包含 5 个风险区块；每个中间层因素下面又有与其相对应的因素层因素。风险识别程序界面如图 8-3-9 所示。

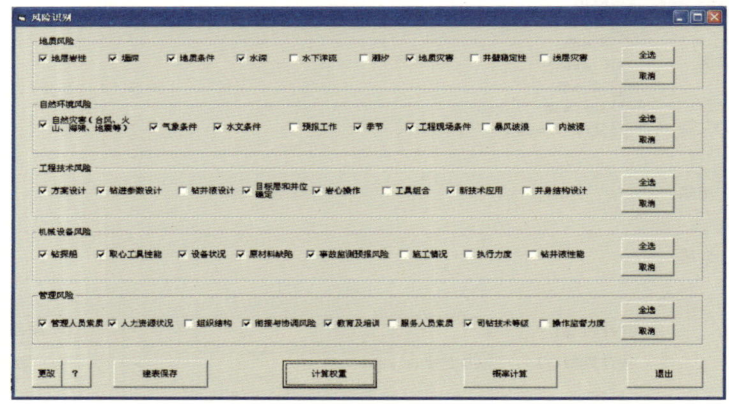

图 8-3-9　风险识别界面

当考虑所有因素时，点击“全选”按钮，反之点击“取消”按钮。确定所有影响因素后，点击“建表保存”按钮，生成需要的数据表，以便存储之后的计算数据。点击“概率计算”和“计算权重”按钮，分别进入风险发生可能性和后果严重度计算程序界面。

4）风险概率计算模块

风险概率计算模块可计算取芯风险各影响因素或事件发生的可能性。结合历史数据和专家经验确定各不确定性因素的分布概型及其分布参数，写入数据表相应位置。最常用到的分布概型为三角分布和正态分布。风险概率计算操作界面如图 8-3-10 所示。

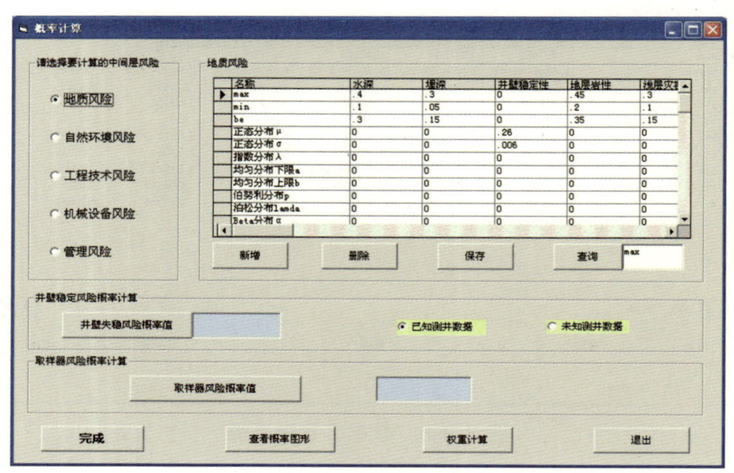

图 8-3-10　风险概率计算操作界面

天然气水合物对取芯工程风险的影响主要从两个方面考虑：一方面是取芯工程作业时，井壁中水合物与外界接触，原始地层温度、压力发生改变，地层中水合物分解导致的井壁失稳；另一方面是天然气水合物岩样进入取样工具之后，由于取样工具保温保压性能无法达到原始地层状态而导致的岩样分解。下面就不同的情况进行分析。

（1）考虑水合物因素的井壁稳定性。

① 在天然气水合物钻探取芯过程中，影响井壁稳定的主要因素是天然气水合物的分解。当相近区块已经有作业井，有测井数据和相关地质资料时，可以使用水合物地层井壁稳定风险预测软件系统 1.0.0（图 8-3-11）对水合物地层取芯过程中的井壁稳定性进行预测。风险概率计算模块对相关软件进行了链接。

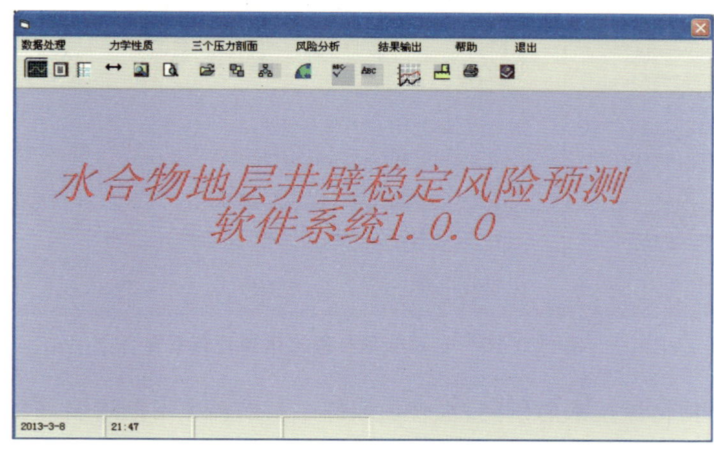

图 8-3-11　已知测井数据的井壁失稳概率计算界面

② 海上天然气水合物取芯，由于钻探层位较浅，往往没有测井数据或准确的地质资料可参考，此时可以使用单点估计的计算方法计算井壁失稳的概率，计算界面如图 8-3-12 所示。另外也可以利用数值模拟方法，取井眼扩大率 10%的点为井壁失稳依据进行单点计算。

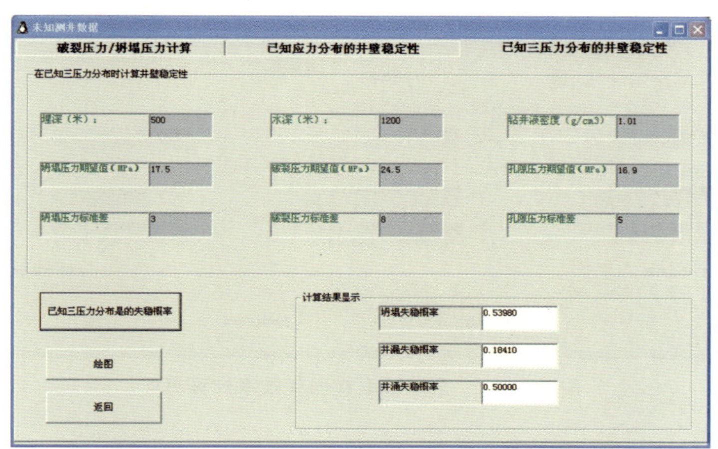

图 8-3-12　未知测井数据的井壁失稳概率计算界面

（2）取样工具因素。

水合物岩芯在取芯筒内的分解也是导致取芯收获率低的重要原因。点击“取样器风险概率值”按钮，进入取样器风险计算界面(图 8-3-13)。天然气水合物钻探取芯的取样器风险由温压保持率和岩芯收获率组成。PTCS，ODP-PCS，DSDP-PCB，HTACE 等取样器有少量历史作业数据可参考，可估计出其温压保持率和岩芯收获率，从而计算该取样器的风险。

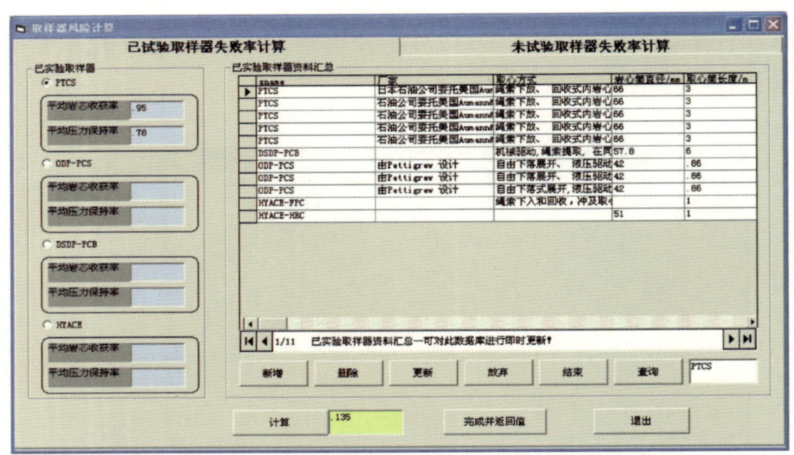

图 8-3-13　已试验取样器失败率计算界面

随着对水合物钻探技术的研究，水合物取样工具的种类不断增多，但还没有现场作业来试验其效果。该软件考虑取样器相应的影响因素采用补偿系数的方法计算取样器风险(图 8-3-14)。

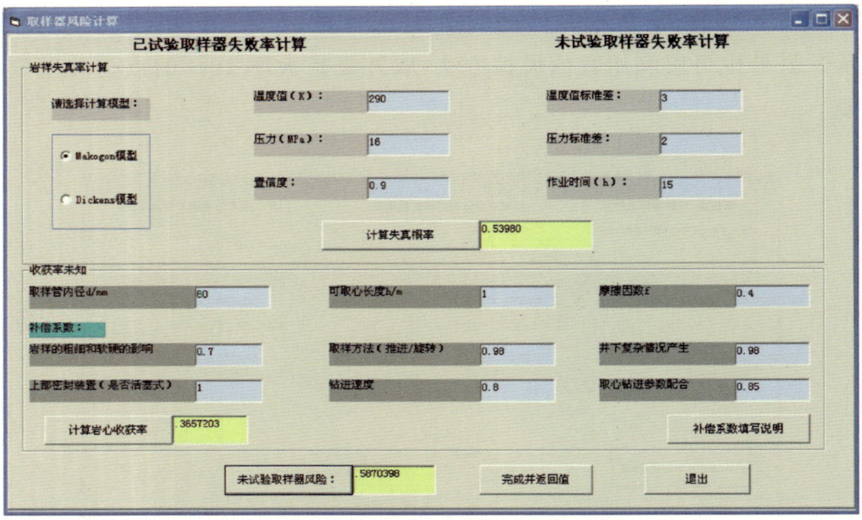

图 8-3-14　未试验取样器失败率计算界面

5）风险权重计算模块

点击“风险权重计算”按钮，弹出“专家”界面，如图 8-3-15 所示。

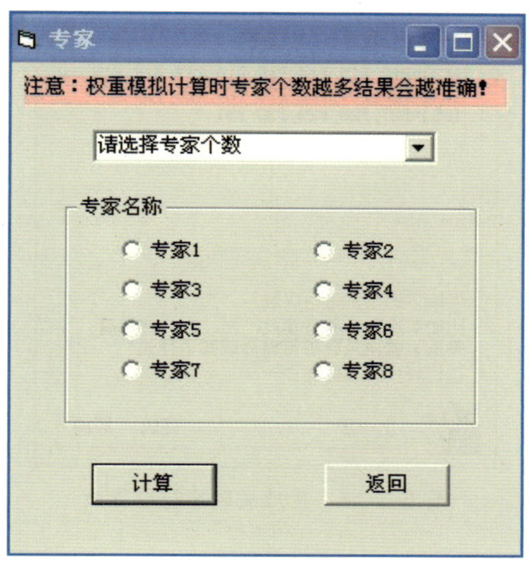

图 8-3-15　专家选择界面

在图 8-3-15 所示界面中选择专家个数。当本次有 5 个预测专家时，选择“5”，那么将只显示“专家 1”到“专家 5”，且每个专家对应一个数字，并进行一次权重预测。单击“计算”按钮后弹出如图 8-3-16 所示界面，生成权重计算的层次关系。

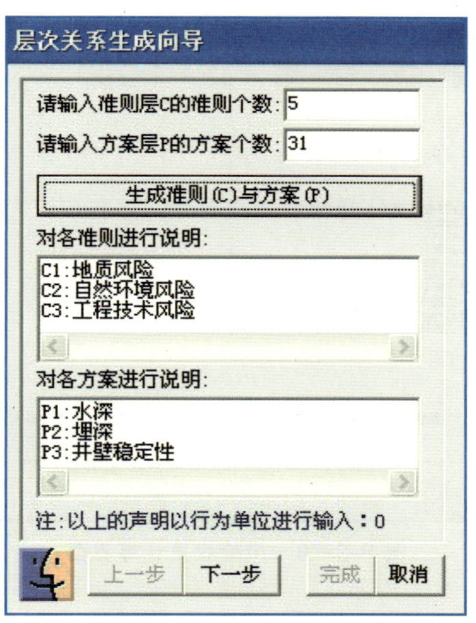

图 8-3-16　生成层次关系界面

点击“下一步”，得到中间层与因素层的关联字符串，如图 8-3-17 所示。

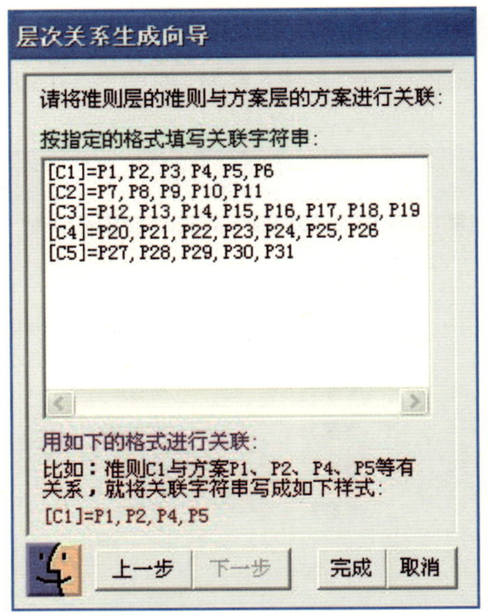

图 8-3-17　生成关联字符串界面

点击“完成”按钮,进入风险权重计算界面,如图 8-3-18 所示。系统会根据关联字符串自动构造各层次的判断矩阵 **A** 和 C_1, C_2, C_3, C_4, C_5。判断矩阵的计算可以采用最小二乘法、几何平均法和特征向量法 3 种方法。通过一致性检验后,得到各风险因素的权重。

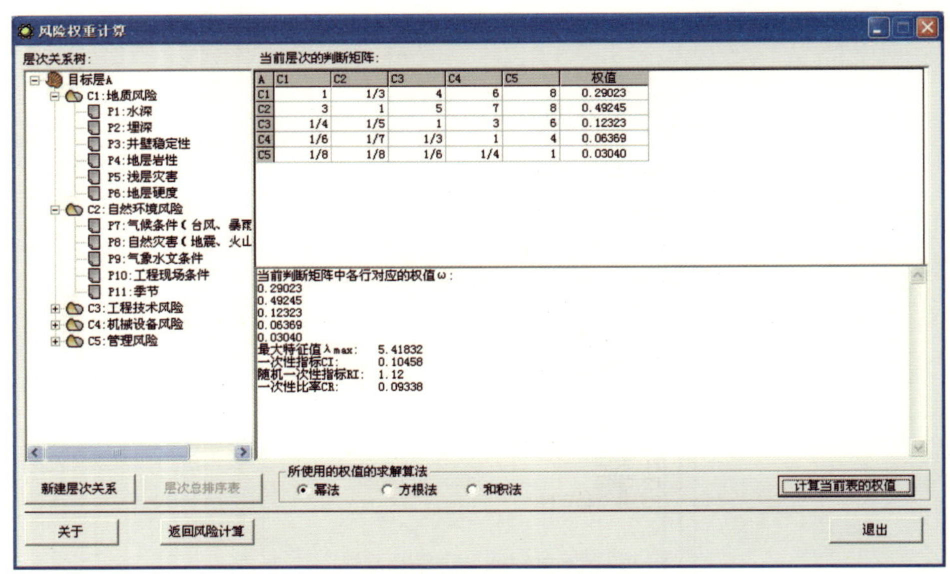

图 8-3-18　风险权重计算界面

当计算完所有层次的权重值之后,点击“层次总排序表”,弹出如图 8-3-19 所示界面,显示各风险因素的权重值,并检验一致性。点击“保存”按钮,数据会自动保存到相应的数据库中。当选择不止一个专家数时,重复风险权重计算模块的计算。

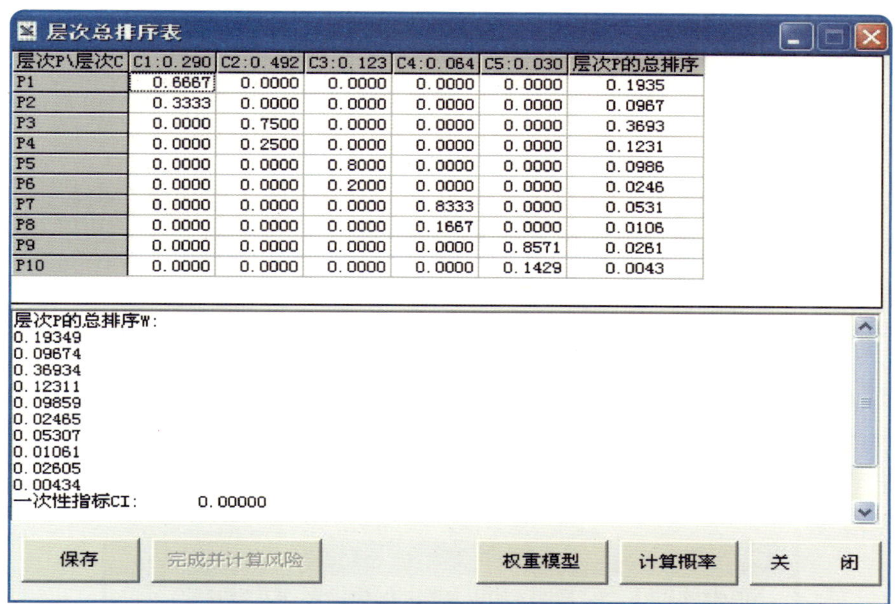

层次P\层次C	C1:0.290	C2:0.492	C3:0.123	C4:0.064	C5:0.030	层次P的总排序
P1	0.6667	0.0000	0.0000	0.0000	0.0000	0.1935
P2	0.3333	0.0000	0.0000	0.0000	0.0000	0.0967
P3	0.0000	0.7500	0.0000	0.0000	0.0000	0.3693
P4	0.0000	0.2500	0.0000	0.0000	0.0000	0.1231
P5	0.0000	0.0000	0.8000	0.0000	0.0000	0.0986
P6	0.0000	0.0000	0.2000	0.0000	0.0000	0.0246
P7	0.0000	0.0000	0.0000	0.8333	0.0000	0.0531
P8	0.0000	0.0000	0.0000	0.1667	0.0000	0.0106
P9	0.0000	0.0000	0.0000	0.0000	0.8571	0.0261
P10	0.0000	0.0000	0.0000	0.0000	0.1429	0.0043

图 8-3-19 层次总排序表界面

6）风险计算模块

在确定了各因素的风险权重和风险发生可能性分布之后，点击程序主界面中的子命令“总风险预测”，进入风险计算界面，如图 8-3-20 所示。

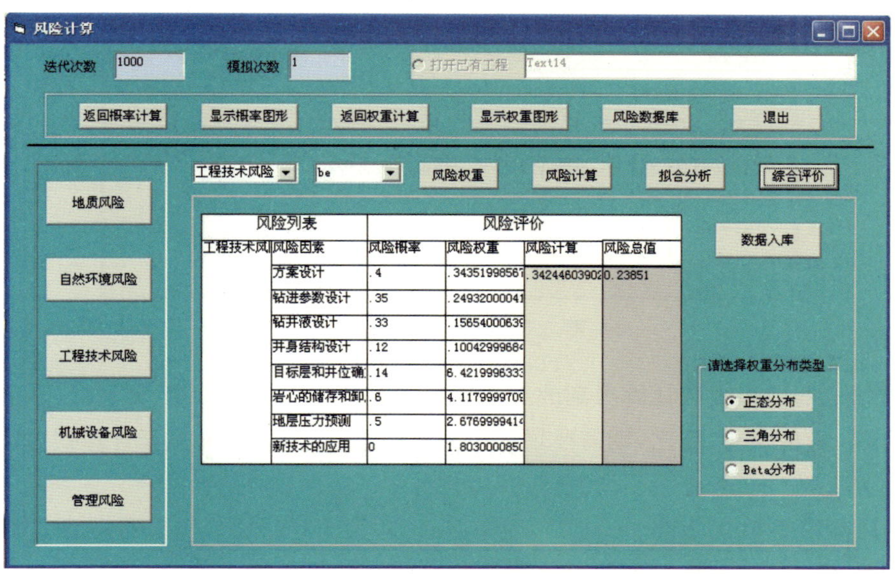

图 8-3-20 风险计算界面

输入模拟次数之后，分别点击中间层的 5 个风险，同时在 Combo2 中选择要显示的概率的参数，点击“风险权重”在界面中列出该中间层各风险因素的权重值，之后点击“风险计算”得到该中间层风险的概率分布。同时可以对中间层各风险的概率分布进行拟合，以便预测总风险。可拟合的分布类型有正态分布、三角分布和贝塔(Beta)分布。在中间层 5 个风险计算结束后，“综合评价”按钮显示为真，点击后即模拟计算水合物取芯工程总风险的概率分布。

点击“数据入库”按钮，将中间层各风险和总风险值的大量样本保存到数据库相应的数据表中，作为后续各种风险分析的数据源。

7) 风险分析模块

(1) 风险误差分析。

利用蒙特卡洛模拟计算取芯工程风险，其模拟误差与模拟次数有很大关系。因此，当确定了一个模拟次数时，其取芯风险计算结果的误差是否满足给定误差要求需要进行考察。点击“误差分析”命令，弹出如图 8-3-21 所示窗口。

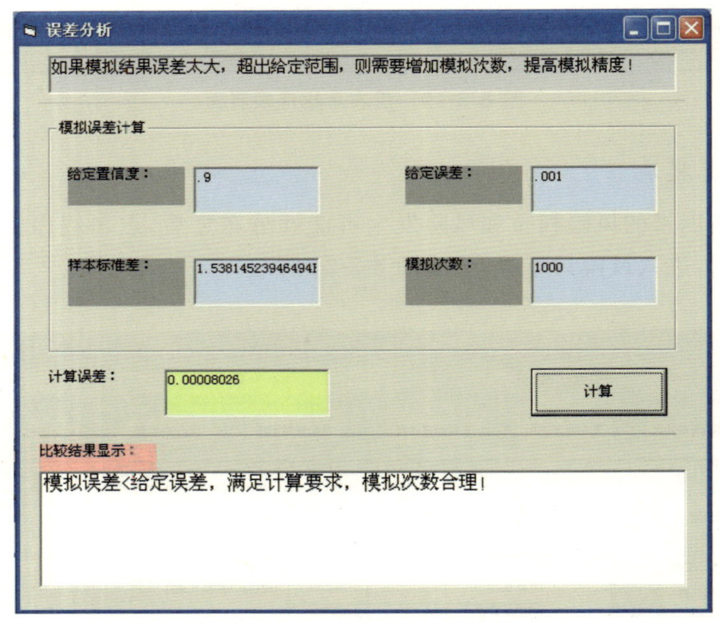

图 8-3-21 误差分析界面

当由给定的模拟次数计算得到的本次模拟误差小于给定的目标误差时，表明本次模拟计算合理，满足要求；反之，则需要增加模拟次数重新进行计算，直至计算误差小于给定的目标误差。

(2) 风险绘图拟合分析。

由蒙特卡洛模拟计算得到的风险值是大量计算结果的样本值，由于样本的数量足够多，因此近似服从某种概率分布。这里对计算结果进行了正态分布、三角分布和贝塔分布 3 种拟合，并计算出各不同拟合的误差值，比较后选择误差较小的一种拟合概率分布。点击程序主界面的“综合分析”命令进入综合输出界面，如图 8-3-22 所示。

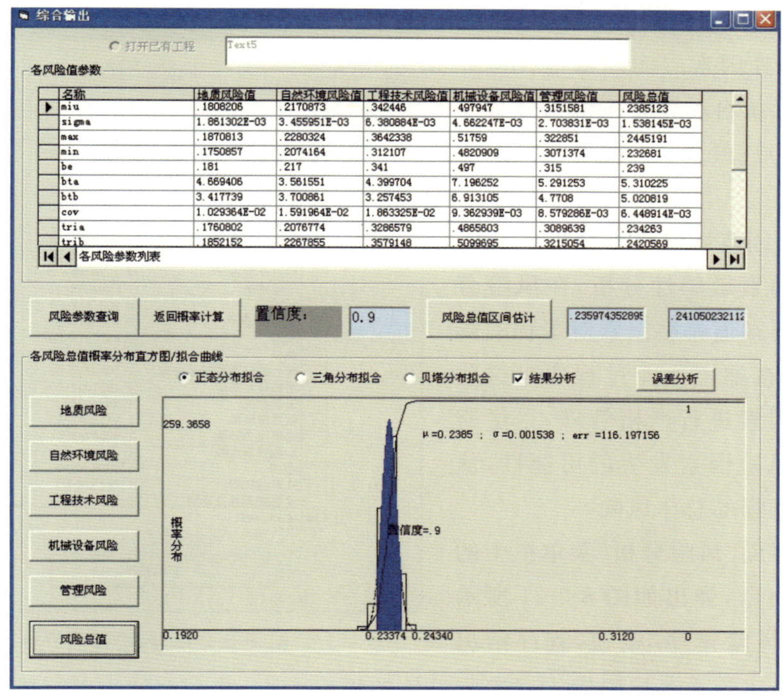

图 8-3-22　综合输出界面

该模块除了可以拟合概率分布外，还列出了中间层和风险总值的各统计参数，如最大值、最小值、最可能值、均值、标准差、变异系数和中位数，还可以获取一定置信度下的风险大小范围。

(3) 风险单因素敏感性分析。

点击“敏感性分析”命令，弹出如图 8-3-23 所示界面。敏感性分析是确定当因素层的某一个因素发生改变时对取芯工程总风险值的影响大小，这里采用相对变化率来表示。

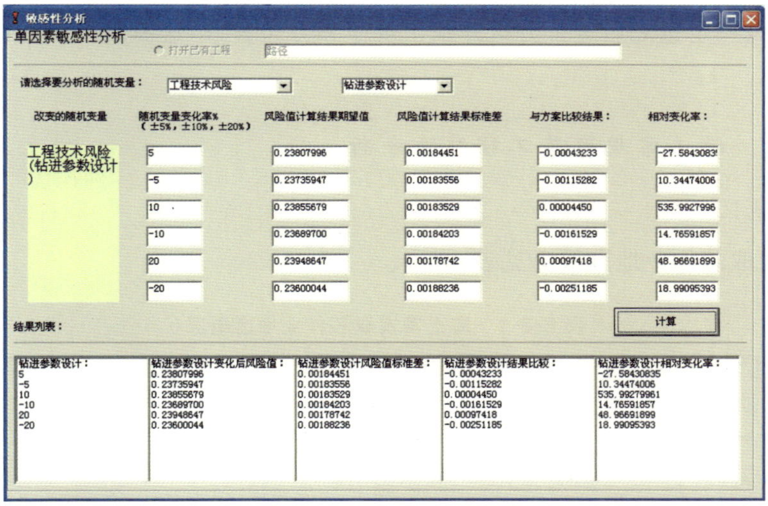

敏感性分析

单因素敏感性分析

打开已有工程　路径

请选择要分析的随机变量：工程技术风险　钻进参数设计

改变的随机变量	随机变量变化率%（±5%，±10%，±20%）	风险值计算结果期望值	风险值计算结果标准差	与方案比较结果：	相对变化率：
工程技术风险(钻进参数设计)	5	0.23807996	0.00184451	-0.00043233	-27.5843083
	-5	0.23735947	0.00183556	-0.00115282	10.34474006
	10	0.23855679	0.00183529	0.00004450	535.9927996
	-10	0.23689700	0.00184203	-0.00161529	14.76591857
	20	0.23948647	0.00178742	0.00097418	48.96691899
	-20	0.23600044	0.00188236	-0.00251185	18.99095393

计算

结果列表：

钻进参数设计：	钻进参数设计变化后风险值：	钻进参数设计风险值标准差：	钻进参数设计结果比较：	钻进参数设计相对变化率：
5	0.23807996	0.00184451	-0.00043233	-27.58430835
-5	0.23735947	0.00183556	-0.00115282	10.34474006
10	0.23855679	0.00183529	0.00004450	535.99279961
-10	0.23689700	0.00184203	-0.00161529	14.76591857
20	0.23948647	0.00178742	0.00097418	48.96691899
-20	0.23600044	0.00188236	-0.00251185	18.99095393

图 8-3-23　敏感性分析界面

在 Combo1 中选择中间层因素，在 Combo2 中选择因素层的因素，点击“计算”按钮后，系统自动计算该因素分布改变±5%，±10%和±20%时取芯风险的相对变化率。

(4) 风险因素影响大小分析。

除了单因素敏感性分析，在风险分析中往往还要知道哪些因素对工程的影响最大，从而在施工作业过程中对这些影响较大的因素进行严格管理，尽量避免或减少该风险因素发生的可能性，从而降低取芯工程的总体风险。

点击主界面“风险分析”菜单栏中的“风险排序”命令，弹出如图 8-3-24 所示界面。点击“风险排序”按钮，程序给出本次取芯作业工程中各风险因素对工程总体的影响大小，并由大到小进行排序。

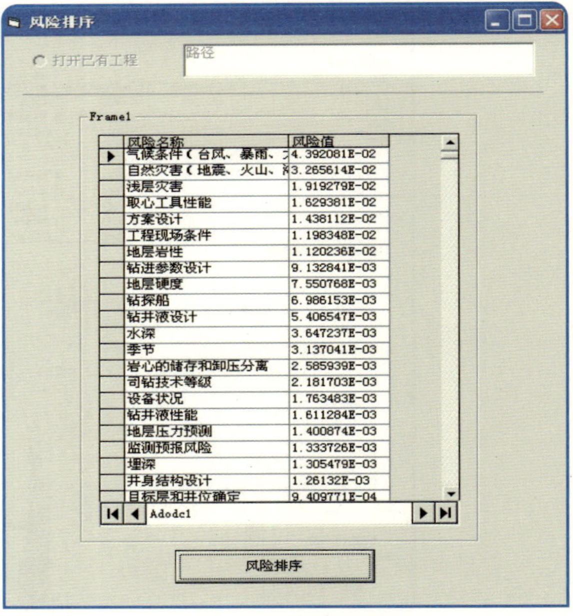

图 8-3-24　风险排序界面

8.3.3 软件应用

由于取芯工程的风险评估还没有得到普遍重视和应用，目前取芯工程的相应工程数据和资料留存得不多，可以用于工程风险分析的数据就更少，因此软件预测的取芯工程风险结果具有很大的不确定性。在此分别计算海上常规取芯工程、陆上常规取芯工程以及海上水合物取芯工程的风险大小，并将三者进行比较分析，进而说明该取芯工程风险分析软件系统的可用性。若要得到更准确的预测数据，则需要对取芯工程的风险因素进行记录，在数据达到一定量之后进行分析并找出规律和分布参数，这需要在以后长期的取芯工作中进行积累。

8.3.3.1 海上常规取芯工程风险分析

1) 作业地区概况

海上常规取芯作业地区概况见表 8-3-1。

表 8-3-1　海上常规取芯作业地区概况

井　号	海上常规一井
井　别	预探井
井口地理位置	海南省文昌市东
构造位置	珠江口盆地西部主三南断裂东段下降盘构造

续表

井　号	海上常规一井
设计井深/m	3 500～3 600
目的层	古近系珠海组二、三段和恩平组
完钻层位	古近系恩平组

本次取芯为硬地层保形取芯，计划取芯层位为珠一、二组，设计取芯井深为 3 500～3 600 m，计划取芯进尺 18 m，岩芯直径 100 mm。2007 年 9 月 12 日现场服务人员到达南海 2 号平台，取芯时间为 2007 年 9 月 19 日。

海上常规取芯技术难点：

(1) 取芯井段井眼尺寸大，钻具稳定性差。取芯井段的井眼尺寸为 241.3 mm，而工具外筒外径为 178 mm，接头处外径为 194 mm，钻头外径为 215 mm。

(2) 合理的钻井液性能。合理的钻井液性能能够提高机械钻速，减少钻井液渗入岩芯，减少钻井液固相及滤液渗入油气层，提高岩芯收获率。钻井液失水尤为重要，从取芯收获率方面考虑，取芯过程中必须保证钻井液的失水在 5 mL 以内。

(3) 地层不熟悉且较为复杂。该区块为新开发区块，地质资料相对较少，对地层把握不够准确。地层软硬交错频繁，给取芯造成一定困难。

在考虑到技术难点的情况下，通过完善方案设计来降低技术难度对工程总体风险造成的影响，比如：

(1) 设计良好的钻具组合，使用 Yb-8100 型取样工具。

(2) 设计合理的钻进参数，见表 8-3-2。

表 8-3-2　合理的钻进参数

参数名称		取　值
泥　岩	排量/($L \cdot s^{-1}$)	15～20
	钻压/kN	50～80
	转速/($r \cdot min^{-1}$)	50～60
疏松砂岩	排量/($L \cdot s^{-1}$)	10～15
	钻压/kN	80～120
	转速/($r \cdot min^{-1}$)	50～60

(3) 采用投球割芯。打完取芯进尺后，停止转盘，上提钻具割芯。

(4) 出芯。工具起出井口后出芯时，一定要严格按照操作程序进行，防止操作不当而损伤岩芯。

(5) 各部门协调工作。多了解地质情况，判断地层岩性，制定出最合适的技术措施。

2) 风险预测

(1) 风险辨识。

根据专家意见等对海上常规取芯工程风险因素进行识别，结果如图 8-3-25 所示。

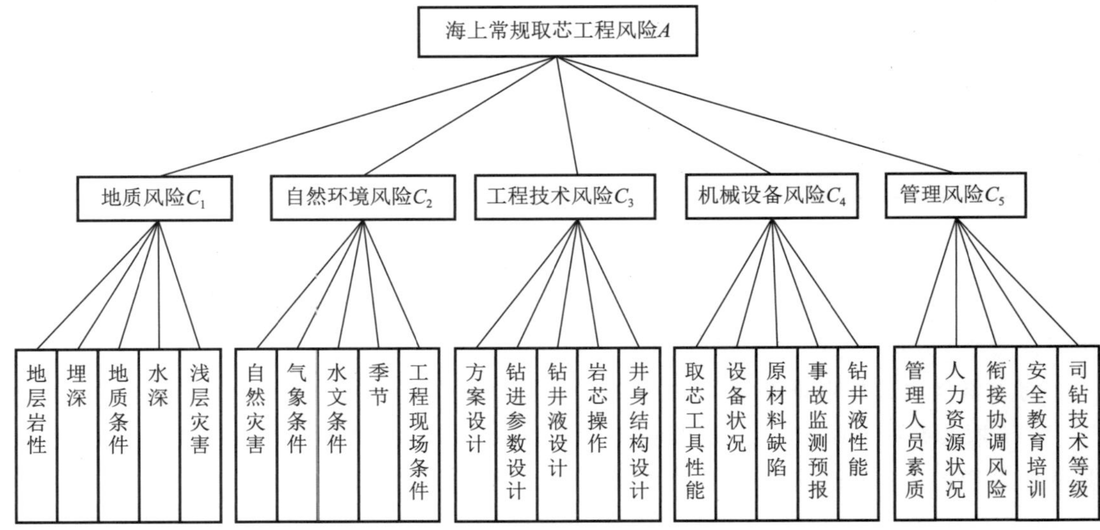

图 8-3-25　海上常规取芯工程风险辨识层次

对各层次风险进行标记。目标层取芯工程总风险标记为 A。中间层各风险分别标记为 C_1,C_2,C_3,C_4,C_5。因素层风险分别标记为:地质风险 C_1 =(地层岩性,埋深,地质条件,水深,浅层灾害)=(C_{11},C_{12},C_{13},C_{14},C_{15}),自然环境风险 C_2 =(自然灾害,气象条件,水文条件,季节,工程现场条件)=(C_{21},C_{22},C_{23},C_{23},C_{25}),工程技术风险 C_3 =(方案设计,钻进参数设计,钻井液设计,岩芯操作,井身结构设计)=(C_{31},C_{32},C_{33},C_{34},C_{35}),机械设备风险 C_4 =(取样工具性能,设备状况,原材料缺陷,事故监测预报,钻井液性能)=(C_{41},C_{42},C_{43},C_{44},C_{45}),管理风险 C_5 =(管理人员素质,人力资源状况,衔接协调风险,安全教育培训,司钻技术等级)=(C_{51},C_{52},C_{53},C_{54},C_{55})。

(2) 风险估计。

① 风险因素或风险事件发生可能性估计。

海上常规取芯工程各风险因素或事件发生可能性的概率分布见表 8-3-3。由于海上取芯工程作业不多,很多风险因素无法通过大量的数字统计拟合得到其概率分布形式,因此为简化计算,采用专家经验给出各风险因素的分布参数。

表 8-3-3　海上常规取芯工程各风险因素或风险事件发生可能性概率分布参数

编　号	风险因素名称	分布类型	最大值	可能值	最小值
C_{11}	地层岩性	三　角	0.40	0.30	0.20
C_{12}	埋　深	三　角	0.50	0.30	0.10
C_{13}	地质条件	三　角	0.85	0.70	0.55
C_{14}	水　深	三　角	0.50	0.30	0.10
C_{15}	浅层灾害	三　角	0.40	0.20	0.10
C_{21}	自然灾害	三　角	0.20	0.08	0.001
C_{22}	气象条件	三　角	0.45	0.23	0.15

续表

编　号	风险因素名称	分布类型	最大值	可能值	最小值
C_{23}	水文条件	三　角	0.65	0.50	0.30
C_{24}	季　节	三　角	0.40	0.20	0.10
C_{25}	工程现场条件	三　角	0.70	0.40	0.20
C_{31}	方案设计	三　角	0.65	0.35	0.20
C_{32}	钻进参数设计	三　角	0.70	0.50	0.20
C_{33}	钻井液设计	三　角	0.40	0.20	0.10
C_{34}	岩芯操作	三　角	0.50	0.40	0.15
C_{35}	井身结构设计	三　角	0.35	0.15	0.05
C_{41}	取样工具性能	三　角	0.60	0.25	0.10
C_{42}	设备状况	三　角	0.56	0.47	0.23
C_{43}	原材料缺陷	三　角	0.50	0.30	0.20
C_{44}	事故监测预报	三　角	0.40	0.25	0.10
C_{45}	钻井液性能	三　角	0.40	0.30	0.12
C_{51}	管理人员素质	三　角	0.60	0.40	0.15
C_{52}	人力资源状况	三　角	0.55	0.38	0.15
C_{53}	衔接协调风险	三　角	0.50	0.30	0.15
C_{54}	安全教育培训	三　角	0.50	0.30	0.12
C_{55}	司钻技术等级	三　角	0.40	0.20	0.10

② 风险因素或风险事件发生后果估计。

根据有关本次取芯的资料和相关专家意见，确定各层次风险的判断矩阵。

a. 中间层风险判断矩阵 $\boldsymbol{U}$，见表 8-3-4。

表 8-3-4　中间层风险因素判断矩阵表

$\boldsymbol{U}$	地质风险	自然环境风险	工程技术风险	机械设备风险	管理风险
地质风险	1	1/2	2	2	3
自然环境风险	2	1	2	2	3
工程技术风险	1/2	1/2	1	2	3
机械设备风险	1/2	1/2	1/2	1	2
管理风险	1/3	1/3	1/3	1/2	1
中间层权重	0.255 75	0.338 31	0.193 33	0.133 24	0.079 37

表 8-3-4 中判断矩阵 $\boldsymbol{U}$ 对应的权重向量为：

$$\boldsymbol{U}=(0.255\ 75,0.338\ 31,0.193\ 33,0.133\ 24,0.079\ 37)$$

判断矩阵 $\boldsymbol{U}$ 的最大特征值为 $\lambda_{\max}=5.146\ 27$。

当 $n=5$ 时，一般一致性指标为 $CI=\dfrac{\lambda_{\max}-n}{n-1}=\dfrac{5.146\ 27-5}{5-1}=0.036\ 57$。随机一致性

指标 $RI=1.12$。判断矩阵 $\boldsymbol{U}$ 的一致性比率为 $CR=CI/RI=0.036\ 57/1.12=0.032\ 65<0.1$，满足一致性检验要求。

b. 地质风险对应的因素层的判断矩阵见表 8-3-5。

表 8-3-5 地质风险因素判断矩阵表

$\boldsymbol{U}:\boldsymbol{U}_1$	地层岩性	埋　深	地质条件	水　深	浅层灾害
地层岩性	1	2	1/2	3	1/2
埋　深	1/2	1	1/3	2	1/2
地质条件	2	3	1	3	1/3
水　深	1/3	1/2	1/3	1	1/3
浅层灾害	2	2	3	3	1
权　重	0.182 05	0.119 75	0.251 26	0.076 51	0.370 43

表 8-3-5 中判断矩阵 $\boldsymbol{U}_1$ 对应的权重向量为：

$$\boldsymbol{U}_1=(0.182\ 05,0.119\ 75,0.251\ 26,0.076\ 51,0.370\ 43)$$

判断矩阵 $\boldsymbol{U}_1$ 的最大特征值为 $\lambda_{\max}=5.283\ 99$。

当 $n=5$ 时，一般一致性指标为 $CI=\frac{\lambda_{\max}-n}{n-1}=\frac{5.283\ 99-5}{5-1}=0.071$。随机一致性指标 $RI=1.12$。判断矩阵 $\boldsymbol{U}_1$ 的一致性比率为 $CR=CI/RI=0.071/1.12=0.063\ 39<0.1$，满足一致性检验要求。

c. 自然环境风险对应的因素层的判断矩阵见表 8-3-6。

表 8-3-6 自然环境风险因素判断矩阵表

$\boldsymbol{U}:\boldsymbol{U}_2$	自然灾害	气象条件	水文条件	季　节	工程现场条件
自然灾害	1	2	2	4	3
气象条件	1/2	1	1/2	2	2
水文条件	1/2	2	1	3	2
季　节	1/4	1/2	1/3	1	1/2
工程现场条件	1/3	1/2	1/2	2	1
权　重	0.374 80	0.174 82	0.249 37	0.079 55	0.121 46

表 8-3-6 中判断矩阵 $\boldsymbol{U}_2$ 对应的权重向量为：

$$\boldsymbol{U}_2=(0.374\ 80,0.174\ 82,0.249\ 37,0.079\ 55,0.121\ 46)$$

判断矩阵 $\boldsymbol{U}_2$ 的最大特征值为 $\lambda_{\max}=5.084\ 8$。

当 $n=5$ 时，一般一致性指标为 $CI=\frac{\lambda_{\max}-n}{n-1}=\frac{5.084\ 8-5}{5-1}=0.021\ 2$。随机一致性指标 $RI=1.12$。判断矩阵 $\boldsymbol{U}_2$ 的一致性比率为 $CR=CI/RI=0.021\ 2/1.12=0.018\ 93<0.1$，满足一致性检验要求。

d. 工程技术风险对应的因素层权重的判断矩阵见表 8-3-7。

表 8-3-7　工程技术风险因素判断矩阵表

$U:U_3$	方案设计	钻进参数设计	钻井液设计	岩芯操作	井身结构设计
方案设计	1	2	2	1/2	2
钻进参数设计	1/2	1	2	1/2	2
钻井液设计	1/2	1/2	1	1/3	2
岩芯操作	2	2	3	1	2
井身结构设计	1/2	1/2	1/2	1/2	1
权　重	0.239 71	0.181 65	0.128 40	0.343 69	0.106 55

表 8-3-7 中判断矩阵 U_3 对应的权重向量为：

$$U_3=(0.239\ 71,0.181\ 65,0.128\ 40,0.343\ 69,0.106\ 55)$$

判断矩阵 U_3 的最大特征值为 $\lambda_{max}=5.192\ 71$。

当 $n=5$ 时，一般一致性指标为 $CI=\frac{\lambda_{max}-n}{n-1}=\frac{5.192\ 71-5}{5-1}=0.048\ 18$。随机一致性指标 $RI=1.12$。判断矩阵 U_3 的一致性比率为 $CR=CI/RI=0.048\ 18/1.12=0.043\ 02<0.1$，满足一致性检验要求。

e. 机械设备风险对应的因素层权重的判断矩阵见表 8-3-8。

表 8-3-8　机械设备风险因素判断矩阵表

$U:U_4$	取样工具性能	设备状况	原材料缺陷	事故监测预报	钻井液性能
取样工具性能	1	2	2	2	2
设备状况	1/2	1	2	2	1/2
原材料缺陷	1/2	1/2	1	2	1/2
事故监测预报	1/2	1/2	1/2	1	1/2
钻井液性能	1/2	2	2	2	1
权　重	0.322 86	0.185 43	0.140 53	0.106 50	0.244 68

表 8-3-8 中判断矩阵 U_4 对应的权重向量为：

$$U_4=(0.322\ 86,0.185\ 43,0.140\ 53,0.106\ 50,0.244\ 68)$$

判断矩阵 U_4 的最大特征值为 $\lambda_{max}=5.194\ 72$。

当 $n=5$ 时，一般一致性指标为 $CI=\frac{\lambda_{max}-n}{n-1}=\frac{5.194\ 72-5}{5-1}=0.048\ 68$。随机一致性指标 $RI=1.12$。判断矩阵 U_4 的一致性比率为 $CR=CI/RI=0.048\ 68/1.12=0.043\ 46<0.1$，满足一致性检验要求。

f. 管理风险对应的因素层权重的判断矩阵见表 8-3-9。

表 8-3-9　管理风险因素判断矩阵表

$U:U_5$	管理人员素质	人力资源状况	衔接协调风险	安全教育培训	司钻技术等级
管理人员素质	1	1/2	2	2	1/3
人力资源状况	2	1	3	2	1/2
衔接协调风险	1/2	1/3	1	1/2	1/3
安全教育及培训	1/2	1/2	2	1	1/2
司钻技术等级	3	2	3	2	1
权　重	0.165 06	0.249 56	0.085 30	0.134 75	0.365 32

表 8-3-9 中判断矩阵 $\boldsymbol{U}_5$ 对应的权重向量为：

$$\boldsymbol{U}_5=(0.165\ 06,0.249\ 56,0.085\ 30,0.134\ 75,0.365\ 32)$$

判断矩阵 $\boldsymbol{U}_5$ 的最大特征值为 $\lambda_{\max}=5.160\ 05$。

当 $n=5$ 时，一般一致性指标为 $CI=\dfrac{\lambda_{\max}-n}{n-1}=\dfrac{5.160\ 05-5}{5-1}=0.040\ 01$。随机一致性指标 $RI=1.12$。判断矩阵 $\boldsymbol{U}_5$ 的一致性比率为 $CR=CI/RI=0.040\ 01/1.12=0.035\ 73<0.1$，满足一致性检验要求。

3）风险模拟计算

根据上述对各风险因素和事件做出的估计，利用蒙特卡洛模拟方法进行计算：

$$R_i^{\xi}=\sum_{j=1}^{n_i}f_{ij}^{\xi}(x_1,x_2,\cdots,x_m)C_{ij}^{\xi} \tag{8-3-1}$$

式中　R_i^{ξ}——中间层第 i 个风险的风险值的第 ξ 个样本值；

$f_{ij}^{\xi}(x_1,x_2,\cdots,x_m)$——第 i 个中间层风险下第 j 个风险概率分布的第 ξ 个抽样值；

C_{ij}^{ξ}——第 i 个中间层风险下第 j 个风险概率分布对应的权重值的第 ξ 个抽样值；

$x_1,x_2,\cdots,x_m$——各风险因素可能性概率分布的分布参数。

如此，模拟计算 1 000 次后得到中间层各风险的风险值样本，对各样本进行概率分析，拟合得到各风险的近似分布和分布参数，用于计算取芯工程风险总值，得到风险总值的样本 R^{ξ}。

$$R^{\xi}=\sum_{j=1}^{n}f_i^{\xi}(x_1,x_2,\cdots,x_m)C_i^{\xi} \tag{8-3-2}$$

式中　R^{ξ}——总风险第 i 个风险的风险值的第 ξ 个样本值；

$f_i^{\xi}(x_1,x_2,\cdots,x_m)$——第 i 个中间层风险值的第 ξ 个抽样值；

C_i^{ξ}——第 i 个中间层风险值对应的权重值的第 ξ 个抽样值。

由以上两式计算得到取芯工程中间层风险和取芯工程风险总值的样本分布，其部分计算结果如图 8-3-26 所示。

riskdata : 表

地质风险值	自然环境风险值	工程技术风险值	机械设备风险值	管理风险值	风险总值
.3583711	.263837	.3512822	.3262714	.32716	.3182263
.370105	.2506136	.348598	.2944324	.310042	.3125523
.3616841	.2609522	.3468827	.308282	.3135276	.3183959
.374419	.2493235	.349708	.292307	.3222974	.3171904
.3619348	.2603025	.3558155	.3113352	.3249778	.3173265
.3675268	.2563785	.3617279	.3042892	.3214422	.3159365
.3630943	.2631877	.3569577	.3176264	.3272096	.315762
.3670189	.253856	.360873	.2962012	.3183356	.317486
.3572559	.2641484	.3628326	.3273472	.331189	.3142674
.3698266	.2518827	.3465309	.2926249	.3235277	.316159
.3588907	.2646866	.3576607	.3201905	.3382785	.3196464
.3637863	.2583511	.359988	.3089812	.3197166	.3169797
.3546399	.2686836	.3539003	.3267739	.3225886	.3154051
.3648666	.2554133	.348997	.2951154	.3160756	.3174641
.3624295	.2599118	.3473349	.3129665	.3146365	.3122635
.3678837	.2536962	.3423132	.2953268	.3198649	.3175766
.3643773	.2599219	.3539078	.3147127	.3241733	.3168693
.3656304	.2565974	.3591384	.3072991	.3220038	.3200958
.3655176	.2613744	.3561411	.3147021	.3273542	.313812
.3690583	.2552559	.3584553	.2987036	.3114118	.3142102
.3564987	.2674332	.3595946	.3247142	.3237734	.3171082
.3636839	.2512117	.3612339	.2983623	.3252521	.3162189
.3621587	.2616387	.3502042	.314505	.3353815	.3143298
.3639937	.2585248	.3594734	.3109918	.3285167	.3164865
.3566126	.2670534	.355937	.3237501	.3208702	.3154263
.3643185	.2572874	.3534245	.3023859	.3122509	.3183388
.3616142	.2619114	.3486462	.310869	.314744	.3158855
.3694493	.251491	.3451527	.3008867	.3103783	.3133189
.3617701	.2613589	.3458159	.3098662	.3233105	.318859
.3708494	.2519139	.3645924	.3069261	.3240629	.312787
.3636743	.2603366	.3575754	.3118722	.3247831	.3176205
.3689506	.2552047	.3568399	.3010473	.3108725	.3153924
.360439	.2651352	.3580672	.3200019	.3336768	.3147872
.3626958	.2551567	.3606701	.3042072	.316752	.3146744
.3616878	.2582676	.3662203	.3114036	.332934	.3122174
.3676305	.2540151	.3555606	.3042966	.3292223	.3155771
.3578883	.2658216	.3583437	.321071	.3342992	.3179517

记录: 1　共有记录数: 1000

图 8-3-26　风险值样本

4) 风险分析

假设给定的误差上限为 0.001，则海上常规取芯工程风险模拟 1 000 次后计算结果的误差为 0.000 105，小于给定值，因此本次取芯计算模拟 1 000 次是满足误差要求的。

下面对模拟计算得到各风险的样本进行概率统计分析。各统计参数见表 8-3-10。

表 8-3-10　1 000 次模拟取芯工程风险指标汇总

风　险	抽样次数	均　值	标准差	中位数	最大值	最小值	变异系数
地质风险	1 000	0.363 4	0.004 2	0.363	0.374 4	0.351 9	0.011 6
自然环境风险	1 000	0.259 2	0.005 0	0.259	0.272 6	0.247 1	0.019 2
工程技术风险	1 000	0.354 0	0.006 4	0.359	0.371 2	0.334 2	0.018 1
机械设备风险	1 000	0.310 2	0.009 5	0.309	0.340 4	0.282 2	0.030 6
管理风险	1 000	0.322 7	0.007 2	0.323	0.340 8	0.304 2	0.022 2
总风险	1 000	0.315 9	0.002 0	0.317	0.321 8	0.309 2	0.006 4

1 000 次模拟计算得到的取芯风险总值概率分布如图 8-3-27 所示。图中给出了海上常规取芯工程风险值的直方图，并拟合得到其正态分布和累积概率分布。由图可以看出，

利用蒙特卡洛模拟方法计算取芯工程的风险，其计算结果包含了各种不确定性因素的风险值的概率分布。当给定置信度为 0.95 时，该取芯工程风险的大小区间为[0.312 0，0.320 0]，其结果不再是单一的值。通过查风险等级表可知，海上常规取芯作业的风险等级为Ⅲ级中等风险(在可控范围内)，通过敏感性分析和风险排序可以有针对性地对工程实施风险规避和预防措施。

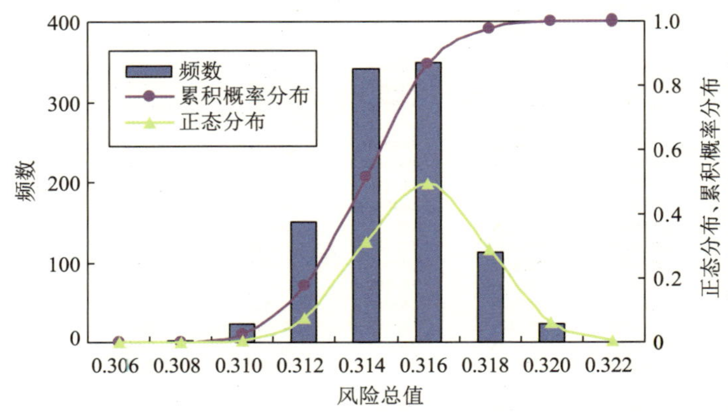

图 8-3-27　1 000 次模拟计算得到的取芯风险总值分布图

海上常规取芯工程风险敏感性分析结果见表 8-3-11。

表 8-3-11　海上常规取芯工程风险单因素敏感性分析结果

风险因素变化率/%	不同风险因素的敏感度系数									
	地质条件	浅层灾害	水文条件	工程现场条件	方案设计	钻进参数设计	井身结构设计	事故监测预报	衔接协调风险	安全教育培训
+5	0.159	0.077	0.126	0.073	0.047	0.045	0.001	0.009	0.012	0.024
−5	0.145	0.061	0.108	0.059	0.039	0.034	0.009	0.010	0.002	0.010
+10	0.151	0.069	0.130	0.062	0.049	0.050	0.005	0.009	0.011	0.016
−10	0.144	0.061	0.120	0.056	0.045	0.045	0.000 1	0.009	0.006	0.009
+20	0.147	0.064	0.132	0.057	0.050	0.053	0.008	0.010	0.011	0.012
−20	0.143	0.060	0.127	0.053	0.049	0.050	0.005	0.010	0.009	0.009

表 8-3-11 中只给出了几个风险因素的敏感性分析结果，但仍可以看出取芯工程风险对地质条件、浅层灾害、水文条件、现场工况、方案设计和钻进参数设计等因素的变化比较敏感，而对事故监测预报、衔接协调风险和安全教育培训等因素的敏感性较低。因此，在取芯作业前要做好准备工作，如对取芯层位的地质条件进行详细了解、选择海洋环境好的时期进行作业、对工程的工艺参数进行合理可靠的设计以及安排好各项工作使现场作业井然有序等；在施工的过程中也应注意敏感性因素的变化，采取有效措施避免潜在风险的发生或恶化。

各风险因素对海上常规取芯工程总风险影响大小排序见表 8-3-12(其中只列出排序

靠前的几个风险)。

表 8-3-12　各风险因素对海上常规取芯工程总风险影响大小排序

排列序号	风险因素	风险值
1	地质条件	0.045 0
2	水文条件	0.042 2
3	岩芯操作	0.026 6
4	浅层灾害	0.018 9
5	钻进参数设计	0.017 6
6	工程现场条件	0.016 4
7	方案设计	0.016 2
8	地层岩性	0.014 0
9	气象条件	0.013 6
10	设备状况	0.011 6
11	取样工具性能	0.010 8
12	管理人员素质	0.010 3
13	自然灾害	0.010 1
14	钻井液性能	0.009 8
15	埋　深	0.009 2
16	水　深	0.005 9
17	原材料缺陷	0.005 6
18	人力资源状况	0.005 5

由表 8-3-12 可以看出,对于该次海上常规取芯工程来说,地质条件、水文条件、岩芯操作、浅层灾害、钻进参数设计和气象条件、取样工具性能以及现场工况等对取芯工程和岩芯收获率的影响至关重要。因此,在取芯工程进行中可以针对这些可能存在的风险做好监测预防工作,例如大量搜集作业地区的地质资料,多方面了解地质特性,对地质条件有一定的掌握,做好地层压力预测;选择水文条件良好的时期进行取芯作业;在对岩芯进行割芯和提升作业时要严格操作流程,防止不必要的失误发生;设计出科学合理的钻进参数;对可能存在二氧化碳气侵的地层要提前做好预防和应对措施等。通过有针对性地对这些因素进行修正,达到提高取芯作业成功率和岩芯收获率的目的。

5) 小　结

由上述风险预测和分析的结果可以看出,本次海上常规取芯作业风险值较低,可以接受。实际取芯作业使用 Yb-8100 型取样工具,共取 1 筒,取芯进尺 18.60 m,芯长 18.57 m,平均岩芯收获率为 99.84%。

本次取芯作业成功完成并且岩芯收获率满足质量目标的要求,这主要受益于以下几个方面:

（1）严格按照操作规程的要求进行技术服务。为了完成这次取芯工程作业，达到目标要求，从取样工具组合、取芯钻进参数、割芯操作到岩芯出筒，每一步都有具体的施工要求和切实可行的技术措施。例如，下钻前详细检查取样工具，检查加压接头的球座有无松动，从开始钻进到割芯起钻始终有人在钻台监督等，这些措施在客观上保证了取芯操作准确无误，技术措施落实到位，确保了本井取芯收获率取得令人满意的效果。

（2）根据实际情况制定钻进参数。取芯钻进时，根据具体情况制定相应灵活的技术措施，如发现异常情况及时改变技术措施，并且落实到位。

（3）现场服务一定要有高度的责任心。施工人员应仔细组装、检查取样工具，细致交代技术措施，全面、详尽地记录现场情况。

8.3.3.2 陆上常规取芯工程风险分析

1）作业地区概况

陆上常规取芯作业地区概况见表 8-3-13。

表 8-3-13　陆上常规取芯作业地区概况

井　号	陆上常规一井
井　别	生产井
井口地理位置	5 号桩油田桩 76 井井口方位 244°
构造位置	济阳坳陷沾化凹陷 5 号桩披覆构造及断鼻构造腰部位
设计井深/m	3 640(垂深)
目的层	沙　三
完钻层位	沙　四
井身最大井斜角/(°)	32
生态环境	平　原

陆上常规取芯技术难点：

（1）斜井和深井。

（2）对该区块的地质情况不是十分了解，因此在取芯作业前必须详细查看本井的工程设计，了解本井的地质特点以及注意事项，减少施工风险。

在考虑到技术难点的情况下，通过完善方案设计来降低技术难度对工程总体风险造成的影响。陆上常规取芯工程现场的技术服务见表 8-3-14。

表 8-3-14　陆上常规取芯工程技术服务质量记录表

取芯井段/m	3 713.5～3 721.1	3 766.0～3 773.2	3 783.0～3 790.5	3 790.5～3 797.8
进尺/m	7.6	7.2	7.5	7.3
芯长/m	7.6	7.0	7.4	7.3
收获率/%	100	97.2	98.7	100

续表

取芯井段/m		3 713.5～3 721.1	3 766.0～3 773.2	3 783.0～3 790.5	3 790.5～3 797.8
取芯钻进参数	钻压/kN	50～120	50～120	50～120	50～120
	转速/($r \cdot min^{-1}$)	50～60	50～60	50～60	50～60
	排量/($L \cdot s^{-1}$)	19～28	19～28	19～28	19～28
钻井液性能	密度/($g \cdot cm^{-3}$)	1.3	1.3	1.3	1.3
	黏度/s	57	53	60	58
地　层		沙　三	沙　三	沙　三	沙　三
工具型号		沙　四	沙　四	沙　四	沙　四

2）风险预测

（1）风险辨识。

根据专家意见、现场情况和方案设计等对陆上常规取芯工程风险因素进行识别，结果如图 8-3-28 所示。

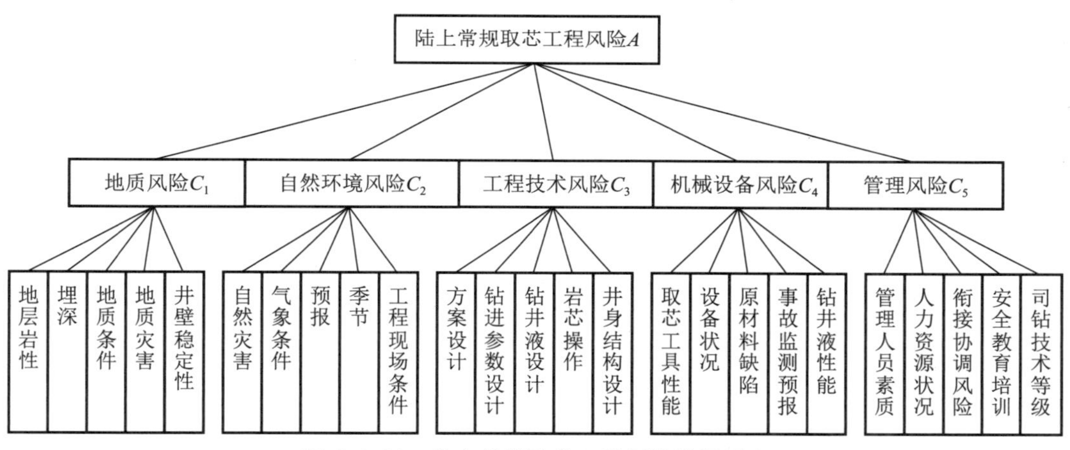

图 8-3-28　陆上常规取芯工程风险辨识层次

对各层次风险进行标记。目标层取芯工程总风险标记为 A。中间层各风险分别标记为 C_1，C_2，C_3，C_4，C_5。因素层风险分别标记为：地质风险 C_1 =（地层岩性，埋深，地质条件，地质灾害，井壁稳定性）=（C_{11}，C_{12}，C_{13}，C_{14}，C_{15}），自然环境风险 C_2 =（自然灾害，气象条件，预报，季节，工程现场条件）=（C_{21}，C_{22}，C_{23}，C_{24}，C_{25}），工程技术风险 C_3 =（方案设计，钻进参数设计，钻井液设计，岩芯操作，井身结构设计）=（C_{31}，C_{32}，C_{33}，C_{34}，C_{35}），机械设备风险 C_4 =（取样工具性能，设备状况，原材料缺陷，事故监测预报，钻井液性能）=（C_{41}，C_{42}，C_{43}，C_{44}，C_{45}），管理风险 C_5 =（管理人员素质，人力资源状况，衔接协调风险，安全教育培训，司钻技术等级）=（C_{51}，C_{52}，C_{53}，C_{54}，C_{55}）。

（2）风险估计。

① 风险因素或风险事件发生可能性估计。

陆上常规取芯工程各风险因素或事件发生可能性的概率分布见表 8-3-15。由于陆上取芯工程作业较少，相关工程和地质数据稀缺，很多风险因素无法通过大量的数字统计拟合得到其概率分布形式，因此为简化计算工程，采用专家经验给出各风险因素的分布参数。

表 8-3-15 陆上常规取芯工程各风险因素或风险事件发生可能性概率分布参数

编　号	风险因素名称	分布类型	最大值	可能值	最小值
C_{11}	地层岩性	三　角	0.30	0.25	0.15
C_{12}	埋　深	三　角	0.65	0.35	0.20
C_{13}	地质条件	三　角	0.40	0.20	0.10
C_{14}	地质灾害	三　角	0.30	0.15	0.06
C_{15}	井壁稳定性	三　角	0.55	0.40	0.20
C_{21}	自然灾害	三　角	0.05	0.002	0.001
C_{22}	气象条件	三　角	0.30	0.15	0.08
C_{23}	预　报	三　角	0.30	0.13	0.06
C_{24}	季　节	三　角	0.30	0.17	0.10
C_{25}	工程现场条件	三　角	0.30	0.20	0.05
C_{31}	方案设计	三　角	0.40	0.30	0.15
C_{32}	钻进参数设计	三　角	0.50	0.35	0.15
C_{33}	钻井液设计	三　角	0.35	0.20	0.10
C_{34}	岩芯操作	三　角	0.55	0.40	0.25
C_{35}	井身结构设计	三　角	0.45	0.30	0.10
C_{41}	取样工具性能	三　角	0.35	0.25	0.10
C_{42}	设备状况	三　角	0.30	0.15	0.10
C_{43}	原材料缺陷	三　角	0.28	0.14	0.07
C_{44}	事故监测预报	三　角	0.30	0.22	0.06
C_{45}	钻井液性能	三　角	0.35	0.20	0.12
C_{51}	管理人员素质	三　角	0.35	0.20	0.10
C_{52}	人力资源状况	三　角	0.30	0.18	0.08
C_{53}	衔接协调风险	三　角	0.35	0.23	0.10
C_{54}	安全教育培训	三　角	0.25	0.15	0.05
C_{55}	司钻技术等级	三　角	0.35	0.20	0.10

② 风险因素或风险事件发生后果估计。

根据有关本次取芯的资料和相关专家意见，确定各层次风险的判断矩阵。

a. 中间层风险判断矩阵 $\boldsymbol{U}$ 为：

$$\boldsymbol{U}=\begin{pmatrix} 1 & 1/3 & 1/2 & 2 & 6 \\ 3 & 1 & 2 & 3 & 4 \\ 2 & 1/2 & 1 & 3 & 4 \\ 1/2 & 1/3 & 1/3 & 1 & 2 \\ 1/4 & 1/4 & 1/4 & 1/2 & 1 \end{pmatrix}$$

判断矩阵 $\boldsymbol{U}$ 的最大特征值为 $\lambda_{max}=5.146\ 89$。

当 $n=5$ 时，一般一致性指标为 $CI=\dfrac{\lambda_{max}-n}{n-1}=\dfrac{5.146\ 89-5}{5-1}=0.036\ 72$。随机一致性指标 $RI=1.12$。判断矩阵 $\boldsymbol{U}$ 的一致性比率 $CR=CI/RI=0.036\ 72/1.12=0.032\ 79<0.1$，满足一致性检验要求。判断矩阵 $\boldsymbol{U}$ 对应的权重向量为（0.174 51，0.391 15，0.267 31，0.104 25，0.062 79）。

b. 地质风险对应的因素层的判断矩阵 $\boldsymbol{U}_1$ 为：

$$\boldsymbol{U}_1=\begin{pmatrix} 1 & 2 & 1/3 & 1/4 & 1/2 \\ 1/2 & 1 & 1/3 & 1/4 & 1/2 \\ 3 & 3 & 1 & 1/2 & 2 \\ 4 & 4 & 2 & 1 & 2 \\ 2 & 2 & 1/2 & 1/2 & 1 \end{pmatrix}$$

判断矩阵 $\boldsymbol{U}_1$ 的最大特征值为 $\lambda_{max}=5.097\ 52$。

当 $n=5$ 时，一般一致性指标为 $CI=\dfrac{\lambda_{max}-n}{n-1}=\dfrac{5.097\ 52-5}{5-1}=0.024\ 38$。随机一致性指标 $RI=1.12$。判断矩阵 $\boldsymbol{U}_1$ 的一致性比率为 $CR=CI/RI=0.024\ 38/1.12=0.021\ 77<0.1$，满足一致性检验要求。判断矩阵 $\boldsymbol{U}_1$ 对应的权重向量为（0.103 66，0.078 16，0.262 46，0.387 64，0.168 08）。

c. 自然风险对应的因素层的判断矩阵 $\boldsymbol{U}_2$ 为：

$$\boldsymbol{U}_2=\begin{pmatrix} 1 & 2 & 4 & 5 & 3 \\ 1/2 & 1 & 3 & 4 & 2 \\ 1/4 & 1/3 & 1 & 2 & 1/2 \\ 1/5 & 1/4 & 1/2 & 1 & 1/3 \\ 1/3 & 1/2 & 2 & 3 & 1 \end{pmatrix}$$

判断矩阵 $\boldsymbol{U}_2$ 的最大特征值为 $\lambda_{max}=5.068\ 08$。

当 $n=5$ 时，一般一致性指标为 $CI=\dfrac{\lambda_{max}-n}{n-1}=\dfrac{5.068\ 08-5}{5-1}=0.017\ 02$。随机一致性指标 $RI=1.12$。判断矩阵 $\boldsymbol{U}_2$ 的一致性比率 $CR=CI/RI=0.017\ 02/1.12=0.015\ 20<0.1$，满足一致性检验要求。判断矩阵 $\boldsymbol{U}_2$ 对应的权重向量为（0.418 54，0.262 52，0.097 25，0.061 77，0.159 92）。

d. 工程技术风险对应的因素层权重的判断矩阵 $\boldsymbol{U}_3$ 为：

$$\boldsymbol{U}_3=\begin{pmatrix}1 & 2 & 2 & 1/2 & 2\\ 1/2 & 1 & 2 & 1/3 & 3\\ 1/2 & 1/2 & 1 & 1/2 & 2\\ 2 & 3 & 2 & 1 & 2\\ 1/2 & 1/3 & 1/2 & 1/2 & 1\end{pmatrix}$$

判断矩阵 $\boldsymbol{U}_3$ 的最大特征值为 $\lambda_{max}=5.296\ 40$。

当 $n=5$ 时，一般一致性指标为 $CI=\frac{\lambda_{max}-n}{n-1}=\frac{5.296\ 40-5}{5-1}=0.074\ 10$。随机一致性指标 $RI=1.12$。判断矩阵 U_3 的一致性比率为 $CR=CI/RI=0.074\ 10/1.12=0.066\ 16<0.1$，满足一致性检验要求。判断矩阵 $\boldsymbol{U}_3$ 对应的权重向量为(0.234 96，0.185 33，0.134 83，0.347 08，0.097 80)。

e. 机械设备风险对应的因素层权重的判断矩阵 $\boldsymbol{U}_4$ 为：

$$\boldsymbol{U}_4=\begin{pmatrix}1 & 2 & 2 & 2 & 2\\ 1/2 & 1 & 2 & 2 & 1/2\\ 1/2 & 1/2 & 1 & 2 & 1/2\\ 1/2 & 1/2 & 1/2 & 1 & 1/2\\ 1/2 & 2 & 2 & 2 & 1\end{pmatrix}$$

判断矩阵 $\boldsymbol{U}_4$ 的最大特征值为 $\lambda_{max}=5.194\ 72$。

当 $n=5$ 时，一般一致性指标为 $CI=\frac{\lambda_{max}-n}{n-1}=\frac{5.194\ 72-5}{5-1}=0.048\ 68$。随机一致性指标 $RI=1.12$。判断矩阵 $\boldsymbol{U}_4$ 的一致性比率为 $CR=CI/RI=0.048\ 68/1.12=0.043\ 46<0.1$，满足一致性检验要求。判断矩阵 $\boldsymbol{U}_4$ 对应的权重向量为(0.322 86，0.185 43，0.140 53，0.106 50，0.244 68)。

f. 管理风险对应的因素层权重的判断矩阵 $\boldsymbol{U}_5$ 为：

$$\boldsymbol{U}_5=\begin{pmatrix}1 & 1/2 & 2 & 3 & 1/2\\ 2 & 1 & 2 & 3 & 1/2\\ 1/2 & 1/2 & 1 & 2 & 1/3\\ 1/3 & 1/3 & 1/2 & 1 & 1/4\\ 2 & 2 & 3 & 4 & 1\end{pmatrix}$$

判断矩阵 $\boldsymbol{U}_5$ 的最大特征值为 $\lambda_{max}=5.091\ 61$。

当 $n=5$ 时，一般一致性指标为 $CI=\frac{\lambda_{max}-n}{n-1}=\frac{5.091\ 61-5}{5-1}=0.022\ 9$。随机一致性指标 $RI=1.12$。判断矩阵 $\boldsymbol{U}_5$ 的一致性比率为 $CR=CI/RI=0.022\ 9/1.12=0.020\ 46<0.1$，满足一致性检验要求。判断矩阵 $\boldsymbol{U}_5$ 对应的权重向量为(0.187 48，0.248 72，0.119 19，0.072 82，0.371 79)。

3）风险分析

由以上数据计算得到陆上常规取芯工程中间层风险和取芯工程风险总值的样本分布。假设给定的误差上限为 0.001，那么陆上常规取芯工程风险模拟 1 000 次后计算结果的误差为 0.000 091，小于给定值，因此本次取芯计算模拟 1 000 次是满足误差要求的。

下面对模拟计算得到的各风险样本进行概率统计分析。各统计参数见表 8-3-16。

表 8-3-16　1 000 次模拟取芯工程风险指标汇总

风　险	抽样次数	均　值	标准差	中位数	最大值	最小值	变异系数
地质风险	1 000	0.231 1	0.003 1	0.229	0.239 4	0.318 7	0.013 6
自然环境风险	1 000	0.095 3	0.001 1	0.095	0.129 4	0.098 2	0.011 8
工程技术风险	1 000	0.330 6	0.002 7	0.331	0.377 8	0.337 3	0.008 2
机械设备风险	1 000	0.200 6	0.002 1	0.199	0.223 0	0.206 3	0.010 3
管理风险	1 000	0.195 2	0.002 6	0.197	0.279 9	0.201 9	0.013 1
总风险	1 000	0.199 1	0.000 9	0.199	0.243 3	0.202 0	0.004 3

由表 8-3-16 可以看出，陆上取芯工程的各风险指标相较海上取芯工程都有明显的降低，风险总值也低。1 000 次模拟计算得到的取芯风险总值分布如图 8-3-29 所示。图中给出了本次取芯工程风险值的直方图，并拟合得到其正态分布和累积概率分布。当给定置信度为 0.95 时，该取芯工程风险的大小区间为[0.197 5，0.200 8]。通过查风险等级表可知，陆上常规取芯作业的风险等级为Ⅱ级较低风险。

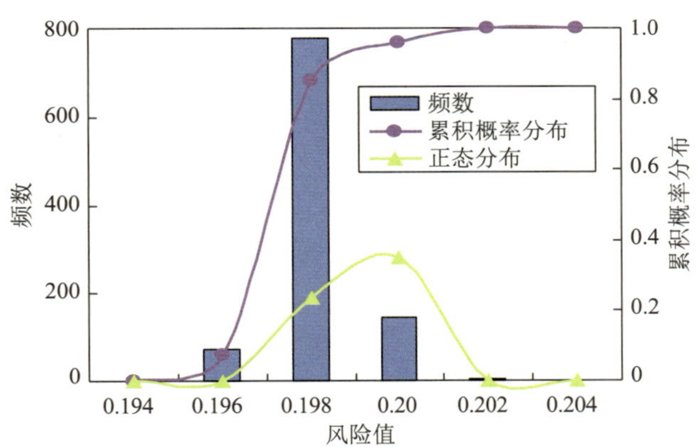

图 8-3-29　1 000 次模拟计算得到的取芯风险总值分布图

陆上常规取芯工程风险敏感性分析结果见表 8-3-17。

表 8-3-17　陆上常规取芯工程风险单因素敏感性分析结果

风险因素变化率/%	不同风险因素的敏感度系数									
	地质条件	地质灾害	气象条件	方案设计	钻进参数设计	岩芯操作	原材料缺陷	事故监测预报	衔接协调风险	安全教育培训
+5	0.074	0.057	0.056	0.094	0.085	0.182	0.001	0.008	0.006	0.001

续表

风险因素变化率/%	不同风险因素的敏感度系数									
	地质条件	地质灾害	气象条件	方案设计	钻进参数设计	岩芯操作	原材料缺陷	事故监测预报	衔接协调风险	安全教育培训
−5	0.073	0.063	0.067	0.090	0.080	0.184	0.007	0.013	0.014	0.009
+10	0.076	0.057	0.066	0.087	0.085	0.179	0.006	0.009	0.007	0.003
−10	0.075	0.061	0.078	0.086	0.082	0.179	0.010	0.012	0.011	0.006
+20	0.076	0.057	0.078	0.083	0.084	0.178	0.009	0.010	0.008	0.004
−20	0.076	0.058	0.080	0.083	0.083	0.178	0.011	0.011	0.010	0.005

表 8-3-17 中只给出了几个风险因素的敏感性分析结果，但仍可以看出取芯风险对地质条件、地质灾害、气象条件、方案设计、钻进参数设计和岩芯操作等风险因素的变化比较敏感，而对原材料缺陷、事故监测预报、衔接协调风险和安全教育培训等风险因素的敏感性较小。因此，可以针对敏感性分析结果采取措施降低敏感性风险因素的发生或者避免敏感性因素在施工过程中向不利方向的变化，如在取芯工程进行前详细了解地层的地质条件、选择天气好的时期进行作业、设计合理的工艺钻进参数；在取芯过程中严格操作规范流程，降低人为失误发生的可能性，对岩芯进行操作时要找经验丰富、素质较高的人员进行仔细稳妥操作等。

各风险因素对陆上常规取芯工程总风险影响大小排序结果见表 8-3-18，在此只列出排序靠前的几个风险。

表 8-3-18　各风险因素对陆上常规取芯工程总风险影响大小排序

排列序号	风险因素	风险值
1	岩芯操作	0.037 1
2	方案设计	0.018 8
3	钻进参数设计	0.017 3
4	气象条件	0.015 4
5	工程现场条件	0.012 5
6	井壁稳定性	0.011 7
7	地质灾害	0.010 1
8	地质条件	0.009 2
9	取样工具性能	0.008 4
10	井身结构设计	0.007 8
11	钻井液设计	0.007 2
12	钻井液性能	0.005 1
13	预　报	0.004 9

由表 8-3-18 可以看出，对于该次陆上常规取芯工程来说，岩芯操作、方案设计、钻进

工艺参数设计、气象条件、工程现场条件以及井壁稳定性等风险因素对取芯工程和岩芯收获率的影响至关重要。因此，在取芯工程进行中可以针对这些可能存在的风险做好监测预防工作。

4）小　结

由上述风险预测和分析的结果可以看出，本次陆上常规取芯作业风险值较低。实际取芯作业使用 D-8100 型取样工具，共取 1 筒，取芯进尺 29.6 m，芯长 29.3 m，平均岩芯收获率为 99%。

本井为斜井，最大井斜角为 32°，取芯井段在 3 700 m 以上。该井取芯的难点在于斜井和深井，所以采用专门适用于该难点的取样工具 D-8100。从取芯结果来看，圆满完成了取芯任务，但仍然存在一些问题：一是在探井底时，由于是较深的斜井，摩阻很大，下放过程中达到 15 t 左右，给探底带来了难度，所以探底时不要着急，可以进行多次探底，同时与地质方面计算的放入结合起来，从而准确地探到井底，保证岩芯收获率。二是拔芯时同样摩阻较大，对拔芯上提的悬重较难把握。在该井深处岩芯均质成柱，而且是斜井，因此拔芯时不能着急，不要硬拔，应尽量多活动，以免影响岩芯收获率。总之，进行取芯时能够做到准确探井底、拔芯操作好，就能够保证岩芯收获率。

8.3.3.3　海上天然气水合物钻探取芯工程风险分析

目前，海上天然气水合物钻探取芯工程的历史资料有限，在此参考我国在 2007 年南海神狐海域的成功取样经历进行相应的风险分析。由于资料有限，风险分析结果的精确度受到很大限制，因此该分析仅作为参考。

1）作业地区概况

海上天然气水合物钻探取芯作业地区概况见表 8-3-19。

表 8-3-19　海上天然气水合物钻探取芯作业地区概况

井　号	海上水合物井
井　别	探　井
井口地理位置	中国南海神狐海域
构造位置	济阳坳陷沾化凹陷 5 号桩披覆构造桩 77 断鼻构造腰部位
水深/m	1 200
生态环境	海　上

海上天然气水合物钻探取芯技术难点：为准确获得天然气水合物层地质参数，水合物取芯要求做到收获率高、出芯速度快、岩芯分解少、岩芯质量和原始结构保持好。低温和高压是天然气水合物形成的必要条件。若要钻取到深水区域的原位天然气水合物实物样品，就必须有与常规钻探及取芯不同的先进设备、技术和操作水准。因此，对水合物取样工具、工艺和流程等有特殊的要求。

该次取芯的操作流程和设计已在前文中做了简单介绍，在此不再赘述。

2）风险预测

（1）风险辨识。

根据专家意见、现场情况和方案设计等对海上天然气水合物钻探取芯工程风险因素进行识别，结果如图 8-3-30 所示。

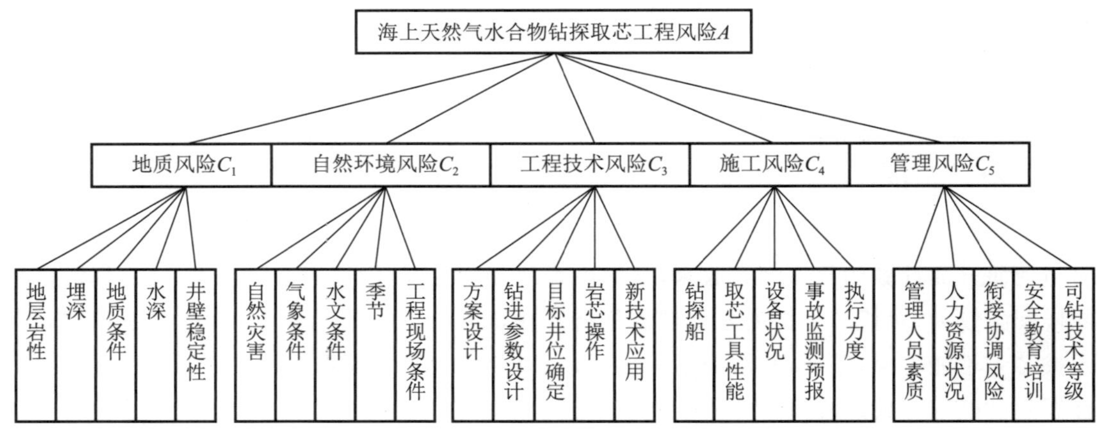

图 8-3-30　海上天然气水合物钻探取芯工程风险辨识层次

（2）风险估计。

① 风险因素或风险事件发生可能性的估计。

海上天然气水合物钻探取芯工程各风险因素或事件发生可能性的概率分布见表 8-3-20。由于海上取芯工程作业不多，很多风险因素无法通过大量的数字统计拟合得到其概率分布形式，因此为简化计算，采用专家经验给出各风险因素的分布参数。

表 8-3-20　海上天然气水合物钻探取芯工程各风险因素或风险事件发生可能性概率分布参数

编　号	风险因素名称	分布类型	最大值	可能值	最小值
C_{11}	地层岩性	三　角	0.85	0.65	0.45
C_{12}	埋　深	三　角	0.45	0.25	0.10
C_{13}	地质条件	三　角	0.70	0.50	0.30
C_{14}	水　深	三　角	0.65	0.45	0.25
C_{15}	井壁稳定性	三　角	0.89	0.69	0.50
C_{21}	自然灾害	三　角	0.33	0.15	0.06
C_{22}	气象条件	三　角	0.70	0.45	0.30
C_{23}	水文条件	三　角	0.80	0.65	0.35
C_{24}	季　节	三　角	0.58	0.38	0.20
C_{25}	工程现场条件	三　角	0.75	0.50	0.30
C_{31}	方案设计	三　角	0.75	0.46	0.35
C_{32}	钻进参数设计	三　角	0.78	0.50	0.30

续表

编　号	风险因素名称	分布类型	最大值	可能值	最小值
C_{33}	目标井位确定	三　角	0.70	0.35	0.20
C_{34}	岩芯操作	三　角	0.9	0.75	0.50
C_{35}	新技术应用	三　角	0.78	0.65	0.35
C_{41}	钻探船	三　角	0.80	0.50	0.30
C_{42}	取样工具性能	三　角	0.92	0.75	0.60
C_{43}	设备状况	三　角	0.70	0.50	0.30
C_{44}	事故监测预报	三　角	0.65	0.43	0.2
C_{45}	执行力度	三　角	0.70	0.45	0.26
C_{51}	管理人员素质	三　角	0.67	0.50	0.25
C_{52}	人力资源状况	三　角	0.73	0.55	0.30
C_{53}	衔接协调风险	三　角	0.72	0.48	0.20
C_{54}	安全教育培训	三　角	0.69	0.40	0.15
C_{55}	司钻技术等级	三　角	0.70	0.52	0.20

② 风险因素或风险事件发生后果的估计。

根据有关本次取芯的资料和相关专家意见，确定各层次风险的判断矩阵。

a. 中间层风险判断矩阵 $\boldsymbol{U}$ 为：

$$\boldsymbol{U}=\begin{pmatrix} 1 & 1/3 & 2 & 1/2 & 3 \\ 3 & 1 & 2 & 2 & 3 \\ 1/2 & 1/2 & 1 & 1/3 & 3 \\ 2 & 1/2 & 3 & 1 & 3 \\ 1/3 & 1/3 & 1/3 & 1/3 & 1 \end{pmatrix}$$

判断矩阵 U 的最大特征值为 $\lambda_{max}=5.218\ 61$。

当 $n=5$ 时，一般一致性指标为 $CI=\dfrac{\lambda_{max}-n}{n-1}=\dfrac{5.218\ 61-5}{5-1}=0.054\ 65$。随机一致性指标 $RI=1.12$。判断矩阵 $\boldsymbol{U}$ 的一致性比率为 $CR=CI/RI=0.054\ 65/1.12=0.048\ 80<0.1$，满足一致性检验要求。判断矩阵 $\boldsymbol{U}$ 对应的权重向量为(0.172 87，0.361 90，0.121 25，0.266 31，0.077 67)。

b. 地质风险对应的因素层的判断矩阵 $\boldsymbol{U}_1$ 为：

$$\boldsymbol{U}_1=\begin{pmatrix} 1 & 5 & 2 & 4 & 1/3 \\ 1/5 & 1 & 1/4 & 1/2 & 1/7 \\ 1/2 & 4 & 1 & 3 & 1/4 \\ 1/4 & 2 & 1/3 & 1 & 1/5 \\ 3 & 7 & 4 & 5 & 1 \end{pmatrix}$$

判断矩阵 $\boldsymbol{U}_1$ 的最大特征值为 $\lambda_{max}=5.156\ 08$。

当 $n=5$ 时，一般一致性指标为 $CI=\frac{\lambda_{max}-n}{n-1}=\frac{5.15608-5}{5-1}=0.03902$。随机一致性指标 $RI=1.12$。判断矩阵 $\boldsymbol{U}_1$ 的一致性比率为 $CR=CI/RI=0.03902/1.12=0.03484<0.1$，满足一致性检验要求。判断矩阵 $\boldsymbol{U}_1$ 对应的权重向量为(0.239 15，0.046 30，0.154 98，0.072 53，0.487 03)。

c. 自然风险对应的因素层的判断矩阵 $\boldsymbol{U}_2$ 为：

$$\boldsymbol{U}_2=\begin{pmatrix} 1 & 6 & 3 & 8 & 3 \\ 1/6 & 1 & 1/5 & 3 & 1/3 \\ 1/3 & 5 & 1 & 4 & 2 \\ 1/8 & 1/3 & 1/4 & 1 & 1/3 \\ 1/3 & 3 & 1/2 & 3 & 1 \end{pmatrix}$$

判断矩阵 $\boldsymbol{U}_2$ 的最大特征值为 $\lambda_{max}=5.22493$。

当 $n=5$ 时，一般一致性指标为 $CI=\frac{\lambda_{max}-n}{n-1}=\frac{5.22493-5}{5-1}=0.05623$。随机一致性指标 $RI=1.12$。判断矩阵 $\boldsymbol{U}_2$ 的一致性比率为 $CR=CI/RI=0.05623/1.12=0.05021<0.1$，满足一致性检验要求。判断矩阵 $\boldsymbol{U}_2$ 对应的权重向量为(0.479 07，0.075 81，0.244 58，0.046 76，0.153 78)。

d. 工程技术风险对应的因素层权重的判断矩阵 $\boldsymbol{U}_3$ 为：

$$\boldsymbol{U}_3=\begin{pmatrix} 1 & 4 & 1/6 & 1/5 & 2 \\ 1/4 & 1 & 1/7 & 1/6 & 1/3 \\ 6 & 7 & 1 & 3 & 6 \\ 5 & 6 & 1/3 & 1 & 5 \\ 1/2 & 3 & 1/6 & 1/5 & 1 \end{pmatrix}$$

判断矩阵 $\boldsymbol{U}_3$ 的最大特征值为 $\lambda_{max}=5.34421$。

当 $n=5$ 时，一般一致性指标为 $CI=\frac{\lambda_{max}-n}{n-1}=\frac{5.34421-5}{5-1}=0.08605$。随机一致性指标 $RI=1.12$。判断矩阵 $\boldsymbol{U}_3$ 的一次性比率为 $CR=CI/RI=0.08605/1.12=0.07683<0.1$，满足一致性检验要求。判断矩阵 $\boldsymbol{U}_3$ 对应的权重向量为(0.100 87，0.038 79，0.499 78，0.289 64，0.070 91)。

e. 机械设备风险对应的因素层权重的判断矩阵 $\boldsymbol{U}_4$ 为：

$$\boldsymbol{U}_4=\begin{pmatrix} 1 & 1/3 & 3 & 4 & 5 \\ 3 & 1 & 4 & 5 & 6 \\ 1/3 & 1/4 & 1 & 3 & 4 \\ 1/4 & 1/5 & 1/3 & 1 & 3 \\ 1/5 & 1/6 & 1/4 & 1/3 & 1 \end{pmatrix}$$

判断矩阵 $\boldsymbol{U}_4$ 的最大特征值为 $\lambda_{max}=5.31361$。

当 $n=5$ 时，一般一致性指标为 $CI=\frac{\lambda_{max}-n}{n-1}=\frac{5.31361-5}{5-1}=0.07840$。随机一致性指标 $RI=1.12$。判断矩阵 $\boldsymbol{U}_4$ 的一致性比率为 $CR=CI/RI=0.07840/1.12=0.07<0.1$，满足一致性检验要求。所以，判断矩阵 $\boldsymbol{U}_4$ 对应的权重向量为(0.261 93，0.469 94，0.144 11，0.079 25，0.044 78)。

f. 管理风险对应的因素层权重的判断矩阵 $\boldsymbol{U}_5$ 为：

$$\boldsymbol{U}_5=\begin{pmatrix}1 & 1/5 & 1/4 & 1/3 & 1/2\\ 5 & 1 & 2 & 3 & 4\\ 4 & 1/2 & 1 & 3 & 4\\ 3 & 1/3 & 1/3 & 1 & 3\\ 2 & 1/4 & 1/4 & 1/3 & 1\end{pmatrix}$$

判断矩阵 $\boldsymbol{U}_5$ 的最大特征值为 $\lambda_{max}=5.18990$。

当 $n=5$ 时，一般一致性指标为 $CI=\frac{\lambda_{max}-n}{n-1}=\frac{5.18990-5}{5-1}=0.04748$。随机一致性指标 $RI=1.12$。判断矩阵 $\boldsymbol{U}_5$ 的一致性比率为 $CR=CI/RI=0.04748/1.12=0.04239<0.1$，满足一致性检验要求。判断矩阵 $\boldsymbol{U}_5$ 对应的权重向量为(0.059 37，0.404 02，0.296 52，0.157 43，0.082 66)。

3）风险分析

由以上数据计算得到海上天然气水合物钻探取芯工程中间层风险和风险总值的样本分布。假设给定的误差上限为 0.001，则本次取芯工程风险模拟 1 000 次后计算结果的误差为 0.000 09，小于给定值，因此本次取芯计算模拟 1 000 次是满足误差要求的。

下面对模拟计算得到各风险的样本进行概率统计分析，各统计参数见表 8-3-21。

表 8-3-21　1 000 次模拟取芯工程风险指标汇总

风　险	抽样次数	均　值	标准差	中位数	最大值	最小值	变异系数
地质风险	1 000	0.613 3	0.010 5	0.623	0.640 5	0.587 5	0.017 1
自然环境风险	1 000	0.359 7	0.007 6	0.355	0.377 6	0.338 4	0.022 7
工程技术风险	1 000	0.503 5	0.013 5	0.503	0.540 6	0.457 6	0.026 8
机械设备风险	1 000	0.609 5	0.003 3	0.609	0.619 8	0.597 8	0.011 5
管理风险	1 000	0.513 7	0.004 6	0.513	0.526 9	0.495 8	0.014 2
总风险	1 000	0.499 4	0.003 5	0.499	0.507 8	0.488 0	0.006 9

海上天然气水合物钻探取芯工程风险总值的概率分布如图 8-3-31 所示。图中给出了本次取芯工程风险值的直方图，并拟合得到其正态分布和累积概率分布。当给定置信度为 0.95 时，该取芯工程风险的大小区间为[0.492 5，0.506 1]。通过查风险等级表可知，本次取芯作业的风险等级为Ⅳ级重大风险。

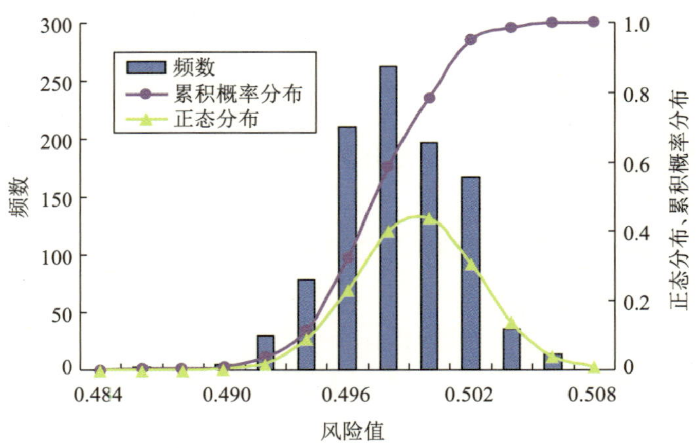

图 8-3-31　1 000 次模拟计算得到的取芯风险总值分布图

海上天然气水合物钻探取芯工程风险敏感性分析结果见表 8-3-22。

表 8-3-22　海上天然气水合物钻探取芯工程风险单因素敏感性分析结果

风险因素变化率/%	不同风险因素的敏感度系数									
	地层岩性	井壁稳定性	水文条件	现场工况	钻进参数设计	岩芯操作	钻探船	取样工具性能	人力资源状况	安全教育培训
+5	0.055	0.11	0.097	0.044	0.012	0.020	0.068	0.182	0.041	0.001
−5	0.069	0.14	0.099	0.037	0.015	0.013	0.064	0.180	0.046	0.008
+10	0.055	0.11	0.106	0.050	0.008	0.035	0.069	0.185	0.041	0.003
−10	0.061	0.13	0.106	0.046	0.009	0.039	0.067	0.184	0.043	0.006
+20	0.053	0.12	0.110	0.052	0.006	0.046	0.069	0.186	0.040	0.004
−20	0.057	0.12	0.111	0.051	0.007	0.040	0.068	0.186	0.042	0.006

表 8-3-22 中只给出了几个风险因素的敏感性分析结果，但仍可以看出取芯风险对取样工具性能、岩芯操作、水文条件、钻探船、井壁稳定性、地层岩性和人力资源状况等风险因素的变化比较敏感。因此，在进行海上天然气水合物钻探取芯时需要尽量选用保温保压性能良好的取芯筒和稳定性好的钻探船；对岩芯进行操作时需要谨慎，选择海上作业条件较稳定的时期进行作业，选择专业素养较高且经验丰富的人员参与工程施工等。

各风险因素对取芯工程总风险影响大小排序结果见表 8-3-23，在此只列出排序靠前的几个风险。

表 8-3-23　各风险因素对海上天然气水合物钻探取芯工程总风险影响大小排序

排列序号	风险因素	风险值
1	取样工具性能	0.093 9
2	井壁稳定性	0.058 1
3	水文条件	0.057 5

续表

排列序号	风险因素	风险值
4	钻探船	0.034 9
5	工程现场条件	0.027 8
6	地层岩性	0.026 9
7	岩芯操作	0.026 3
8	自然灾害	0.026 0
9	目标井位确定	0.021 2
10	人力资源状况	0.020 1
11	设备状况	0.019 2
12	地质条件	0.013 4
13	气象条件	0.012 3
14	管理人员素质	0.010 1

由表 8-3-23 可以看出，对于海上天然气水合物钻探取芯工程来说，取样工具性能、井壁稳定性、水文条件、钻探船以及工程现场条件等因素对取芯工程和岩芯收获率的影响至关重要。因此，在海上天然气水合物钻探取芯工程进行中可以针对这些可能存在的风险做好监测预防工作，如加强对天然气水合物钻探取样工具的研究，开发保温保压性能好的取样工具；维持循环钻井液的性能和温度，尽可能避免水合物分解造成井壁失稳；尽量选择在海上天气和水文条件较好的时间进行取芯作业；选择作业性能良好的钻探船，保证取芯作业的顺利进行等。

8.3.3.4　算例对比分析

1）中间层对比分析

将表 8-3-10、表 8-3-16 和表 8-3-21 中的风险均值以及等级归类综合到表 8-3-24 中。

表 8-3-24　中间层因素对比

取芯工程名称	地质风险	自然环境风险	工程技术风险	机械设备风险	管理风险	总风险	风险等级
海上常规	0.363 4	0.259 2	0.354 0	0.310 2	0.322 7	0.315 9	Ⅲ级中等
陆上常规	0.231 1	0.095 3	0.330 6	0.200 6	0.195 2	0.199 1	Ⅱ级较低
海上水合物	0.613 3	0.359 7	0.503 5	0.609 5	0.513 7	0.499 4	Ⅳ级重大

对比海上水合物取芯和海上常规取芯可以看出，前者地质风险、工程技术风险、机械设备风险和管理风险都有显著增大，工程总风险增大一个风险等级。这是因为海上水合物钻探取芯工程发展较晚，技术发展和应用不成熟，工具的性能不完善，作业人员经验有限且受外界环境影响较大，以及水合物极容易分解造成井壁坍塌等。自然环境风险的变化程度则相对较小，这是因为二者取芯工程作业的生态环境均为海洋，因此相差不大。

对比海上常规取芯和陆上常规取芯可以看出，海上常规取芯除工程技术风险外其他风险都有明显的增大，尤以自然环境风险变化最大，风险总值增大一个风险等级。这是因为对海域地层的了解不如陆地丰富，且存在浅层灾害的影响；海上常规取芯过程中使用的设备种类相对增加，不确定性也随之增大；海上立体作业给整个施工过程的管理带来困难；海上常规取芯工程的自然环境较陆上平原地区的生态环境更加恶劣。对于工程技术风险来说，目前海上常规取芯工程技术已相对成熟和熟练，因此与陆上常规取芯工程相比二者相差不大。

对比海上水合物取芯和陆上常规取芯可以看出，海上水合物取芯从任何方面都比陆上常规取芯工程的整体风险明显增加，且偏移较大，这是因为海上水合物取芯不仅具备了海上常规取芯工程的风险和不确定性，而且增加了水合物因素的风险。

2）重要性对比分析

将重要性排序表 8-3-12、表 8-3-18 和表 8-3-23 中的前 10 个因素综合到表 8-3-25 中。

表 8-3-25　重要性对比

序　号	海上常规	陆上常规	海上水合物
1	地质条件	岩芯操作	取样工具性能
2	水文条件	方案设计	井壁稳定性
3	岩芯操作	钻进参数设计	水文条件
4	浅层灾害	气象条件	钻探船
5	钻进参数设计	工程现场条件	工程现场条件
6	工程现场条件	井壁稳定性	地层岩性
7	方案设计	地质灾害	岩芯操作
8	地层岩性	地质条件	自然灾害
9	气象条件	取样工具性能	目标井位确定
10	设备状况	井身结构设计	人力资源状况

对比陆上常规取芯、海上常规取芯和海上水合物取芯的风险排序情况可知：岩芯操作、气象条件、水文条件、工程现场条件等风险因素在 3 种取芯工程的风险排序中都靠前，因此无论什么形式的取芯都应该严格规范岩芯的操作流程，选择气象条件和水文条件较好的时机进行取芯作业，且作业前要仔细严格检查，做好准备工作，完善现场工况。对于陆上常规取芯和海上常规取芯工程，地质条件、钻进参数设计、方案设计以及钻井液设计和性能等因素的重要性较大，而取样工具性能的重要性相对而言较小，这是因为常规取芯工程的埋藏深度一般较大，地层的地质条件和工艺参数设计对钻探取芯工程的影响贯穿始终，且影响效果明显；钻井液的性能对维持井壁稳定、提高岩芯收获率有很大的作用。然而，对于海上天然气水合物钻探取芯工程，取样工具性能、钻探船和新技术应用等因素对工程的影响较大，而地质条件和工艺参数设计等因素的影响较小。这是因为海上天然气水合物地层埋藏深度较浅，地质条件对其影响不大，并且由于埋藏较浅的缘故，取芯工

程往往多采用海水循环,不需要太复杂的工艺参数设计。为了得到原位状态的天然气水合物岩样,需要设计保温保压性能良好的取样器,而目前已有取样器的性能大多未得到实际作业参数的验证,无法得知作业效果的好坏,因此存在很大的不确定性。海上水合物地层钻探取芯工程由于其工程作业的特殊性往往需要用到很多新技术,而这些新技术不如经过长期实践的陆上和海上常规取芯技术完善,需要在一次次的取芯作业中进行验证,因此对工程风险的影响也很大。另外,海上天然气水合物钻探取芯的工程技术和施工设备等风险在短时间内可能无法得到有效的改善,这就使得人为因素在工程风险中起到很大作用,司钻技术等级和人力资源状况对海上天然气水合物钻探取芯工程风险的影响较大,因此海上天然气水合物钻探取芯时,需要经验丰富、素质较高的司钻来指导,相关工作人员的素质、经验和专业能力等各方面都需要提高。

3) 敏感性对比分析

对比敏感性结果可以看出,海上水合物取芯工程与其他常规取芯工程相比,取样工具性能、井壁稳定性和人力资源状况等风险因素的敏感性明显增大,这主要是因为水合物自身容易分解,对取样工具性能要求格外严格,且水合物分解后会使地层的稳定性变差,造成井壁坍塌等风险;由于水合物取芯工程作业次数较少,容易发生很多突发事件,需要经验丰富、专业扎实的工作人员现场指导操作;水合物极易分解,影响井壁稳定性;水文条件和钻探船是海上取芯工程作业中敏感性较高的风险因素,因此在进行海上作业时应注意水文条件的变化和钻探船的稳定性。

4) 总风险对比分析

对比上述 3 种取芯工程的计算结果可以看出:海上水合物取芯工程的风险最大,为Ⅳ级重大风险;海上常规取芯工程的风险次之,为Ⅲ级中等风险;陆上常规取芯工程的风险最小,为Ⅱ级较低风险。同时,由 3 种取芯工程风险值的变异系数可以看出,海上水合物取芯工程风险的不确定性最大,这主要是由其作业环境、取芯工程特点和水合物的自身物性决定的;而陆上常规取芯工程无论从作业环境、施工作业还是岩芯自身特性上看都比海上水合物取芯工程的不确定性小很多。因此,可以看出笔者提出的风险分析方法将风险因素的不确定性进行了很好的传递,避免了信息的大量丢失。

8.3.3.5　风险控制

根据取芯状况及分析总结可知,当取芯工程风险较大时可以通过适当措施来降低甚至避免某些风险因素或事件发生的可能性,使取芯工程达到目标要求。

首先,在取芯工程施工过程中有些风险是可以预防的。通过有形或无形的手段对具有可控性的风险进行前期处理,可以使取芯工程风险得到有效控制,例如对取芯工序进行检查。

取芯工程的工序检查主要有两点:一是对取芯工程的设计进行审查,二是对取芯工程的整个施工过程进行监督管理。

1）取芯设计审查

（1）选用绳索式取样工具，可以避免因作业时间拖延而使水合物暴露时间过长导致的分解；

（2）为提高单筒的岩芯收获率，取芯筒直径越大越好；

（3）为减少岩芯中水合物在起出过程中的分解，应尽力缩短提升时间；

（4）取芯钻具组合。

取芯工程的施工参数需要根据工程现场状况和水合物层地质特征二者的具体情况来确定。

2）取芯施工监理

（1）施工场地和相关工程人员检查。取芯作业时要分工明确，工作人员应各负其责，以确保安全；工具要时刻注意维修和保养，施工前要求由专业工作人员对取样工具进行全面检查、调试。

（2）下钻检查。取芯作业前应做通径检查，以保证取样工具顺利通过内筒。

（3）取芯钻进检查。随时注意井下情况，及时调整钻进参数。

（4）割芯、提芯操作检查。随时注意指重表，以防卡死。

当一些人为的风险因素无法消除时，可以采取一些措施来缓解和减轻风险，例如：① 对工程相关人员进行安全教育和培训，提高员工的职业素养；② 进行工程作业流程和操作考核，考察员工的熟练程度，降低施工过程中的风险；③ 提高风险防范的资金投入，采取可以降低风险的防护措施；④ 加强管理力度，严格执行各项规程规范等。

第9章 天然气水合物在线分析

9.1 船载保压岩芯 X 射线 CT 扫描系统

9.1.1 X 射线 CT 扫描系统工作原理

CT 成像的原理是利用 X 射线束对一定厚度的物质进行扫描，由于物质对 X 射线的吸收水平不同，导致 X 射线穿透程度不同，因此接收器接收到透射光的强弱程度产生变化，之后转化为电信号，再经过模拟转化器转化为数字信号，最后输入计算机中。通过信号的转化便可以获取常见的 CT 图像。X 射线的特点就是它穿透不同物质的能力不相同，可以通过比尔定律更加清楚地了解 X 射线被物质吸收的关系。比尔定律表达了一个单色射线穿透某一物体的透射强度 I：

$$I = I_0 e^{-\int \mu(s) ds} \tag{9-1-1}$$

式中 I_0——穿透物体前光束的强度；

$\mu(s)$——沿路径 s 的衰减系数。

该物质的线性吸收系数（衰减系数）受光电效果、非连续的康普顿散射、相干的散射以及电子偶的产生 4 个因素影响。从式（9-1-1）中可以看出，对于复合材料来讲，如果入射光强度 I_0 和 I 可以测量得到，那么就可以计算材料的平均衰减系数。因为复合材料的衰减系数线性增加，所以如果已知复合部分体积分数，那么很容易计算出复合部分的衰减系数。后来这种技术非常迅速地应用于医疗领域和非医疗领域。在地质学方面，主要运用放射性成像技术检验各种地质结构。图 9-1-1 展示了 X 射线在穿透物质过程中的衰减情况。

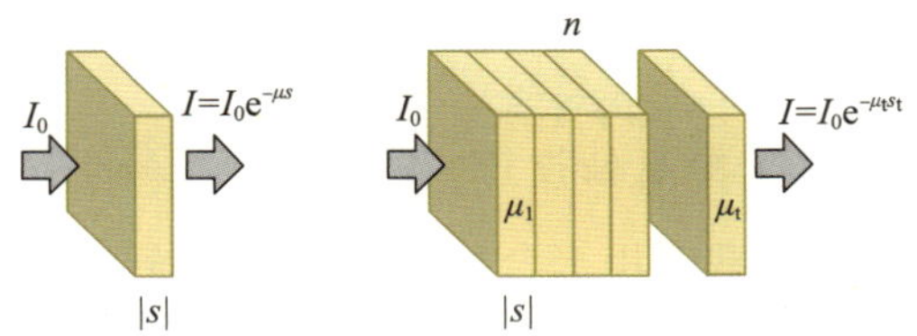

μ_1，μ_t—每段物体的衰减系数；s_t—路径长度。

图 9-1-1 X 射线在样品中的衰减

通过从不同方向获取样品的 CT 扫描图像，利用计算机横断面轴向体层摄影技术，并使用专用的计算机算法即可重建被测物体的

3D 结构。基于这种技术，CT 扫描被广泛地应用于人体结构和大脑结构捕捉，以及地质结构研究。

在使用 CT 扫描一个芯体样本时，其表面形态同内部结构（包括沉积结构、颗粒分布以及密度差异等要素）一样被列为分析对象。CT 图像由不同灰度值的像素点构成，一个像素为单一颜色或灰度值，代表一个特定的距离图像。像素通常为正方形，因此在 x 和 y 方向上有相同的维度，这种尺度称为像素大小。CT 图像是由一定数目从全黑到全白不同灰度的像素构成的。像素的灰度反映了该像素所在体素对 X 射线的吸收程度。黑色区域表示对 X 射线吸收较低的区域，即低密度区；白色区域表示对 X 射线吸收较高的区域，即高密度区。值得指出的是，这里的密度均为相对密度，而不是物质密度的绝对值。

9.1.2 CT 扫描装置设计

1）系统组成

船载 X 射线 CT 快速检测系统包括高精度岩芯平移系统、微焦点射线源、高敏感度探测器、射线源及探测器旋转控制系统、射线防护系统、监控及激光定位系统以及数据处理工作站等。为确保能够检测保压岩芯，同时保证 X 射线对岩芯的有效穿透，X 射线 CT 检测系统使用聚砜材料内衬套筒和太空铝外套筒的岩芯夹持装置。

通过岩芯水平位移以及射线源、探测器的旋转运动，使 X 射线以螺旋形轨迹扫描整个岩芯，实现保压岩芯的 X 射线快速检测。通过调节岩芯水平运动速度与射线源转动速度，可调节图像质量。船载 X 射线 CT 快速检测系统剖视图如图 9-1-2 所示。

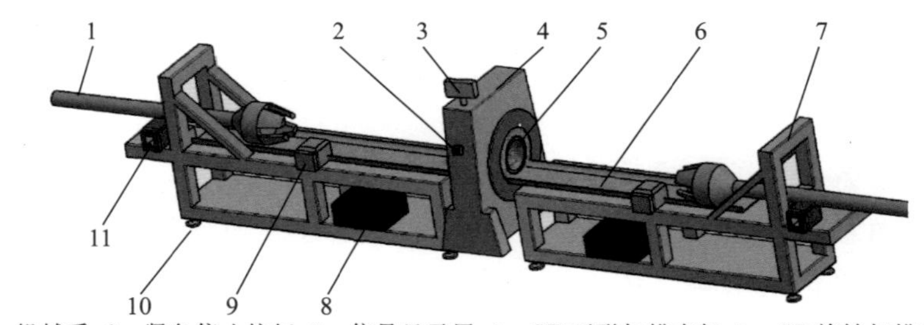

1—机械手；2—紧急停止按钮；3—信号显示屏；4—CT 环形扫描支架；5—CT 旋转扫描系统；6—岩芯样品托板；7—载物台；8—传送系统控制模块；9—位移传感器；10—支撑床支脚；11—步进电机。

图 9-1-2 船载 X 射线 CT 快速检测系统

2）防腐蚀设计

船载专用水合物岩芯成像系统铅防护箱体防腐蚀设计依据下列标准：

（1）HGJ 229—1991《工业设备、管道防腐蚀工程施工及验收规范》；

（2）GB 50727—2011《工业设备及管道防腐蚀工程施工质量验收规范》。

船载专用水合物岩芯成像系统铅防护箱体制作所用钣金及箱体内外表面采用环氧树脂防锈漆进行喷涂防锈蚀处理后，再进行喷漆处理；连接部件全部采用铝合金机加工，并做表面阳极化处理;安装基板、铅防护箱体内外全部做涂层保护。

3）风浪防震设计

定制船载专用水合物岩芯成像系统宜在系统底部安装 4 个避震器,侧面安装 2 个避震器。避震器利用空气防震,可有效消除震动,防震效率极高。在设备运输过程中,或者在大风浪环境下,应避免对精度部件造成冲击而影响到运动部件的运动精度,影响成像效果;在进行扫描时,应将避震器锁止,避免设备晃动而导致成像模糊。

射线源和探测器固定在高强度 C 形臂上,确保射线机和探测器中心对齐、同步旋转和同步定位;C 形臂通过 6 个以上的导轨滑块固定在环形导轨上,射线机和探测器分别有 3 个导轨滑块,并且采用大直径环形导轨,这些固定点和大直径环形导轨可以确保射线机和探测器在侧视图中没有左右方向相对于导轨和基座的晃动。采用高功率自带刹车电机驱动 C 形臂旋转,确保射线机沿旋转方向无晃动。

4）辐射防护设计

船载专用水合物岩芯成像系统防辐射箱体满足以下标准：

(1) GBZ 117—2015《工业 X 射线探伤放射防护要求》;

(2) GB 22448—2008《500 kV 以下工业 X 射线探伤机防护规则》;

(3) GB 18871—2002《电离辐射防护与辐射源安全基本标准》;

(4) HJ/T 61—2001《辐射环境监测技术规范》;

(5) GB/T 17150—1997《放射卫生防护监测规范　第 1 部分:工业 X 射线探伤》。

此外,防辐射箱体内部还设有安全互锁开关、X 射线开启指示灯、照明灯等装置。防辐射箱体正面位置及操作台等处安装急停开关,以应对紧急状况。定制船载专用水合物岩芯成像系统铅防护箱体的醒目位置及样品入口、出口位置全部粘贴辐射警示标志。箱体前后开口处做防辐射特殊设计,既方便样品进出,又起到高效辐射防护作用,开口处辐射剂量当量率应小于 1 μSv/h。

在岩芯输送管输入和输出处采用额外的铅房袖口和防护罩结构,防护罩固定在岩芯输送管外面,与铅房袖口形成迷宫结构,进而实现对输入和输出口处射线的屏蔽。防护罩和铅房袖口之间留有间隙,便于实际使用中调整岩芯输送管的位置。

5）电控防潮设计

船载专用水合物岩芯成像系统电气设计使用滑环部件(图 9-1-3),以防止线路受潮,保证系统转动体(包括射线源、探测器等关键部件的供电及信号传输)连续旋转,避免导线的缠绕问题,实现样品无限长度扫描检测。滑环接触部分采用特殊材料,以实现全使用寿命期间免维护。

图 9-1-3　滑环

CT 扫描系统的控制柜采用专用发泡涂胶设备制作密封条,防尘防水等级为 IP66,防腐蚀设计和防护箱体同级。

9.1.3 船载 X 射线 CT 扫描系统操作方法

1) CT 扫描流程

水合物船载保压岩芯 X 射线 CT 扫描系统扫描工作过程如下：

(1) 将扫描岩芯样品固定好，避免扫描时晃动而影响成像清晰程度；

(2) 开启 X 射线源，X 射线穿过岩芯样品之后强度会有不同程度的衰减，最后投射到 X 射线探测器上，保存、处理该 X 射线信号；

(3) 随后按照实验需要的精度要求将样品旋转预设角度，重新扫描并记录 X 射线衰减信号，待样品转 180°后结束整个扫描过程。

在船载实验室内，由于天然气水合物的岩芯一般都是保温保压在线转移无损检测，因此水合物岩芯在转移装置内部的运动形式是由机械手水平带动进行平移，因此要实现水合物岩芯径向扫描，通常采取的方式是使 CT 射线源绕着岩芯进行螺旋式扫描。每次扫描一段岩芯，停止射线源转动，岩芯平移一段距离，之后再进行 CT 射线源螺旋式扫描。岩芯水平平移由高精度电机控制，平移运动速度在 0.3～5 mm/s 之间调节，以实现不同图像质量控制，射线源、探测器绕岩芯轴线旋转，可通过大量前期实验确定射线源与岩芯样品轴线的最佳距离，使岩芯扫描空间分辨率达到并优于 0.5 mm。

CT 的成像效果与 X 射线发射电压、电流、扫描时间有关，为确保实验数据的真实可靠(数据图最小灰度值大于 3 000，平均灰度值不超过最大灰度值的 80%)，电压选择 150 kV，电流选择 350 μA。CT 扫描时间取决于曝光时间、帧率、照片数，其中帧率是控制 CT 扫描时间的主要条件，降低帧率能够大幅度减少 CT 扫描时间；照片数和曝光时间的影响能力低于帧率。CT 扫描时间可根据实际需求确定。

2) 图像处理技术

图像处理是清晰观测水合物生成形态的重要环节。通过数据处理工作站以及 VGStudio Max，ImageJ 等图像处理软件对获得的 CT 片层图像进行三维重建，可获得岩芯三维空间结构信息，实现对保压岩芯的三维表征。

VGStudio Max 是一款用于工业 CT 数据分析和可视化的先进软件平台，通过软件中的剪切、过滤去噪和阈值分割等方法对获得的 CT 扫描图像进行图像预处理，可以增加水合物岩芯中各个组分的灰度值。ImageJ 是一个基于 Java 的公共图像处理软件，除了基本的图像操作(如缩放、旋转、扭曲、平滑处理)，ImageJ 还能进行图片的区域和像素统计、间距和角度计算、柱状图和剖面图创建、傅里叶变换。

图像处理(图 9-1-4)的具体方法如下：

(1) 调节亮度、对比度并剪切出建立数字岩芯的新区域。

CT 扫描直接得到的岩芯图像通常不是很理想，或者较暗，或者较亮，或者存在高压承压筒壁等无效部分。这时通过调节图像亮度来改变效果是合理且不会影响最终成像效果的。图像亮度的调节是一种点处理，只是在图像各像素点上的灰度数值上同时加减一个常数。若获得的岩芯图像对比度不够，则需要对其进行对比度调节，使岩芯中各个组分形成强烈对比以便观察。之后裁剪出所需矩形区域，并消除 CT 扫描带来的图像虚像影响，得到可用于后续研究的岩芯区域。可以利用 ImageJ 图像处理软件对岩芯图像各个片层进行处理。

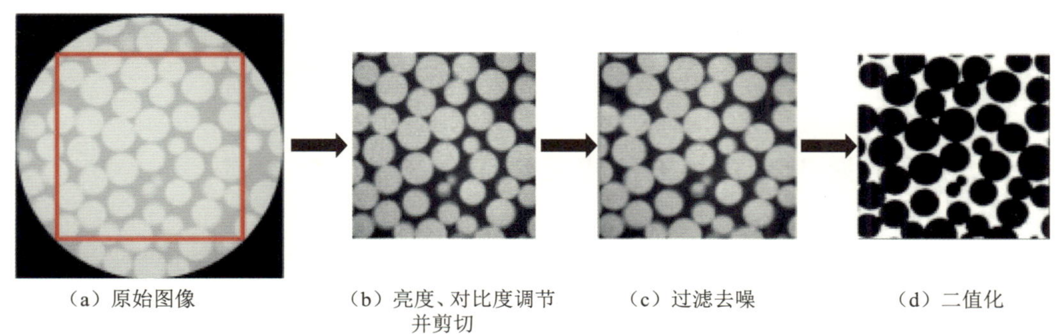

（a）原始图像　（b）亮度、对比度调节并剪切　（c）过滤去噪　（d）二值化

图 9-1-4　CT 图像处理过程

由于多孔介质填砂颗粒、水合物和水的混合物以及气体的密度差异较大，因此在该步骤中仅利用 ImageJ 进行亮度、对比度调节处理，就可以识别区分多孔介质填砂颗粒、水合物和水的混合物以及气体。

（2）过滤去噪。

由于水合物和水的密度十分相近，仅靠步骤（1）的处理是无法识别区分的，因此需要利用 VGStudio Max 专业图像处理软件进行分离。在成像过程中会不可避免地引入一些噪声，这就需要通过过滤的方式进行消除。对于天然气水合物岩芯 CT 扫描的结果，可采用中值滤波方法，即利用周围像素的灰度的中值取代中央像素灰度值。该方法既可保留对比度，又可消除噪声。周围像素的数量也可进行调节，即 3×3×3，5×5×5。

经过步骤（2），含水合物多孔介质中颗粒、水、水合物和气体四相组分均已被区分开。

（3）阈值分割并进行二值化处理。

为方便后续研究，需要将岩芯灰度片层图像进行二值化处理。首先，将灰度图像转化为只有黑白两色的二值图。其中，灰度图像中灰度值高于预设阈值的区域被划为白色部分（像素灰度值显示为 255），而灰度图像中灰度值低于预设阈值的区域被划为黑色部分（像素灰度值显示为 0）。然后，进行二值化处理，使灰度直方图数据矩阵中只有孔隙（黑、0）和骨架（白、1）两种体素。

（4）岩芯重建。

将二值化处理后的水合物岩芯图像片层进行堆叠即可得到重建的三维水合物岩芯，并得到一个三维矩阵文件，可用于之后的模拟计算。图 9-1-5 为天然气水合物数字岩芯图像处理过程。

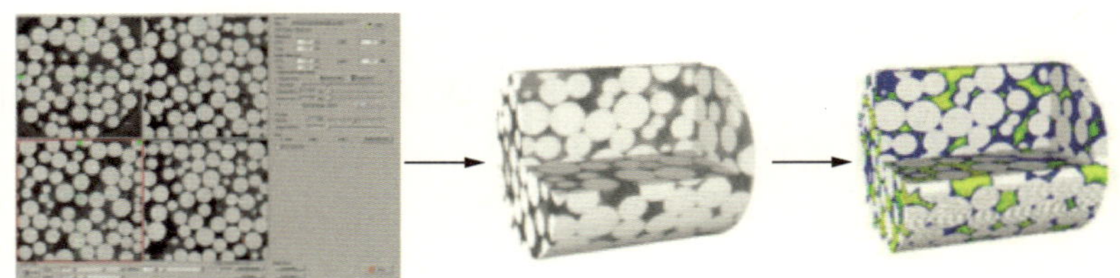

图 9-1-5 三维水合物数字岩芯图像处理过程

9.1.4 船载 X 射线 CT 扫描系统组装调试

在设备调试时，要对船载 X 射线 CT 扫描系统耐压性、通过性以及功能性进行测试。由于保压岩芯中含有大量粉质泥砂，因此 CT 扫描设备的耐压性与岩芯通过性需要着重检测。

1）耐压性测试

CT 扫描设备耐压性采用增压泵注水恒压测试。将保压转移系统管道与在线检测系统连接完毕后用卡箍固定，通过电机操纵机械手拖动岩芯，按照设定工况进行耐压性测试。

将系统内部压力增大至设计目标值，关闭增压阀门，维持系统封闭状态 24 h，观察系统外观有无漏液，并记录系统内部压力变化，失压率低于 20% 即通过耐压性测试。

2）通过性测试

利用机械手拖动岩芯，根据机械手控制装置的转速与过载情况判断管道是否堵塞或异常，若电机负荷陡增且无位移，则表明该位置传动受阻。

3）CT 系统成像测试

CT 系统成像测试主要采用人工制样，判断 CT 不同参数设置下对水、水合物、粉砂空间分布的成像效果。测试过程中使用冰模拟水合物。

在得到 CT 扫描结果后，需要对扫描结果进行图像处理和分析。首先采用图像处理软件 VGStudio Max 对三维图像进行中值滤波，初步处理噪声，随后对三维灰度分布进行处理，根据密度线性找到水合物峰值（基本与水重合），根据峰值中间值进行区域划分，由此判断各自的相区，其中各相部分密度线性图如图 9-1-6 所示。

水合物在岩芯样品中的分解过程也可通过 CT 图像观测到。图 9-1-7 为含水合物玻璃砂样品 CT 图像随着水合物分解的变化。根据图像可以清晰地观察到，随着水合物的分解，气相和液相在多孔介质中的流动较为平缓；在水合物分解的最后阶段，由于小孔增多，孔隙中残余气饱和度增加，气相被大量滞留。

图 9-1-8、图 9-1-9 为经过 VGStudio Max 渲染的三维图像。图中绿色代表水合物，黄色代表气体，蓝色代表水，白色代表砂子。

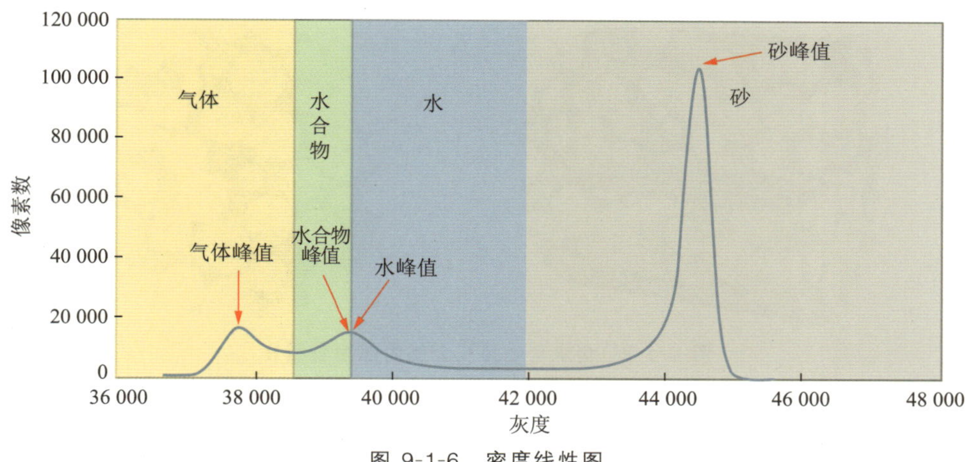

图 9-1-6　密度线性图

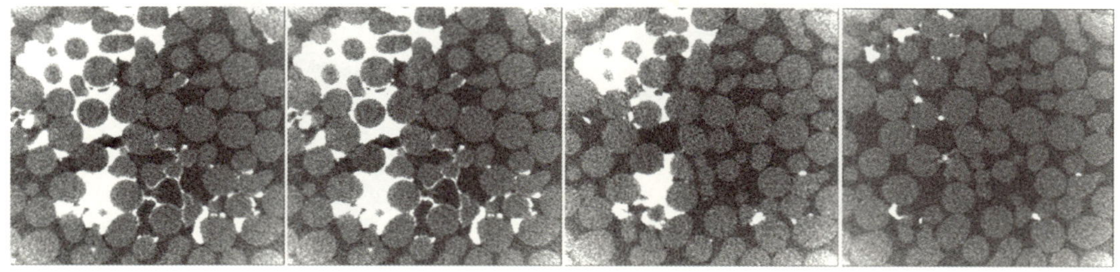

图 9-1-7　玻璃砂中水合物随水合物饱和度变化 CT 灰度值图像

(a) 水合物岩芯　　(b) 多孔介质中水合物部分　　(c) 孔隙空间骨架

图 9-1-8　水合物岩芯各相组分分割

图 9-1-10 为不含水合物的孔隙空间与生成水合物的孔隙空间的 CT 后处理图像对比，其中图 9-1-10(a)为白云石孔隙空间的结构图(除去水合物)，(b)为包含水合物的空间结构图。通过对比分析可得：两图最大的区别为孔隙结构的变化，由于水合物对空间进行了分割，导致出现了很多小孔隙。在不含水合物的情况下，大孔隙空间平滑完整；在水合物生成之后，由于水合物生成的结构表面粗糙，不仅原本空白的空间被占据，还出现了不平滑的小孔隙。

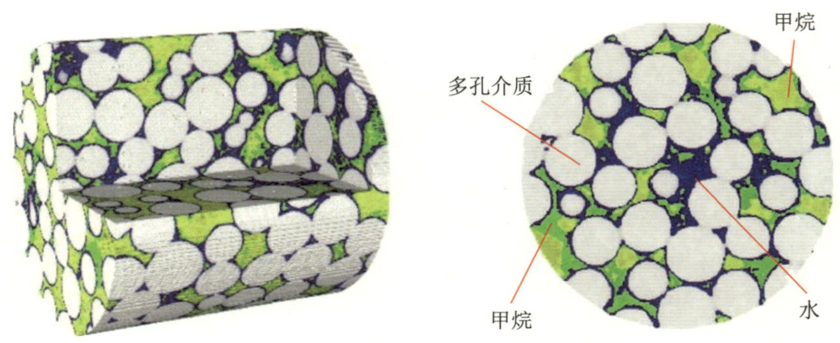

图 9-1-9　含水合物多孔介质内部物质划分

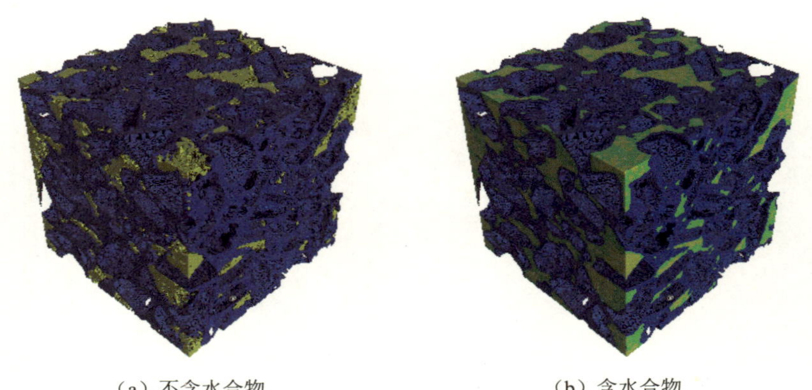

(a) 不含水合物　　(b) 含水合物

图 9-1-10　多孔介质内部孔隙空间结构示意图

以上为船载 X 射线 CT 快速检测系统设备图像测试，可以看出对于含水合物细颗粒多孔介质，利用多种图像处理技术和分析技术可以有效获得水合物、甲烷、水、多孔介质的分布图以及各组分所占比例。

9.1.5　船载 X 射线 CT 扫描系统海上试验

图 9-1-11 所示为中国南海取得的天然气水合物岩芯样品的 CT 扫描区域示意图。图中，红色框中区域为二维图像选取展示部分，每一段代表性区域的测量结论分别为：水(1 号区域)、抓手和泥(2 号区域)、泥(3 号区域)、泥和水(4 号区域)。根据展示的 CT 扫描结果，可以对样品管内的各相(抓手、水、泥)进行精准识别，如图 9-1-12 所示。

图 9-1-11　南海天然气水合物岩芯样品扫描区域示意图

进一步选取 3 号区域展示三维结果，如图 9-1-13 所示。通过 VGStudio Max 软件进行阈值分割，根据不同物质吸收 X 射线程度的不同，区别不同物质所在区域，选取蓝色平面展示横截面图(图 9-1-14)，可在软件内得到 3 号区域的岩芯横截面直径。

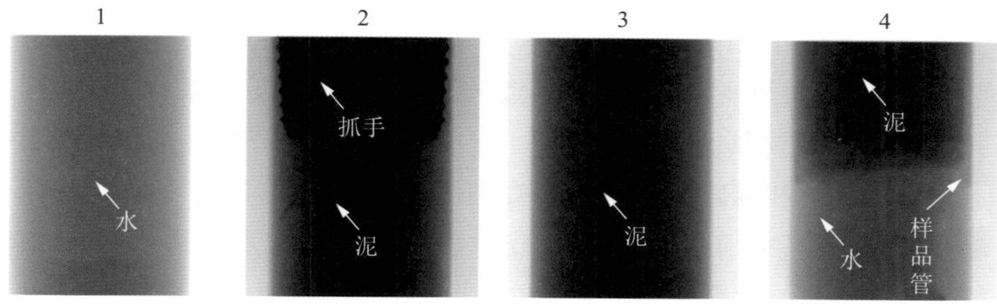

图 9-1-12　中国南海天然气水合物岩芯样品二维扫描结果

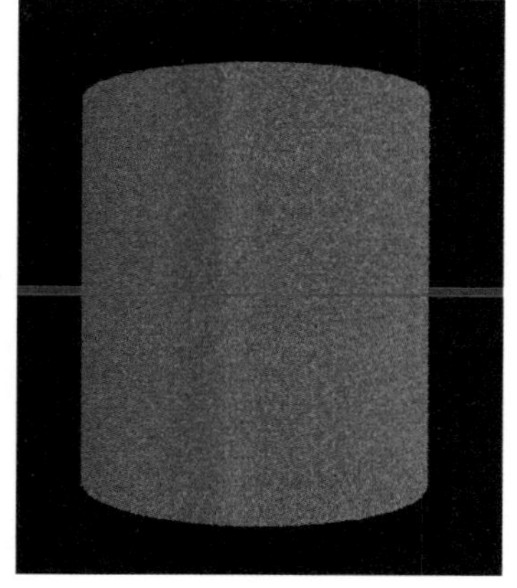

图 9-1-13　3 号区域岩芯三维图

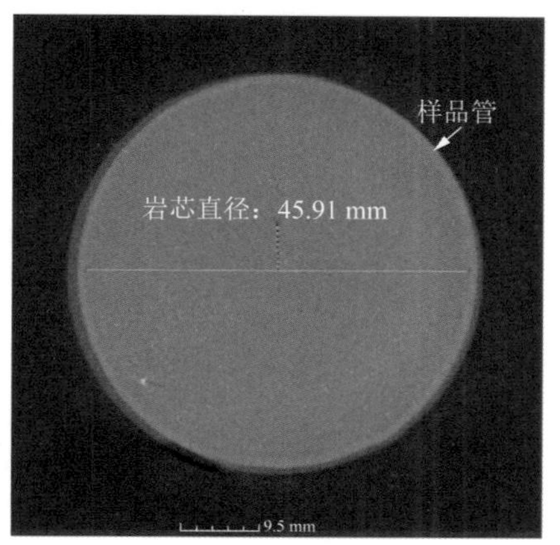

图 9-1-14　3 号区域岩芯样品的横截面图

9.2　船载保压岩芯声波测试系统

声波探测技术是一种岩芯测试技术，它根据弹性波在介质中的传播原理，发射和接收声波信号，通过声波波速、频率和振幅了解岩芯内的结构信息。由于超声波具有穿透力强、信息携带量大、方向性好等特点，因此在工程测量领域常用于各种设备的探伤、测厚、测距和超声成像等。当超声波作用于岩芯时，可以探测到超声波穿透岩芯后的声学信号(如波速、衰减系数、波形及振幅等)的变化。当天然岩芯内存在水合物时，不连续的界面会形成波阻抗界面，当超声波达到该界面时，产生波的透射和反射，使接收到的透射能量明显降低。首波到达时间和波的能量衰减特征、频率变化及波形畸变程度等特征可以很好地反映沉积物的岩性、水合物的饱和度及其赋存形态，为水合物勘探及船载在线检测提供重要的原位数据参考。

9.2.1 声波测试原理

超声波是指频率在 20 kHz 以上的声波，具有穿透性强的特点，分为纵波(P 波)和横波(S 波)。若质点振动方向与波的传播方向一致，则称为 P 波；若质点振动方向与波的传播方向垂直，则称为 S 波。P 波和 S 波都能够在固相中传播，但 S 波不能在液相和气相中传播。

超声波的穿透能力和衰减均与频率相关，不同频率的超声波在介质中具有不同的传播特性。通常情况下，高频信号的波长短、分辨率高，但信号强度较易衰减；低频信号的强度高、穿透能力强，但信号分辨率较低。因此，选择合适的超声频率进行测量是非常重要的。超声波在样品中的传播时间即接收信号的首波到达时间 t_0，超声波在样品中的传播距离即样品的长度 L。超声波在样品中的传播速度 v_p 为：

$$v_p = \frac{L}{t_0} \tag{9-2-1}$$

$$t_0 = t - TOP \tag{9-2-2}$$

式中 t——超声波信号从发射到接收所经历的时间，可以根据示波器获得的声波波形读取首波到达时间获得；

TOP——系统延时。

实验过程中，超声换能器不直接与水合物岩芯接触，因此计算 P 波速度前需要测量系统延时 TOP(图 9-2-1)。直接从示波器中读出的数据并不只是超声波在沉积物中的传播时间，而是在沉积物岩芯(包括沉积物、塑料套筒和海水夹层)和聚合物保护套中的时间总和。

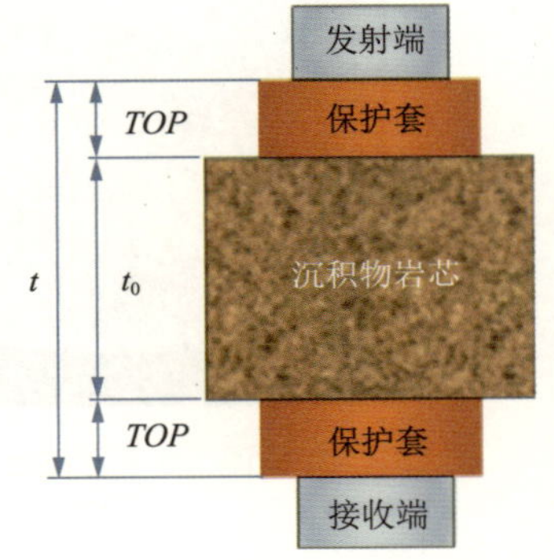

图 9-2-1 系统延时示意图

超声系统延时标定采用超声换能器带保护套直接对接法，如图 9-2-2 所示。在发射探头与接收探头表面涂适量的耦合剂之后，将两探头夹紧双层保护套(保护套间涂抹耦合剂)直接进行测量。在常温常压系统中，对夹持系统和温度、压力没有过高要求，可以将两探头直接对接，从示波器上读取 P 波延时，波形信号如图 9-2-2 所示。

衰减系数是由振幅数据转换而来的更有意义的参数，了解声波的衰减规律对于水合物的勘探和钻采都具有重要意义。衰减系数与水合物的赋存类型和饱和度密切相关，因此可采用直接测量法来量化衰减系数与水合物饱和度之间的关系。谱比法是应用最广泛、最稳定的衰减反演计算方法。由于尾波容易受到非均匀散射的干扰，因此可提取直达波的第一个周期来确定波形衰减系数，具体方法是先用快速傅里叶变换得到第一个周期的频率分布，然后将得到的幅值除以相同几何形状的标准铝样品的第一个周期的幅值，即先由下式求得频率比的斜率 γ：

$$\ln\frac{A_1}{A_2} = \gamma L f + \ln\frac{G_1}{G_2} \tag{9-2-3}$$

式中　A_1,A_2——标准样品和测试样品在频谱图中同一频率下的振幅；

f——选择的频率；

G_1,G_2——与标准样品和水合物岩芯尺寸相关的几何扩散因子；

L——样品的长度；

γ——频率比的斜率。

然后由下式计算得到质量因子 Q：

$$Q=\frac{\pi L}{\gamma v_{\mathrm{p}}} \tag{9-2-4}$$

式中　Q——质量因子；

v_{p}——测量波速。

波形衰减系数 Q^{-1} 用质量因子 Q 的倒数来表示。

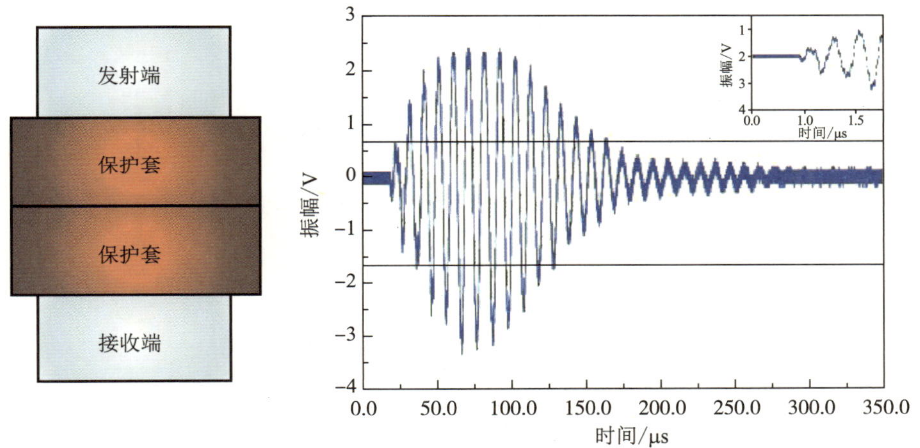

图 9-2-2　直接对接法信号波形示意图

9.2.2　声波测试装置设计

1）主要仪器设备

天然气水合物保压岩芯声波测试系统的主要仪器设备包括脉冲发生器、超声换能器、A/D 转换器、功率放大器和示波器，如图 9-2-3 所示。

2）在线探测系统

天然气水合物保压岩芯声波在线探测系统包括固定端盖、保护套、换能器密封圈、隔离套密封圈、螺纹等，具体结构如图 9-2-4 所示。在与保压转移装置对接后，利用转移装置拖动水合物岩芯进入声波检测主装置时，脉冲发生器给超声换能器施加脉冲信号，并通过 A/D 转换器、超声换能器接收声波信号，通过示波器显示接收信号波形数据。检测结束后拖动岩芯管，进行下一区段岩芯的检测。通过对比水合物岩芯各位置声波数据，可根

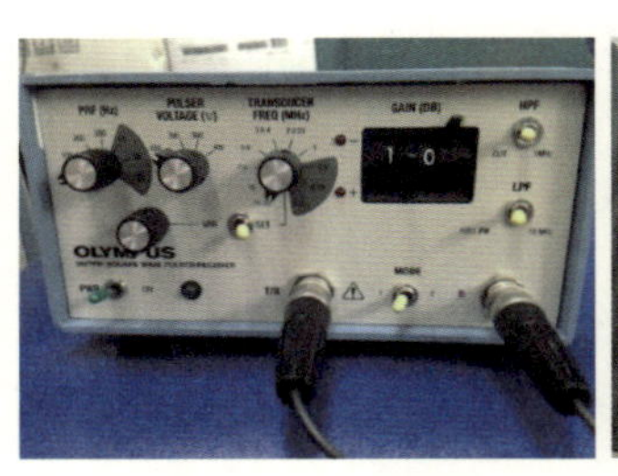

(a) 集成了A/D转换器和功率放大器的脉冲发生器

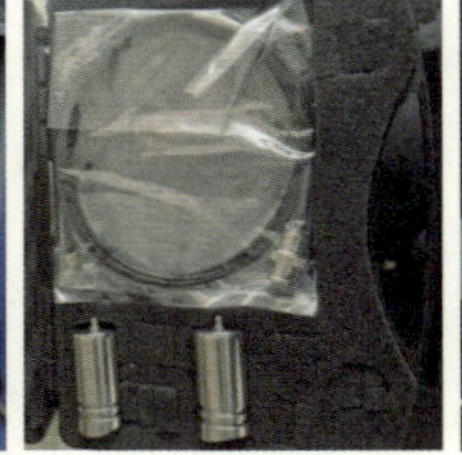

(b) 超声换能器

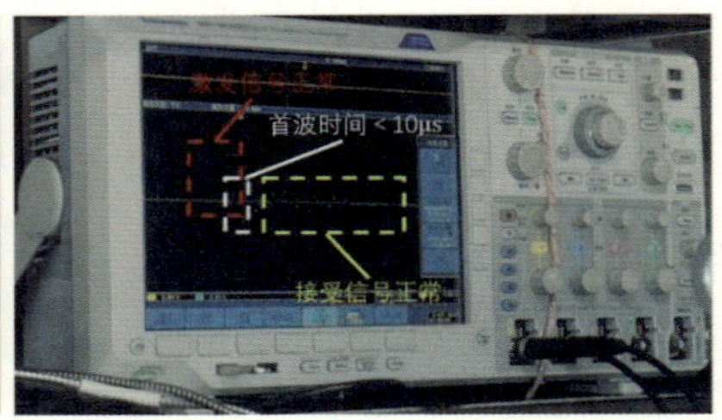

(c) 示波器

图 9-2-3 超声检测系统中的主要仪器设备

据波速和幅值来近似判断水合物赋存区段并估算水合物饱和度，以此实现保压岩芯的声波快速检测。

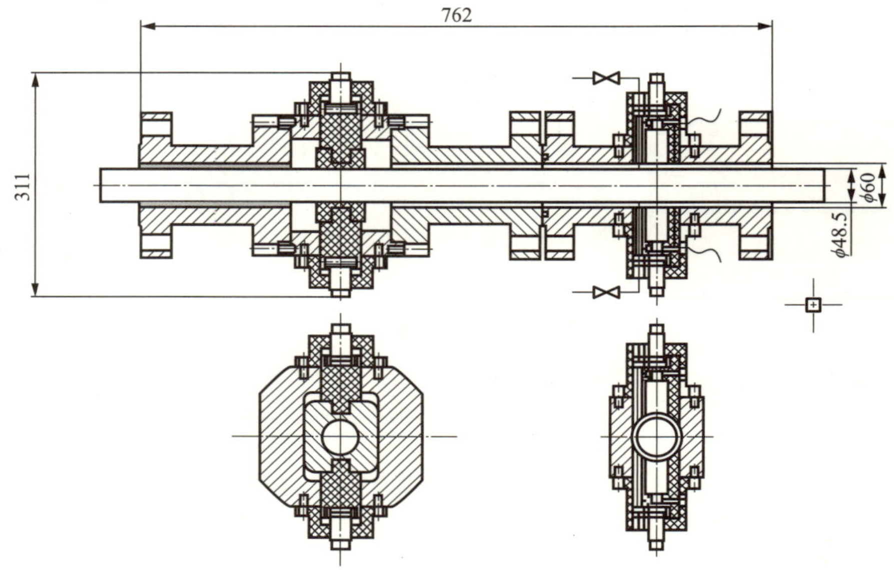

图 9-2-4 船载保压岩芯声波在线探测系统装配示意图(单位:mm)

为了保证声波探头与岩芯管紧密接触，探头后端加工有螺纹，并与可调外环套连接，方便探头在管路中前进与后退。对于没有螺纹的设计，探头前进可以靠机械力量旋进，而后退只能靠管内压，容易卡死，也容易因管内压力不足导致探头无法后退。如图 9-2-5 所示，探头前端是与待测岩芯管直径相匹配的弧度卡口(保证紧密卡在岩芯管圆管端面)，在前后运行装置上设置有防偏转机构，保证与岩芯管紧密接触。探头保护套上设有泄压孔，可以在探头旋进时平衡内部压力。除设置阀门外，也可以设置压力表，以观察内部实时压力。卸压孔内部接近管路处设有过滤塞，为避免堵塞，需要确定内部海水的清洁程度，如果泥砂较多，可以围绕探头外环套加设卸压孔(卸压孔接触岩芯管后贴合在岩芯管上，实际可转角为 90°)。在进行前进与后退位置调节时，由于力度较大，采用液压方式，并设有标尺，以确定旋进深度。声波段两侧留有足够的法兰螺钉穿孔空间，便于与其他装置连接。

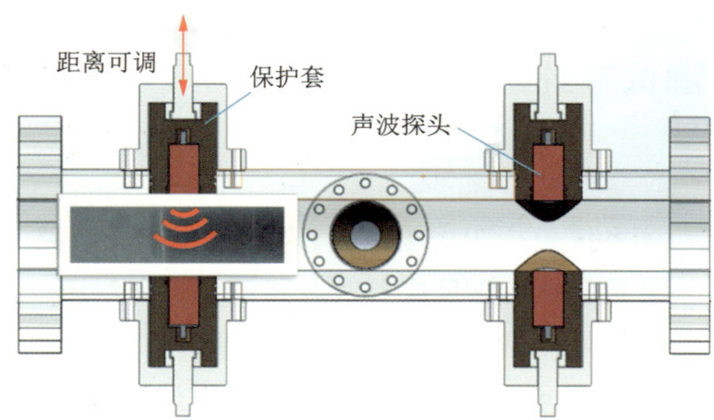

图 9-2-5　声波快速探测系统示意图

为确保超声换能器在高压环境中正常工作,对其定制金属外壳进行封装。该耐压声波探头的设计包括固定端盖、超声波隔离套、换能器密封圈、隔离套密封圈、螺纹等,如图 9-2-6 所示。为了防止超声波绕射,换能器的外围安装有隔离套,隔离套采用聚砜材料制成,耐高压、耐腐蚀。超声波换能器的下端设有双层密封圈槽,使密封圈箍紧换能器,以确保超声换能器与隔离套之间的密封性。

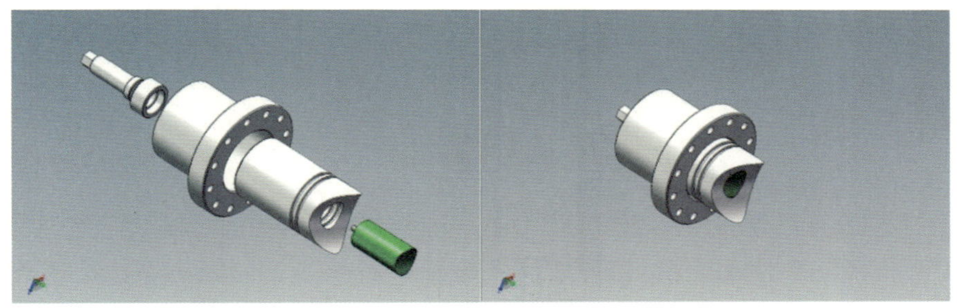

图 9-2-6　耐压声波探头组装体

岩芯管归位整形段放置在声波测试段前端,通过法兰相连,方便整形过的管路直接进行测试。整形段为两轴式设计,如图 9-2-7(a)所示,两轴直接插入压力腔体中,轴的直径加粗以保证整形时的抗拉强度,轴的前端固定有半圆式整形装置,两个轴前端正好拼成一套圆形整形圆环,直径与岩芯管外径保持一致。为保证整形时的强度,整形段内部压力腔体设计成长方形,防止整形圆环在整形时发生扭转变形,同时保证岩芯管的位置固定。

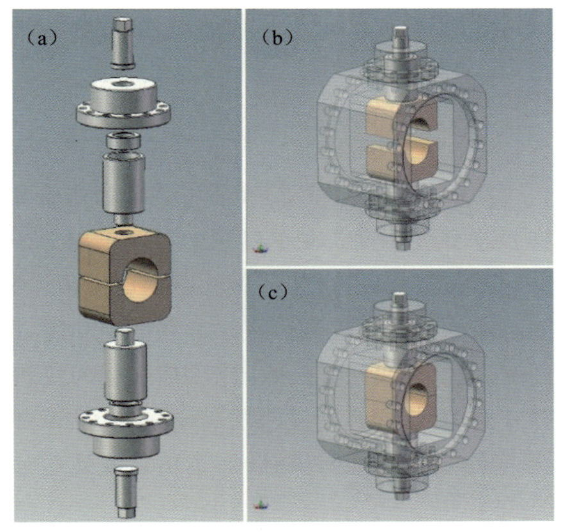

图 9-2-7　岩芯归位整形系统

9.2.3 声波测试系统组装调试

1）系统组成

水合物岩芯 P 波检测系统包括四大子系统：高压反应釜及旁路系统、温度控制系统、超声检测系统和数据采集系统。高压反应釜及旁路系统最高耐压 20 MPa，通过空气浴调节釜内温度。超声检测系统采用穿透法测量 P 波速度。脉冲收发器用于发射方波脉冲信号，由超声换能器发射端将电信号转换为超声波，超声波穿透水合物岩芯，再由超声换能器接收端接收超声信号，将机械信号转换为电信号传入 A/D 转换器，并由功率放大器放大，最终在示波器上呈现响应信号，经计算机数据处理得到 P 波速度和振幅。图 9-2-8 所示系统中。

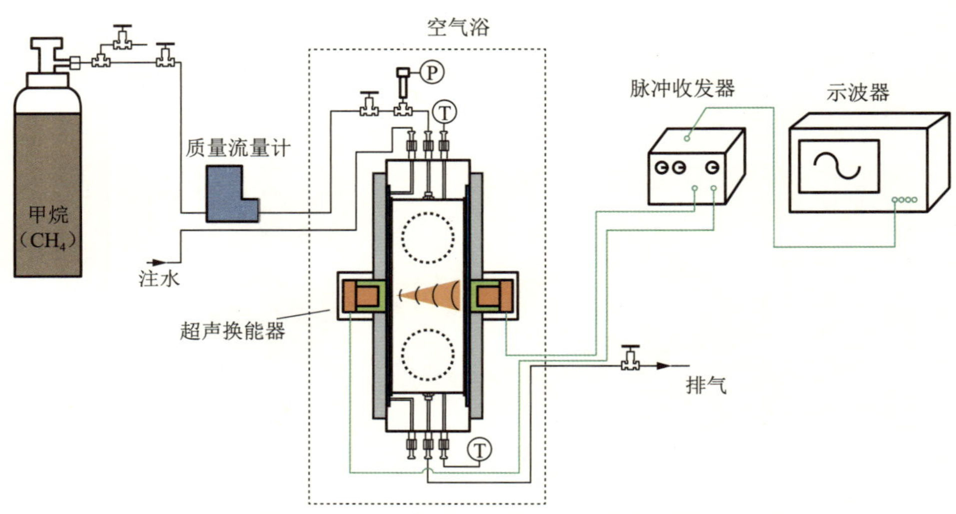

图 9-2-8 天然气水合物岩芯 P 波检测系统

2）调试内容及方法

（1）装置校准。

用四氢呋喃（THF）代替甲烷作为水合物的客体分子，测量多孔介质中四氢呋喃水合物岩芯 P 波速度。测试过程中可以采用 BZ02 玻璃砂作为多孔介质。

测试过程中，保持超声检测的电压值、增益值、频率等参数一致，通过控制初始四氢呋喃溶液的浓度来控制生成水合物的饱和度，控制温度为 1 ℃；温度传感器实时测量岩芯内温度变化情况。由于水合物生成过程为放热过程，当温度突然升高时，认为四氢呋喃水合物开始生成，而当温度再次趋于平稳，且观察波形信号基本无变化后，认为水合物已经完全生成，此时记录声波信号，读出首波到达时间和振幅。

(2) 水合物岩芯声波测试。

利用天然气水合物岩芯 P 波检测系统进行甲烷水合物岩芯的 P 波检测实验，实验步骤如下：

① 称量一定量的干燥玻璃砂并放入烧杯中，加入一定量的去离子水至饱和。

② 用勺子将水饱和玻璃砂加入反应釜中，用工具压实，封上端盖。

③ 确认气密性后抽真空。为了防止抽走过多的水，抽真空时间一般控制在 5 min 左右。为了尽量去除残余空气，可抽两次。

④ 开启数据采集系统，用柱塞泵向釜内注入一定量的气体，使釜内压力达到预定值。

⑤ 充气结束后，关闭开关阀门，设置空气浴温度至预定值，水合物开始生成。

⑥ 当温度和压力曲线基本不变后，水合物生成过程结束。

⑦ 开启声速测量装置，确定首波到达时间。

⑧ 设定空气浴温度升高间隔为 1 ℃（待温度趋于平稳再调节至下一个温度值，保证超声检测时系统处于稳态），使水合物逐步分解，测量每个温度条件下水合物岩芯的首波到达时间并计算 P 波速度。

(3) 装置总装。

为实现天然气水合物保压岩芯在线检测这一技术目标，船载岩芯声波测试系统需与保压转移装置对接。采用法兰与阀门配合的对接方式，首先通过法兰将船载岩芯声波测试系统与保压转移装置出口端连接，对接两端压力阀门保持关闭状态。随后，对声波测试系统进行预加压，达到岩芯压力，打开压力控制阀门，实现对接处与声波系统的压力连通，此时可视实际情况对声波检测端进行适当的压力补偿。最后将水合物岩芯转移至声波测试系统中，依次关闭声波测试系统端和转移装置端压力阀门，完成岩芯保压转移，此时可对水合物岩芯进行声波快速检测。天然气水合物岩芯与声波测试主装置间形成中空夹层，其中充满海水，以去除夹层内的空气。

在与保压转移装置对接后，利用保压转移装置拖动水合物岩芯进入声波测试主装置时，通过声波发生器同时给两对超声换能器施加脉冲信号，并通过 A/D 转换器、超声换能器接收声波信号，通过示波器显示声波波形并计算首波到达时间。

(4) 船载岩芯声波测试装置验证。

实验采用的是单发单收的声波探头，在测量过程中可以实现发射与接收的切换。探头的布置方式通过空间上的交叉匹配可以达到更全面的声波探测范围，避免检测盲区的出现。选用频率为 100 kHz 的超声换能器，能够有效地测量地质学材料。

根据含天然气水合物沉积物原位检测的要求，对气室进行特殊设计，主要结构如图 9-2-9 所示。整套系统由水合物原位生成模块和超声波检测模块两大部分组成。水合物原位生成模块包括耐高压低温反应釜、热控制系统、压力控制系统和数据采集系统。反应釜由高强度钛合金制成，整体长度为 400 mm，考虑到含水合物沉积物岩芯的尺寸，反应釜内径为 80 mm、壁面厚度为 17 mm，可耐最高压力 20 MPa。反应釜侧壁内嵌入特殊设计的聚砜材料保护套以防止声波绕射，其形状如图 9-2-10 所示。该保护套为 U 形空心圆柱结构，耐压良好，保护套外壁安装有O形密封圈，起到密封作用。

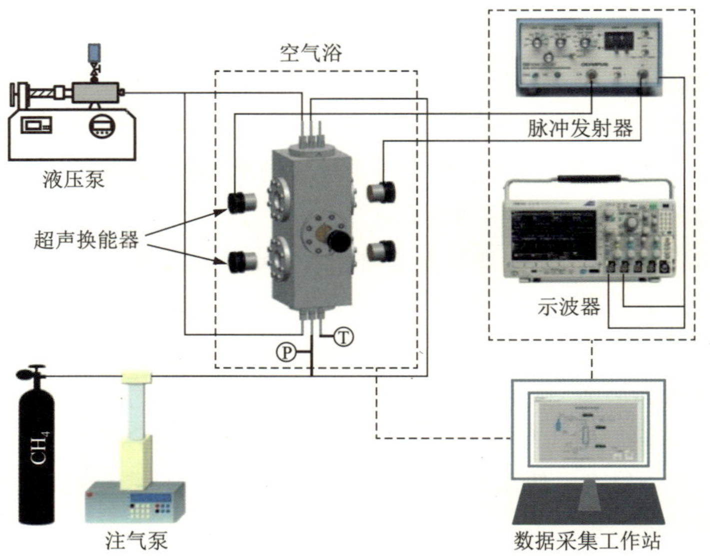

图 9-2-9　含水合物沉积物原位P波在线检测系统示意图

图 9-2-10　不同型号的聚砜材料保护套

图9-2-11所示为气饱和条件下相对振幅、温度和压力随时间的变化。在无水合物生成时，孔隙中的天然气会阻碍声波信号的传播，导致衰减严重。当振动发展完全以后，相对振幅小于0.10 V。在生成水合物后，相应的波形信号发生变化，主要表现为相对振幅增大到0.40 V，较无水合物状态增加了300%。这一现象表明水合物的存在会显著改变沉积物的声学特性，也表明波速和振幅的变化主要发生在水合物生成后期。

图9-2-12所示为不同水合物饱和度的岩芯样品在过量气体条件下的波形数据。随着水合物饱和度的逐渐增大，超声波的穿透效率逐渐增大，表现为振幅的增大。通过对比不同初始水合物饱和度样品的波形，可以看出波速呈现出不同的变化趋势。总的来说，在0～8%的低饱和度范围内，波速明显增加；当饱和度从2%增加至8%（增大6%）时，波速由1 793 m/s增至2 183 m/s。相应地，在50%～60%的高饱和度范围内，饱和度进一步提高，只会引起振幅的增大，而波速保持相对稳定；当水合物饱和度从50%增加至60%（增大10%）时，波速由3 047 m/s增至3 114 m/s，变化幅度比低饱和度范围降低了一个

数量级。与波速不同，振幅的变化过程在完整的饱和度范围内均保持稳定的增强趋势。因此，在气饱和实验中，由于首波到达时间难以分辨，振幅比波速更能反映水合物饱和度的变化。

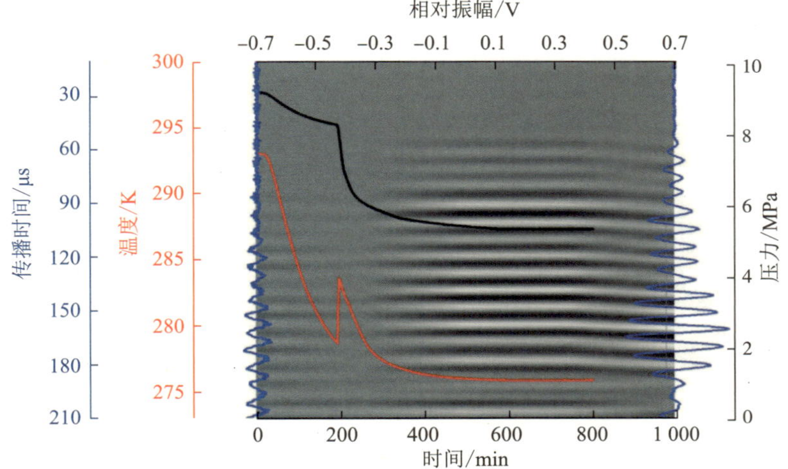

图 9-2-11　气饱和条件下波形信号、温度和压力随时间的变化

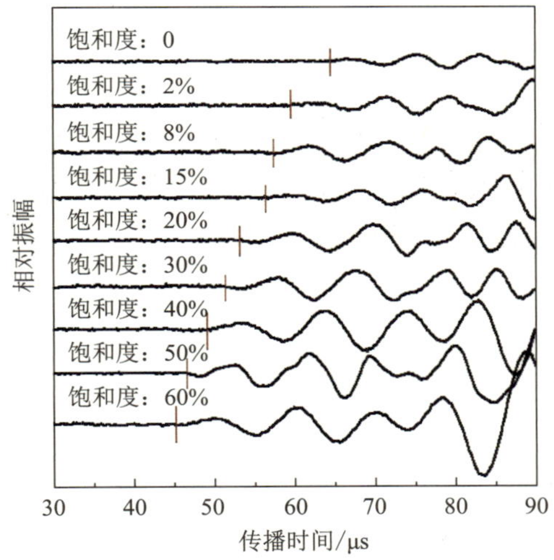

图 9-2-12　气饱和条件下不同水合物饱和度沉积物样品的波形对比图

9.2.4　天然气水合物岩芯声波海上试验

图 9-2-13 所示为中国南海取得的天然气水合物岩芯样品的声速图。第 1 次测量位置为岩芯前端保压水的位置，因此声速为水的声速；第 2 次测量处抓手为铝制材料，因此声速高于岩芯其他位置；第 50 次测量位置声速下降，即岩芯管内末端有少量海水；其余均为泥，且不同测量段的声速数据结论一致。

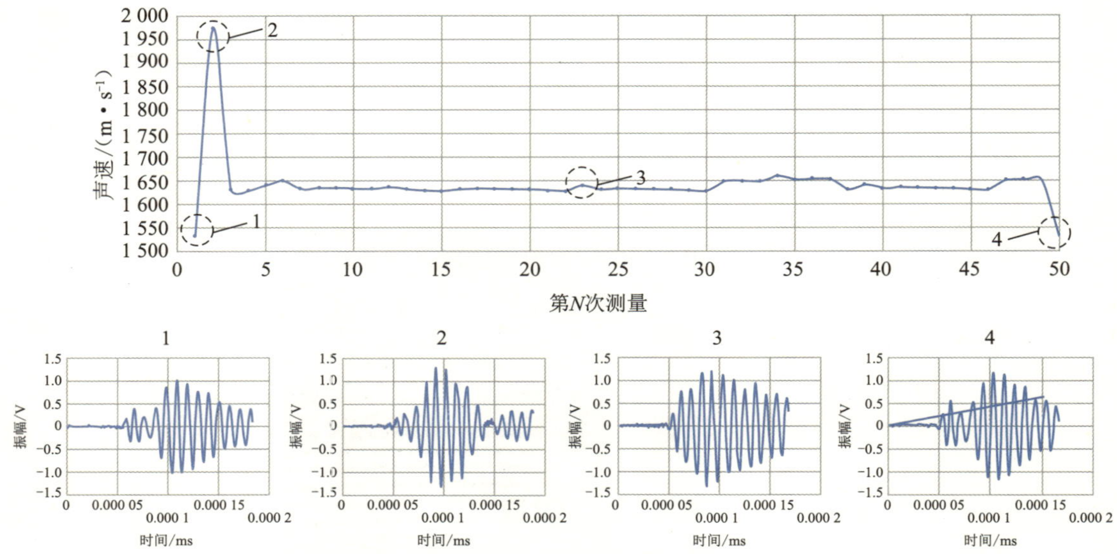

图 9-2-13　中国南海天然气水合物岩芯海试声速图

9.3　船载保压岩芯后处理分析系统

9.3.1　岩芯后处理分析系统组成

岩芯后处理分析系统包括气水分离系统、温度场采集系统、分解气分析系统、分解水分析系统等，该系统能够获取水合物分解过程中的温度场、分解气成分、分解水电导率及氯离子浓度、岩芯颗粒形貌及粒度等信息。

(1) 气水分离系统用于分解气、水，便于后续分别分析；

(2) 温度采集系统主要由红外热成像仪(图 9-3-1)组成，用于获取水合物分解过程中岩芯的实时温度分布；

(3) 分解气分析系统主要由便携气相色谱仪(图 9-3-2)组成，用于测定分解气的成分及含量；

(4) 分解水分析系统主要由多参数便携式测量仪(图 9-3-3)组成，用于测定分解水的电导率和氯离子浓度。

图 9-3-1　红外热成像仪

图 9-3-2　便携气相色谱仪

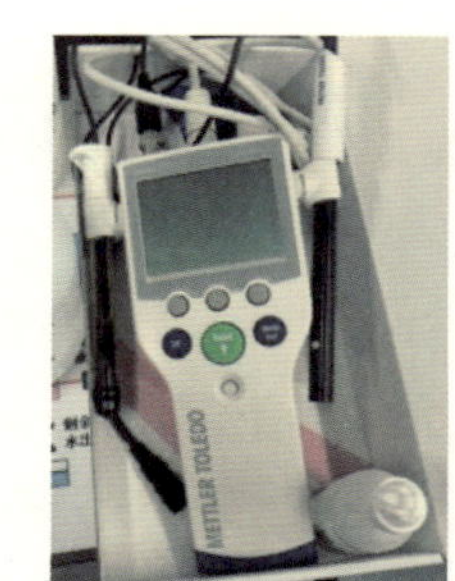

图 9-3-3　多参数便携式测量仪

此外，分解的岩芯经过烘干称重、电镜扫描、激光粒度仪扫描，可以获取岩芯密度、含水率、颗粒形貌、粒度分布等信息。

9.3.2　岩芯后处理技术路线

岩芯后处理可分为保压处理和非保压处理。

1）保压处理

保压处理技术路线流程图如图 9-3-4 所示。

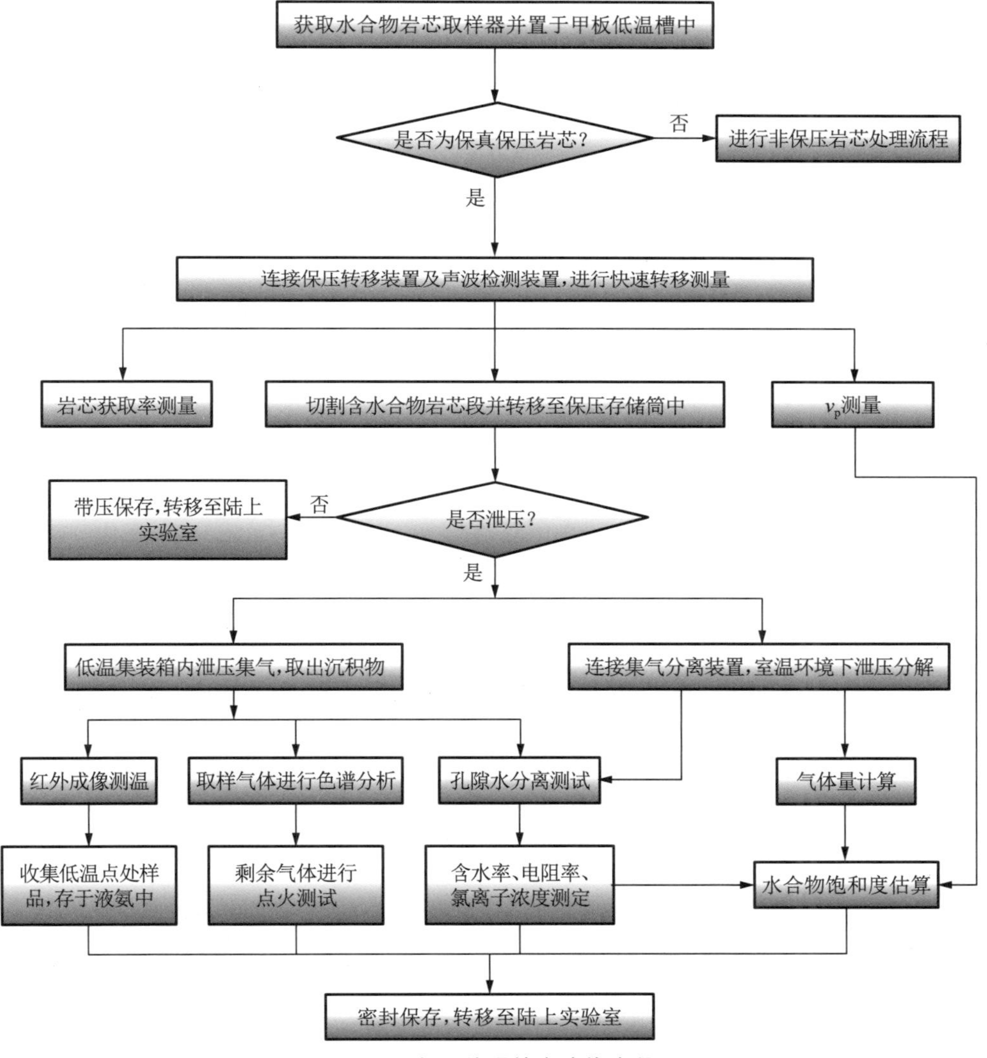

图 9-3-4　保压处理技术路线流程图

2）非保压处理

非保压处理技术路线流程图如图 9-3-5 所示。

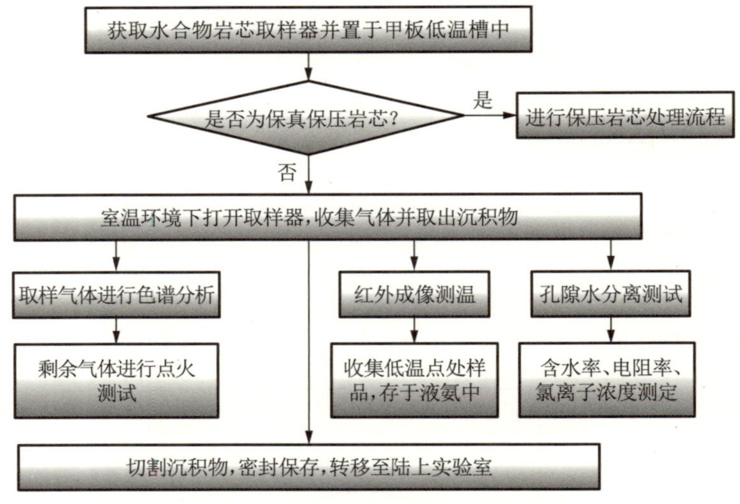

图 9-3-5 非保压处理技术路线流程图

9.3.3 岩芯后处理分析系统测试结果

1) 岩芯红外成像测试

被测岩芯样品为中国南海取得的天然气水合物岩芯样品,对其进行 3 次全段扫描(A段、B段、C段),每次红外扫描岩芯管长度均为 1 m,扫描平均温度结果分别为 23.8 ℃(A段)、23.7 ℃(B段)和 23.9 ℃(段)。测试范围以及热成像扫描图如图 9-3-6 所示。

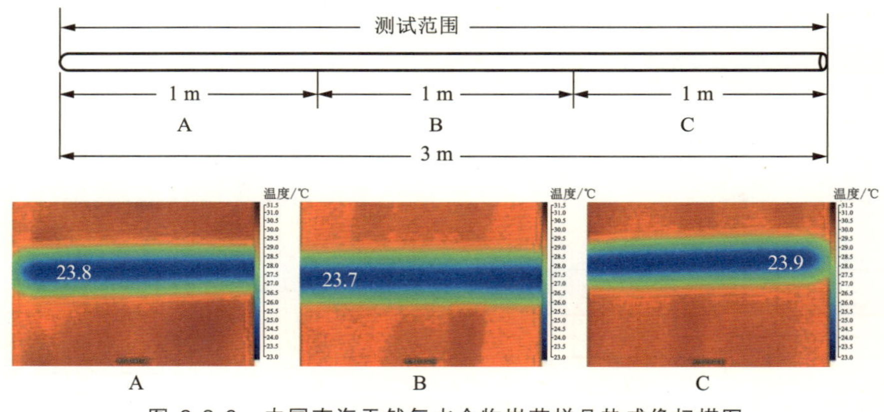

图 9-3-6 中国南海天然气水合物岩芯样品热成像扫描图

2) 岩芯颗粒粒径测试分析

激光粒度仪测试完成后,会根据检测结果自动生成检测分析报告,测试报告显示颗粒粒径分析精度≤1 μm,粒径测试范围为 0.1～716 μm,测试区间及单个区间粒径占比见表 9-3-1 和图 9-3-7。从表中可以看出,最小粒度分布粒径区间为 0.764～0.850 μm,占比 0.02%。

表 9-3-1　岩芯样品粒度分析报告

粒径/μm	区间/%	累积/%	粒径/μm	区间/%	累积/%	粒径/μm	区间/%	累积/%	粒径/μm	区间/%	累积/%
0.100～0.111	0	0	0.947～1.054	0.78	1	8.970～9.983	0.01	100	84.95～94.55	0	100
0.111～0.123	0	0	1.054～1.173	2.17	3.17	9.983～11.11	0	100	94.55～105.2	0	100
0.123～0.137	0	0	1.173～1.305	4.16	7.33	11.11～12.36	0	100	105.2～117.1	0	100
0.137～0.153	0	0	1.305～1.453	5.97	13.30	12.36～13.76	0	100	117.1～130.31	0	100
0.153～0.170	0	0	1.453～1.617	7.2	20.50	13.76～15.32	0	100	130.3～145.1	0	100
0.170～0.190	0	0	1.617～1.800	7.93	28.43	15.32～17.05	0	100	145.1～161.4	0	100
0.190～0.211	0	0	1.800～2.003	8.26	36.69	17.05～18.97	0	100	161.4～179.7	0	100
0.211～0.235	0	0	2.003～2.230	8.39	45.08	18.97～21.12	0	100	179.7～200.0	0	100
0.235～0.262	0	0	2.230～2.482	8.23	53.31	21.12～23.51	0	100	200.0～222.6	0	100
0.262～0.291	0	0	2.482～2.762	7.82	61.13	23.51～26.16	0	100	222.6～247.8	0	100
0.291～0.324	0	0	2.762～3.075	7.13	68.26	26.16～29.12	0	100	247.8～275.8	0	100
0.324～0.361	0	0	3.075～3.422	6.09	74.35	29.12～32.41	0	100	275.8～306.9	0	100
0.361～0.402	0	0	3.422～3.809	5.41	79.76	32.41～36.07	0	100	306.9～341.6	0	100
0.402～0.447	0	0	3.809～4.239	4.89	84.65	36.07～40.15	0	100	341.6～374.7	0	100
0.447～0.498	0	0	4.239～4.718	4.49	89.14	40.15～44.69	0	100	374.7～411.1	0	100
0.498～0.554	0	0	4.718～5.251	4.00	93.14	44.69～49.74	0	100	411.1～450.9	0	100
0.554～0.617	0	0	5.251～5.845	3.23	96.37	49.74～55.36	0	100	450.9～494.6	0	100
0.617～0.686	0	0	5.845～6.505	2.18	98.55	55.36～61.61	0	100	494.6～542.5	0	100
0.686～0.764	0	0	6.505～7.241	1.08	99.63	61.61～68.58	0	100	542.5～595.1	0	100
0.764～0.850	0.02	0.02	7.241～8.059	0.32	99.95	68.58～76.33	0	100	595.1～652.8	0	100
0.850～0.947	0.2	0.22	8.059～8.970	0.04	99.99	76.33～84.95	0	100	652.8～716.0	0	100

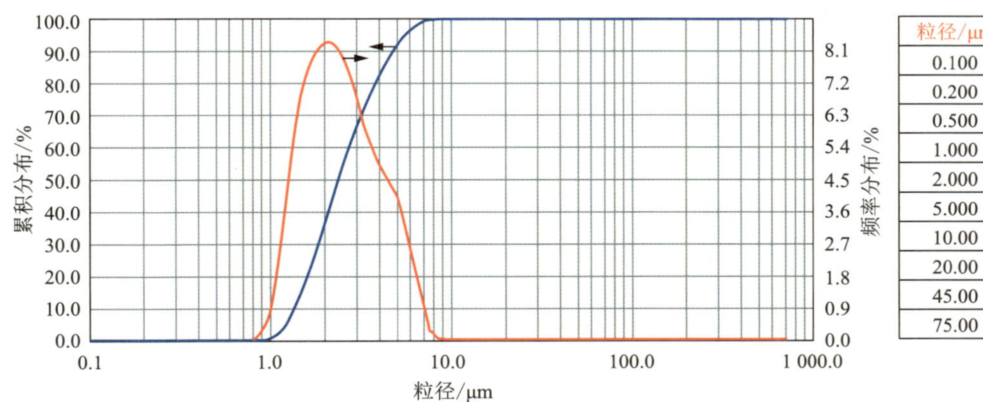

粒径/μm	含量/%
0.100	0.00
0.200	0.00
0.500	0.00
1.000	0.56
2.000	36.57
5.000	91.52
10.00	100.00
20.00	100.00
45.00	100.00
75.00	100.00

图 9-3-7　岩芯样品粒度分析报告

在不同海况条件下对岩芯粒度进行重复测量，中位粒径测量结果见表 9-3-2。

表 9-3-2　被测岩芯样品粒径测试结果

第一次测量/μm	第二次测量/μm	第三次测量/μm	平均值/μm
2.374	2.369	2.357	2.367

由测量结果可知，被测岩芯样品中位粒径 3 次测量平均值为 2.367 μm，偏差为 0.7%。

3）岩芯气液组分测试分析

利用实验室制备的重塑岩芯样品的分解气进行气相色谱分析，结果见表 9-3-3。被测样品的 CH_4 含量均在 99%以上。

表 9-3-3 岩芯样品气体色谱分析结果

样品编号	取样深度/mdsf	N_2 保留时间/min	CH_4 保留时间/min	CO_2 保留时间/min	N_2 含量/%	CH_4 含量/%	CO_2 含量/%	CH_4 修正含量/%	CO_2 修正含量/%
1	118.5	1.385	3.787	8.191	13.06	86.32	0.62	99.29	0.71
2	121.0	1.454	3.871	8.363	6.96	92.82	0.21	99.78	0.22
3	120.2	1.455	3.963	8.344	13.90	85.50	0.59	99.31	0.69

注：mdsf 为 meter below sea floor 的首字母缩写，即海底以下深度，以 m 为单位。

若被测样品中孔隙水含量较低，不能离心出一定体积量的孔隙水，则需要加入定量的去离子水稀释溶液，测定稀释后的氯离子浓度和电阻率，然后通过氯离子浓度和电阻率估算水合物饱和度。

天然气水合物在其形成过程中像冰一样排斥溶解于孔隙水中的盐离子，使盐离子向外扩散，而当水合物分解时，孔隙水就会被稀释，使得钻孔获得的水合物样品比不含水合物的样品具有更低的盐度，因此利用孔隙水氯离子浓度异常不仅可以确定稳定带顶部位置，而且可以预测天然气水合物饱和度。水合物饱和度 S 可通过氯离子浓度异常求得：

$$S=\frac{1}{\rho_h}\left(1-\frac{Cl_{pw}}{Cl_{sw}}\right) \tag{9-3-1}$$

式中 ρ_h——纯天然气水合物密度，$\rho_h=0.9\ g/cm^3$；

Cl_{pw}, Cl_{sw}——孔隙水中实测的氯离子浓度和正常孔隙水中的氯离子浓度，后者可以根据拟合物稳定带顶底的氯离子含量趋势求得。

如果似海底反射层(BSR)之上的高电阻率是由水合物的存在引起的，由于部分孔隙被水合物充填，部分被水充填，那么天然气水合物的饱和度(充填率)S 可用 Archie 方程算出：

$$S=1-S_w=1-\left(\frac{R_0}{R_1}\right)^{\frac{1}{n}} \tag{9-3-2}$$

式中 S_w——含水饱和度；

n——经验参数；

R_0, R_1——理论电阻率(完全由水饱和的地层电阻率)和实测电阻率。

孔隙中天然气水合物或游离气的饱和度可以通过式(9-3-2)求出，其中对含天然气水合物的碎屑沉积物，取 $n=1.938\ 6$；对含游离气的碎屑沉积物，取 $n=1.62$。

参考文献

[1] WILDENSCHILD D,VAZ C M P,RIVERS M L,et al. Using X-ray computed tomography in hydrology:Systems,resolutions,and limitations[J]. Journal of Hydrology,2002,267(3-4):285-297.

[2] SATO T,IKEDA O,YAMAKOSHI Y,et al. X-ray tomography for microstructural objects[J]. Applied Optics,1981,20(22):3880.

[3] SAKELLARIOU A,SAWKINS T J,SENDEN T J,et al. X-ray tomography for mesoscale physics applications[J]. Physica A Statistical Mechanics & Its Applications,2004,339(1):152-158.

[4] FLANNERY B P,DECKMAN H W,ROBERGE W G,et al. Three-Dimensional X-Ray microtomography[J]. Science,1987,237(4821):1439.

[5] SCHMIDT S,JOUANNEAU J M,WEBER O,et al. Sedimentary processes in the Thau Lagoon (France):From seasonal to century time scales[J]. Estuarine Coastal and Shelf Science,2007,72(3):534-542.

[6] SOK R M,VARSLOT T,GHOUS A,et al. Pore scale characterization of carbonates at multiple scales:Integration of MicroCT,BSEM and FIBSEM[J]. Petrophysics,2010,51(6):379-387.

[7] 董怀民,孙建孟. 天然气水合物岩石物理实验进展[J]. 科学技术与工程,2017,17(18):132-141.

[8] SUN W, QU Z, TONG G. Characterization of water injection in low-permeability rock using sandstone micromodels[J]. Journal of Petroleum Technology,2004,56(5):71-72.

[9] RITMAN E L. Micro-computed tomography-current status and developments[J]. Annual Review of Biomedical Engineering,2004,6(1):185.

[10] DIEROLF M,MENZEL A,THIBAULT P,et al. Ptychographic X-ray computed tomography at the nanoscale[J]. Nature,2010,467(7314):436.

[11] BRUNKE O,SANTILLAN J,SUPPES A. Precise 3D dimensional metrology using high resolution X-ray computed tomography(mu ct)[C]. SPE 7804,2010.

[12] PETROVIC A M,SIEBERT J E,RIEKE P E. Soil bulk-density analysis in 3 dimensions by computed tomographic scanning[J]. Soil Science Society of America Journal,1982,46(3):445-450.

[13] SPANNE P,THOVERT J F,JACQUIN C J,et al. Synchrotron computed microtomography of porous media:Topology and transports[J]. Physical Review Letters,1994,73(14):2001-2004.

[14] DUNSMUIR J H,FERGUSON S R,D'AMICO K L,et al. X-Ray microtomography:A new tool for the characterization of porous media[C]. Proceedings of the SPE Technical Conference and Exhibition,1991.

[15] HAZLETT R D. Simulation of capillary-dominated displacements in microtomographic images of reservoir rocks[J]. Transport In Porous Media,1995,20(1-2):21-35.

[16] SLEUTEL S,CNUDDE V,MASSCHAELE B,et al. Comparison of different nano- and micro-focus X-ray computed tomography set-ups for the visualization of the soil microstructure and soil organic matter[J]. Computers & Geosciences,2008,34(8):931-938.

[17] 黄世琪. Q值估计与反Q滤波方法研究[D]. 北京:中国石油大学(北京),2016.

[18] 党鹏飞. 叠前地震波吸收衰减品质因子Q估算方法研究[D]. 焦作:河南理工大学,2017.

[19] 王小杰,印兴耀,吴国忱. 基于S变换的吸收衰减技术在含气储层预测中的应用研究[J]. 石油物探,2012,51(1):37-42,112.

[20] BESTA I,PRIEST J A,CLAYTON C R,et al. The effect of methane hydrate morphology and water saturation on seismic wave attenuation in sand under shallow sub-seafloor conditions[J]. Earth and Planetary Science Letters,2013:78-87.

[21] POHL M,PRASAD M,BATZLE M L. Ultrasonic attenuation of pure tetrahydrofuran hydrate[J]. Geophysical Prospecting,2018,66:1349-1357.

[22] 孙卫,史成恩,赵惊蛰,等. X-CT扫描成像技术在特低渗透储层微观孔隙结构及渗流机理研究中的应用——以西峰油田庄19井区长8_2储层为例[J]. 地质学报,2006(5):163-167,77-78.

[23] 杨更社,刘慧. 基于CT图像处理技术的岩石损伤特性研究[J]. 煤炭学报,2007(5):463-468.

[24] KERKAR P,JONES K W,KLEINBERG R,et al. Direct observations of three dimensional growth of hydrates hosted in porous media[J]. Applied Physics Letters,2009,95(2):5673-5699.

[25] PENG R D,YANG Y C,JU Y,et al. Computation of fractal dimension of rock pores based on gray CT images[J]. Chinese Science Bulletin,2011,56(31):3346-3357.

[26] MURSHED M M,KLAPP S A,ENZMANN F,et al. Natural gas hydrate investigations by synchrotron radiation X-ray cryo-tomographic microscopy(SRXCTM)[J]. Geophysical Research Letters,2008,35(23):L23612.

[27] JIN S,NAGAO J,TAKEYA S,et al. Structural investigation of methane hydrate sediments by microfocus X-ray computed tomography technique under high-pressure conditions[J]. Japanese Journal of Applied Physics,2006,45(24/28):714-716.

[28] 王甜甜,余晓锷. 基于小波分析的CT图像噪声类型识别[J]. CT理论与应用研究,2011,20(2):183-190.

[29] COLL B . A review of image denoising algorithms,with a new one[J]. Multiscale Model Simul,2005,4(2):490-530.

[30] LI F G,YU C,et al. Laboratory measurements of the effects of methane/tetrahydrofuran concentration and grain size on the P-wave velocity of hydrate-bearing sand[J]. Energy & Fuels,2011,25(5):2076-2082.

[31] WANG J,ZHAO J,ZHANG Y,et al. Analysis of the effect of particle size on permeability in hydrate-bearing porous media using pore network models combined with CT[J]. Fuel,2016,163(1):34-40.

[32] 王育慷. 超声波原理与现代应用探讨[J]. 贵州大学学报(自然科学版),2005(3):287-290.

[33] 胡高伟,李承峰,业渝光,等. 沉积物孔隙空间天然气水合物微观分布观测[J]. 地球物理学报,2014,57(5):1675-1682.

[34] 任红. 南海天然气水合物取样技术现状及发展建议[J]. 石油钻探技术,2020,48(4):89-93.

[35] 许俊良,任红. 天然气水合物钻探取样技术现状与研究[J]. 探矿工程(岩土钻掘工程),2012,39

(11):4-9.

[36] 汤凤林,张时忠,蒋国盛,等. 天然气水合物钻探取样技术介绍[J]. 地质科技情报,2002(2):97-99,104.

[37] 白玉湖,李清平. 天然气水合物取样技术及装置进展[J]. 石油钻探技术,2010,38(6):116-123.

[38] 张凌,蒋国盛,宁伏龙,等. 国外天然气水合物岩心处理分析技术综述[J]. 地质科技情报,2009,28(1):123-126.

[39] ABEGG F,HOHNBERG H J,PAPE T,et. al. Development and application of pressure-core-sampling systems for the investigation of gas-and gas-hydrate-bearing sediments[J]. Deep Sea Research Part Ⅰ Oceanographic Research Papers,2008,55(11):1590-1599.

[40] SAHU C,KUMAR R,SANGWAI J S. Comprehensive review on exploration and drilling techniques for natural gas hydrate reservoirs[J]. Energy & Fuels,2020,34:11813-11839.

[41] WEI N,PEI J,ZHAO J,et. al. A state-of-the-art review and prospect of gas hydrate reservoir drilling techniques[J]. Frontiers in Earth Science,2022,2:997337.

[42] SIKRU M. Drilling of gas hydrate reservoirs[J]. Journal of Natural Gas Science and Engineering,2016,35:1167-1179.